绘图

盆景造型2000例

2000 CASES OF DRAWING PENJING SHAPE

盆景造型2000例

2000 CASES OF DRAWING PENJING SHAPE

马伯钦 著

中国林业出版社

作者介绍

马伯钦生于1935年，浙江绍兴人，自幼酷爱艺术，青年期进上海青年美专攻读美术。

退休前从事纺织图案设计。退休后在作画同时又热爱立体山水盆景艺术。曾担任上海市盆景赏石协会理事，创建《上海盆景赏石》杂志，担任主编2年。2005年个人出版《盆景造型艺术资料汇编》（由上海文化出版社出版），2009年又出版《盆景造型艺术图谱》（由上海同济大学出版社出版），2010年上海科学技术出版社又出版《中国微型山水盆景制作与欣赏》，十余年来自己又动手制作了一大批由风景、诗词、故乡、戏剧等富有创意的山水盆景。并绘制了成千上万幅盆景艺术造型线描图，提供给爱好者。

图书在版编目（CIP）数据

绘图盆景造型2000例 / 马伯钦 著—北京：中国林业出版社，2012.8

ISBN 978-7-5038-6674-6（2021.10 重印）

Ⅰ.①绘… Ⅱ.①马… Ⅲ.①盆景－观赏园艺－图集 Ⅳ.①S688.1-64

中国版本图书馆CIP数据核字（2012）第152480号

责任编辑：张　华

出　　版：中国林业出版社（100009　北京西城区德内大街刘海胡同7号）

E-mail：shula5@163.com

电　　话：（010）83143566

制　　版：北京美光设计制版有限公司

印　　刷：河北京平诚乾印刷有限公司

版　　次：2013年1月第1版

印　　次：2021年10月第4次

开　　本：889mm × 1194mm　1/16

印　　张：17.5

定　　价：59.00元

序 PREFACE

对中国盆景艺术最高的赞誉是“立体的画，无声的诗”。中国盆景艺术是在“利用自然，施以人工”，融自然美与人工美于一体，源于自然又高于自然的综合艺术。一件盆景作品成功与否，后期造型起非常重要的作用。作为一名盆景爱好者，要做好造型艺术除了直接取景于自然外，还可借鉴他人制作成功的盆景作品，将现得的苗木和山石进行造型，也不失为一条捷径。

任何艺术作品，继承是创新之源，没有继承就没有创新，传统的艺术生命力就在于不断地创新。经过历代盆景艺术家的努力、概括和提炼，创造出大量的盆景造型素材和盆景艺术精品。给后人留下了宝贵的艺术财富，大家应当倍加珍惜。

马伯钦先生原来是一名画师。但他自幼喜爱盆景艺术，曾担任上海市盆景协会主办的《上海盆景赏石》杂志主编。现在由于年事已高，虽辞去编辑之职回家后仍不断为盆景艺术努力奔波，先后出版过三本内容不同的书籍。他用了十年的时间将历届盆景展览会中的精品和众多盆景画册中的经典作品，通过线描形式将它们一一记录下来。数量之多、品种之全，完全可称为一部盆景艺术的活字典。

为了能够使中国盆景艺术形象更真实，他用墨线通过线条将弯曲美丽的树干和千峰百嶂的山形描绘出来，做到了摄影作品无法达到的艺术效果。在这本《绘图盆景造型2000例》中又增添了不少最新的盆景造型内容，它不仅是近时期盆景艺术发展的记录，更是对喜爱中国盆景艺术同行们的一种视觉享受。本书容收藏、绘画参考、植树造林、家庭园艺栽培等于一体，均能对这些领域的园艺爱好者起到指导作用。马伯钦先生有着很好的绘画功底及非常丰富的盆景制作经验。今年他已经是78岁高龄的老人，还能继续为中国盆景艺术的创新和发展作出贡献。他在退休后为中国盆景艺术描绘出如此多的盆景艺术造型，在中国盆景史上也是为数不多的，值得赞赏，值得学习！

中国盆景艺术家协会名誉会长

苏本一

目录

CONTENTS

序

第一章

树态与盆景造型

中国山水画家画过很多的树，树木在画中呈主要地位。大自然中的树是自然现象，而画家通过创造性描绘，将树形塑造得更完美。他们画出的树形均可在盆景艺术上深化运用。树的变化成千上万，现只列举比较优美的树形供读者参考。

中国画家笔下的树态

植树造林美化环境不仅可以改善我们工作环境和提高生活的质量，更重要的它是一门使生态平衡的重要课题。有人说：世界上最快乐的人就是能住在十分协调的自然环境之中的人，为此我们必须注重保护自然，改善环境，与自然和谐共存。

中国古人对大自然的美的观察，体现在古诗和山水画中。经过他们的记录、整理、描绘，供人欣赏和朗诵，“师造化，得心源”，开拓人们的审美领域，以获得更多的美的享受。

画家们描绘树体形态精华之处给我们提供了丰富的遗产，为此我有心将画中的树态优美部分用线描手法列举出来，促使热爱园林工作的人们更能加大自己的审美视野，便于读者阅后进行对照和运用。

树态的艺术变化万千大自然造就了生态美

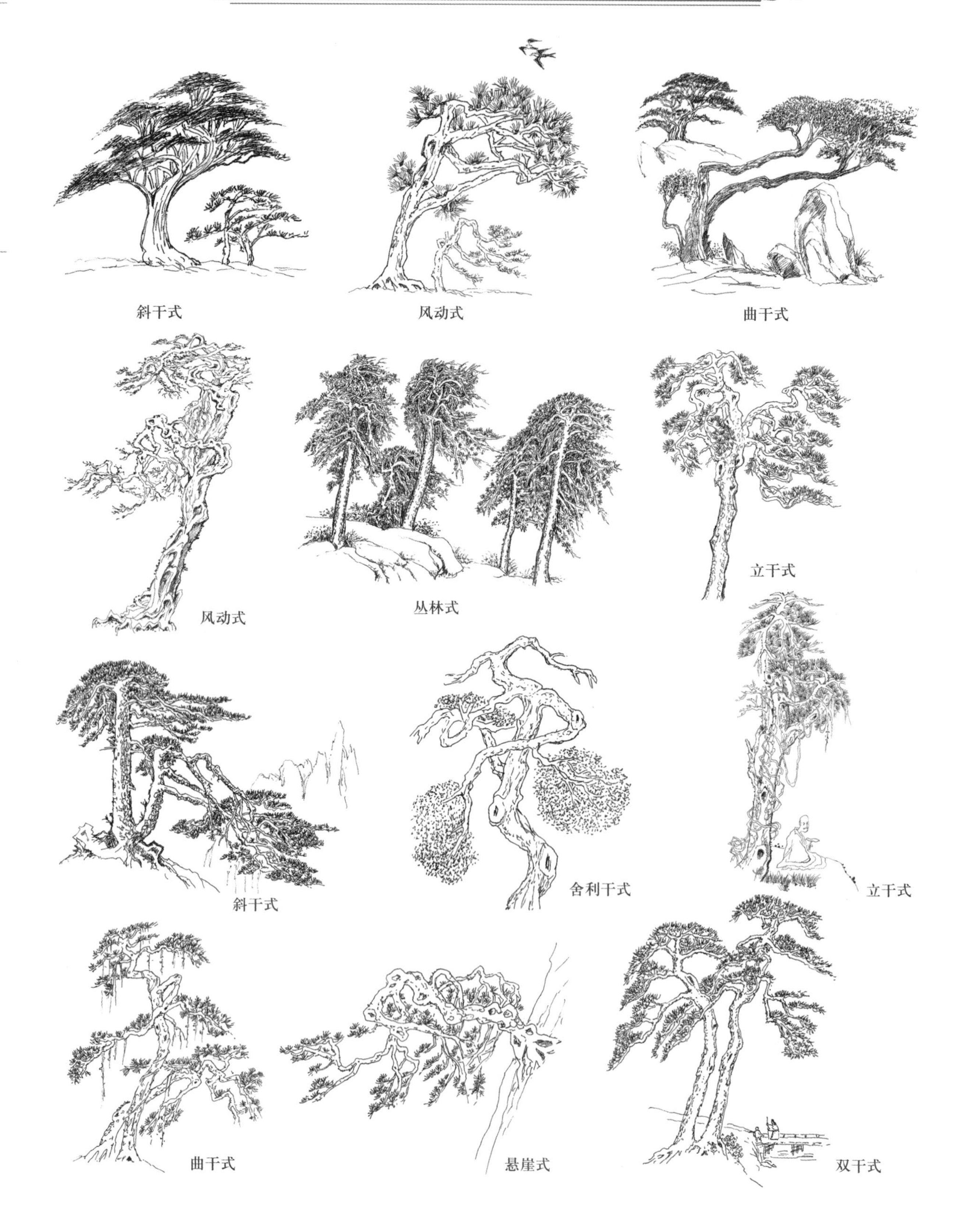

生动美丽的树态用于盆景造型取之不尽

独特的盆景艺术风格树态要到大自然中去找

丛林式

曲干式

悬崖式

双干式

临水式

双干式

大树式

双干式

风动式

斜干式

双干式

舍利干式

树的修剪要舍得“取”、“留”做好艺术的处理

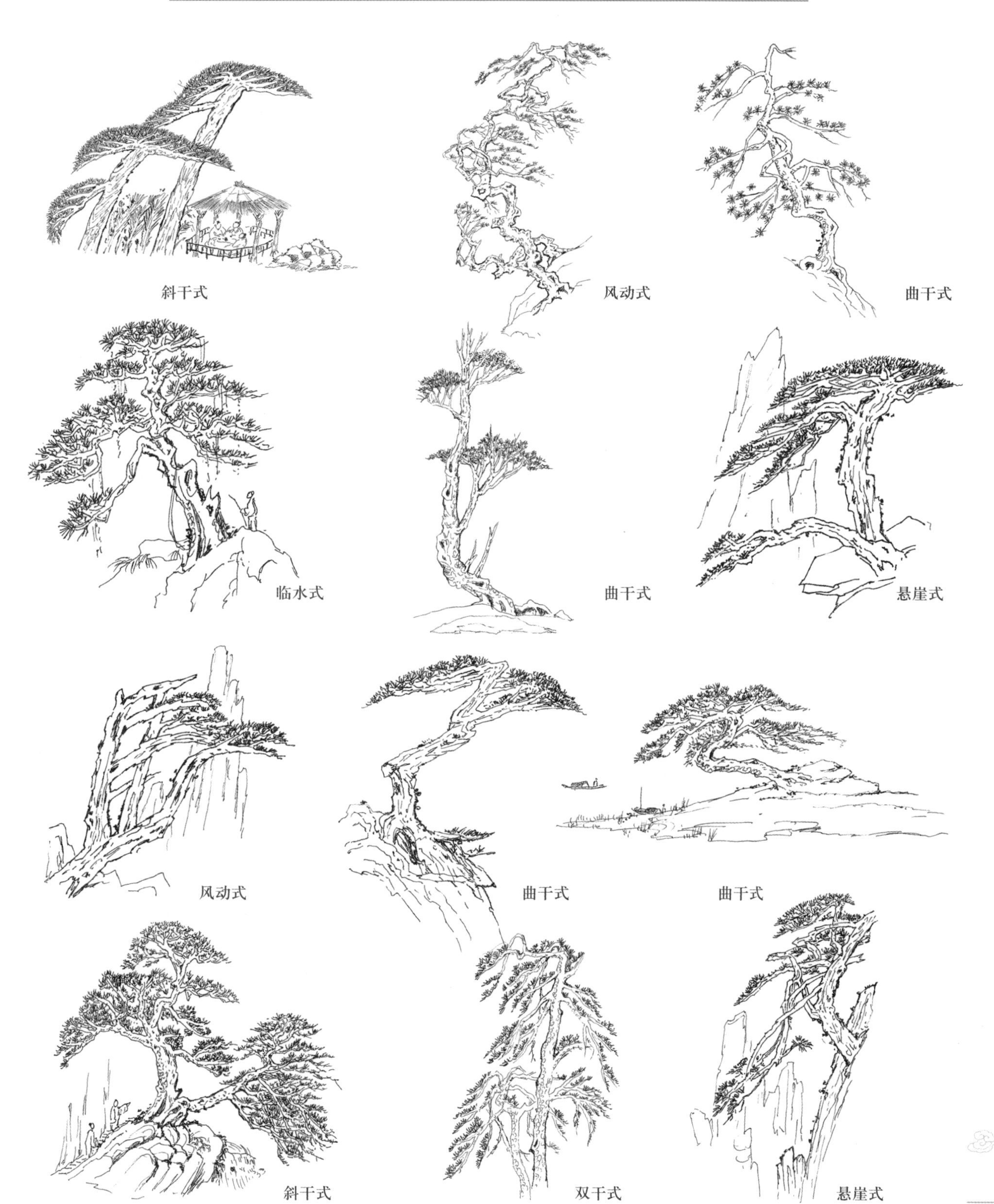

斜干式　风动式　曲干式

临水式　曲干式　悬崖式

风动式　曲干式　曲干式

斜干式　双干式　悬崖式

树干的“曲”、“直”要有变化探索树的美感

多干式　文人树式　曲干式

立干式　丛林式　悬崖式

大树式　舍利干式　双干式

立干式　双干式　斜干式

修整和造型要“露”有空明，古人曰：“天见其明，地见其光”

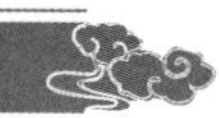

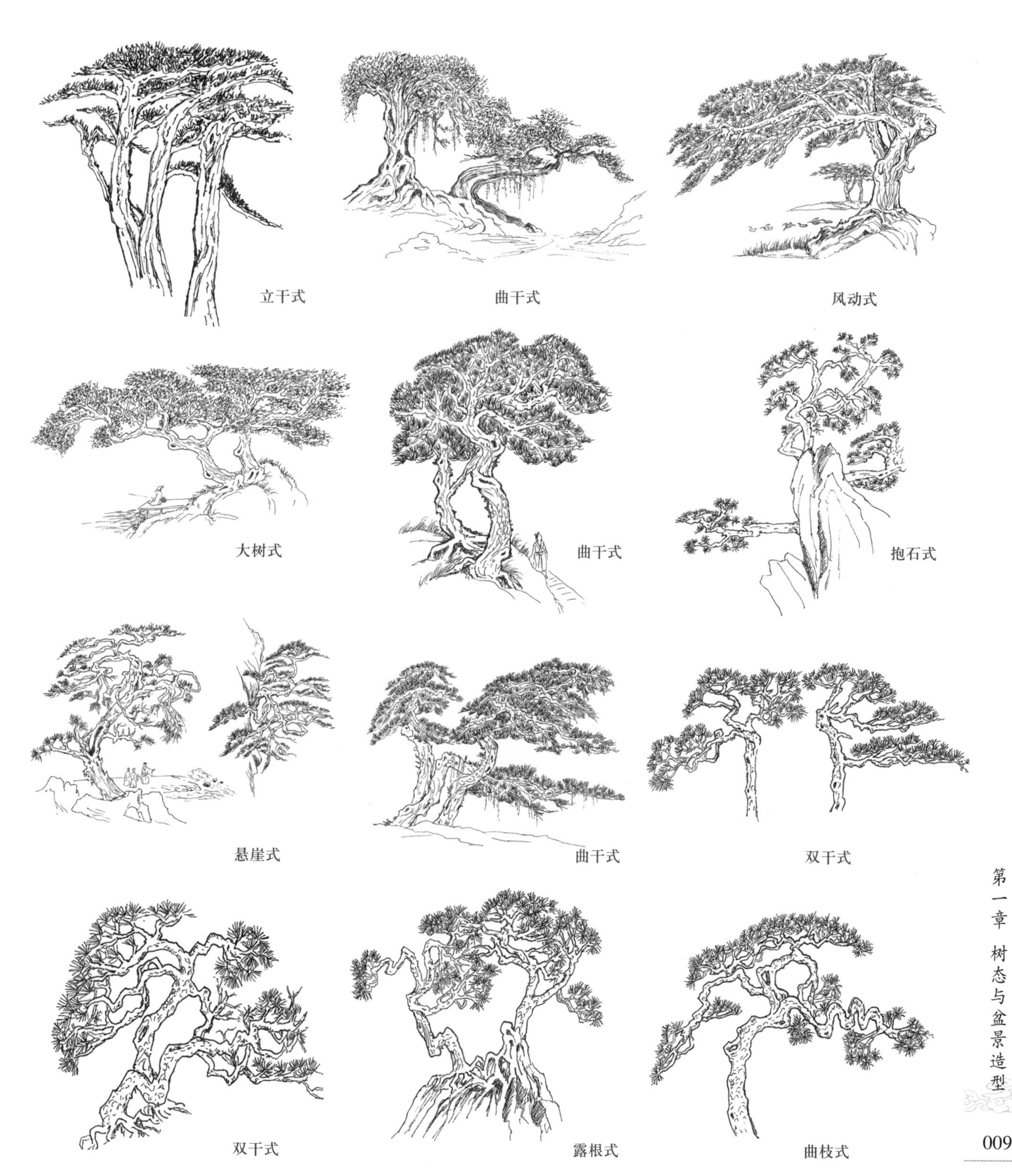

树态要有层次变化，树的美体现在个体与集体之间的和谐

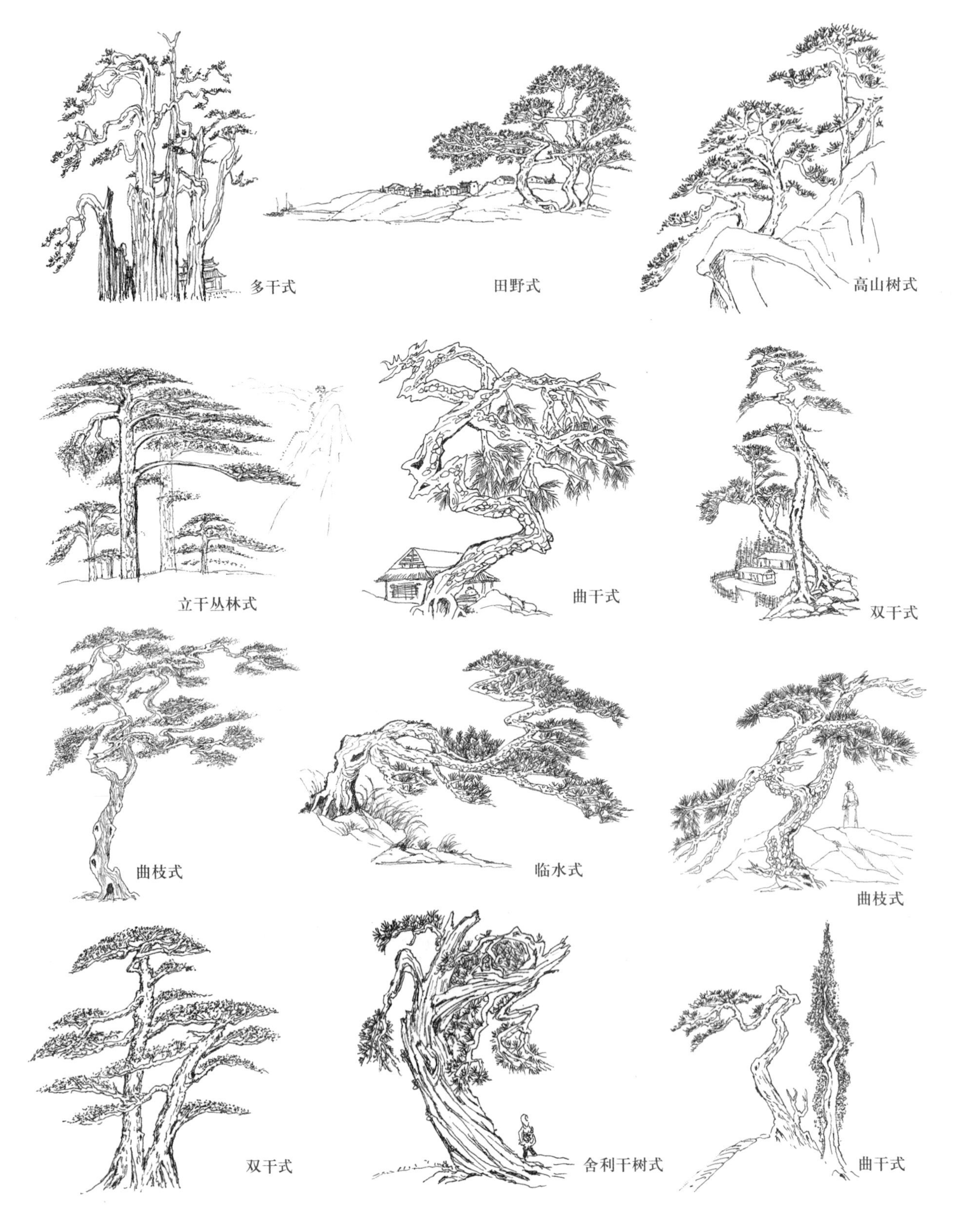

叶色的搭配以美的角度着手，以自己的才智去进行，让大环境显得更美，盆景艺术必须做到这一点

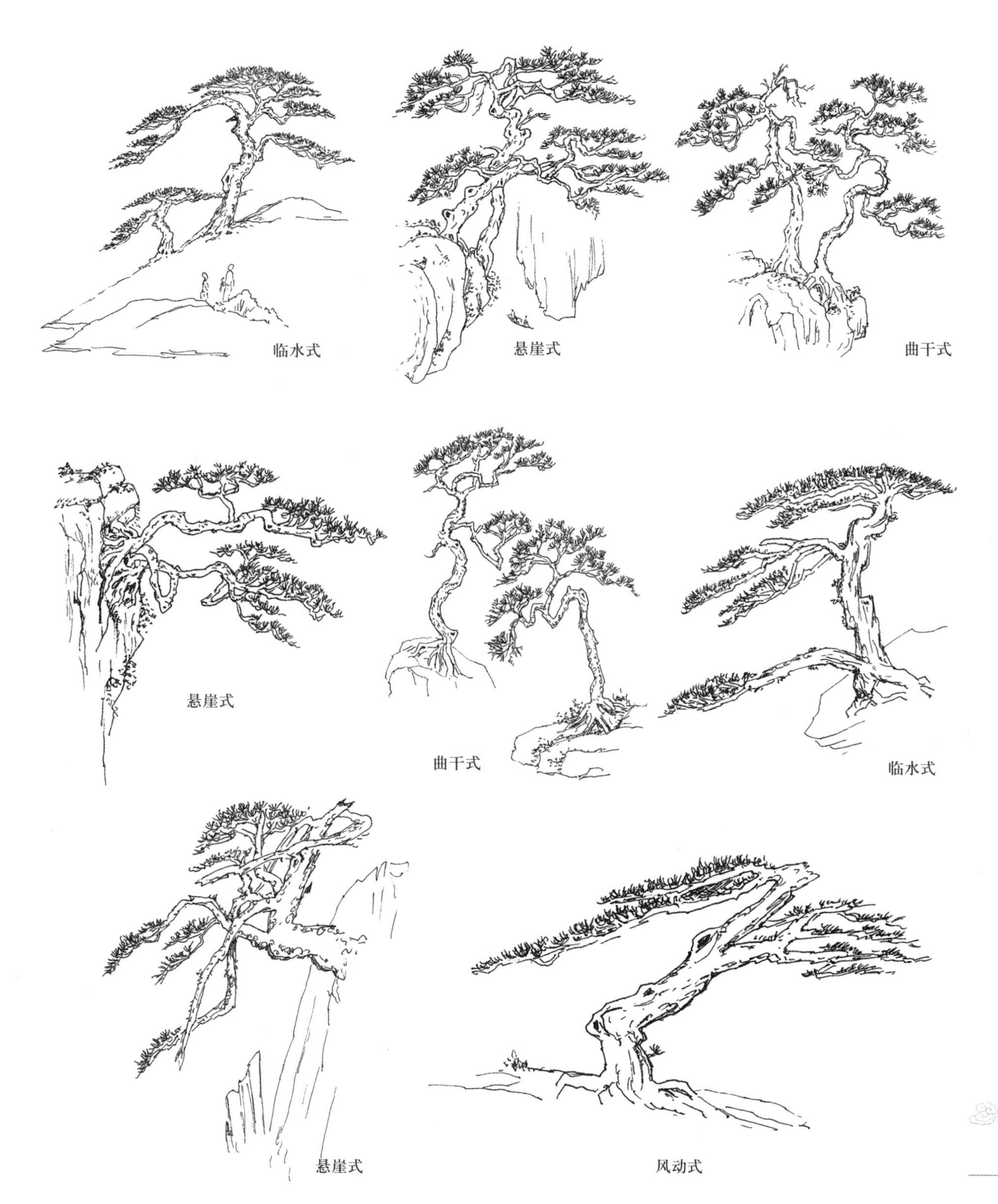

临水式　悬崖式　曲干式

悬崖式　曲干式　临水式

悬崖式　风动式

常绿树与落叶树的配植是虚实统一，盆景艺术的叶、枯枝也是自然中产生的美

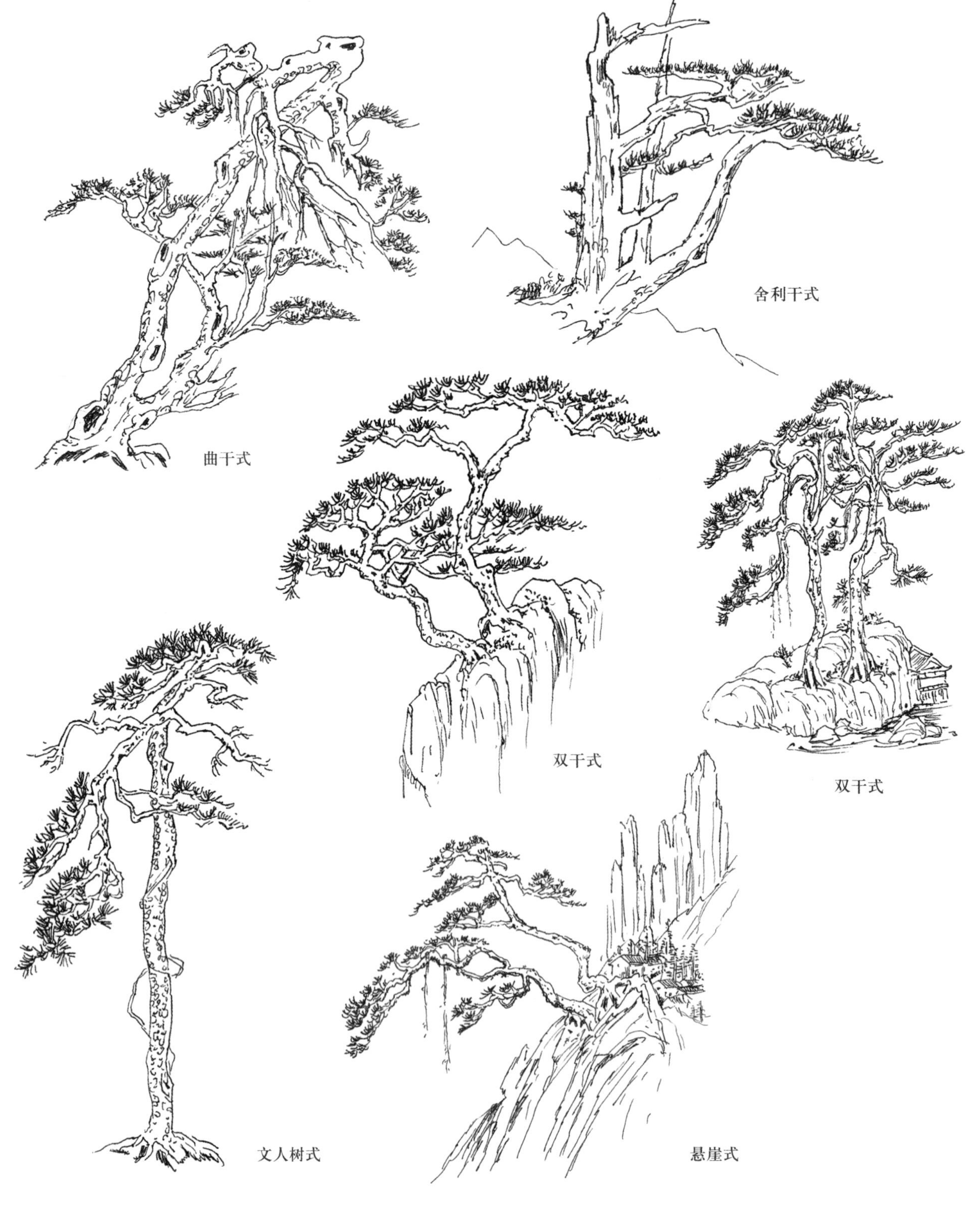

曲干式

舍利干式

双干式

双干式

文人树式

悬崖式

画家画的树态应用于盆景

古代画家出游登山回望，回迹入大岩扉，苔径露水，怪石祥烟，疾进其处，美不胜收。生长在自然中的树木，枉而不曲，遇如密如疏，匪青匪翠，势既独高，枝低复偃倒挂未坠于地下，分层似叠于林间，以凌空傲雪之态，这些都是诗人画家描述在自然中的美丽树态。

画家刘海粟十上黄山从中积累了大量对大自然创作的素材，他说："昔日黄山是我师，今日黄山是我友"，把大自然当作自己的朋友和老师。我们制作盆景是对大自然的爱好，如有条件都应该深入到大自然中，拜大自然为师，登山临水。名山大川、古庙、古园中古树名木，都是可用在盆景造型上的范本，另外就是多读和观摩画家所作的构图范例，画家已通过观察自然的形象，并游离于形象之上，对美的认识又迈进了一大步，盆景艺术爱好者可引用其"取物象形"达到"以形写神"。以下简单列举几组画中的树态在盆景造型中的运用。

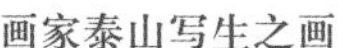

画家泰山写生之画

盆景树态的运用

画的树态用于盆景造型是取之不尽的来源之一

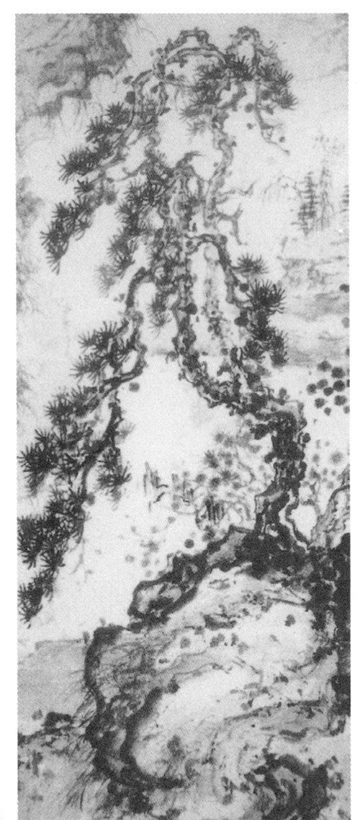

画中树的姿态

“清风卓立”盆景造型体现在画中树态

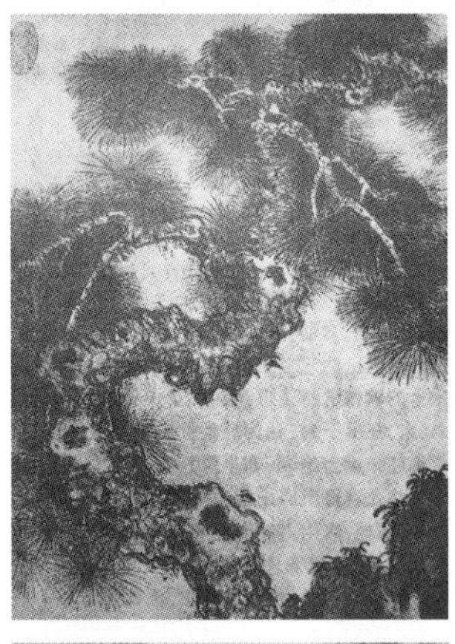

画家的松画

命题“强筋”在盆景上体现在画中树态

“醉人狂舞”，画家在大自然写生画

依“醉人狂舞”画面制作的盆景

第二章

中国盆景艺术简解

所谓盆景，简单的讲法就是制景进盆，关键在于“景”，而景是自然天趣之美。用自己的巧手加上遐想，将其制成一件艺术作品，只简单地把树木种于盆，将山石叠于盆没有艺术美的创作，不能称为盆景。因此没有美学观点、没有审美眼力，是无法创作出优秀的盆景作品的。

盆景，也是一种艺术品，它客观再现了自然景物，要使自己对自然景物的思想感情转换为“意”的境界，并将其融化到作品外形中去。给人欣赏的艺术享受，起到三个作用。

①能引人入胜，使人能抓住观赏人的眼光，很快地把人带入它的景中。

②能使人耐人寻味。在具有美的意境盆景，其感受能超出景外意味无穷，百看不厌。

③能发人思想，使观者触景生情，产生共鸣，有所启示有所激动，使其在景中遨游。

盆景的艺术是传统的艺术，但在当前“景”的艺术要反映新社会、新时代的新风貌。通过盆景艺术把人们热爱祖国的大好河山，热爱新生活的诚挚感情尽情地倾吐出来，将人间至中和谐与关爱充分体现，将“景”内容新奇瑰丽，风格豪健开朗。时代的变化，精神面貌的变化，为盆景艺术发展开创一个前所未有的“景界气”。

中国地大，风景秀丽，旅游者要想了解全国的名胜古迹，在无一定的经济条件和时间条件下仍难毕其事。用什么办法可以缩景，把部分有特色的地区名胜，山脉风光，用一定比例缩小，经过一定的艺术安排，集中在狭小的盆里，可以让无条件旅游者一饱眼福，这种表现艺术……就是中国山水盆景的写照。

山水盆景虽然看上去只不过是缩小后的“模型”，但经过盆景艺术爱好者加工，严格仿真，巧构相应的自然环境，以假乱真，倒也使观赏者有一种身临其境的感觉。把中国的万里长城、秦陵兵马俑、故宫、乐山大佛、中华五岳、少林寺、苏州园林等中华大地的自然风光及人文历史的精髓，把贵州黄果树瀑布、长江三峡、石林、漓江风光制作成现代盆景，通过盆景艺术表达丰富的内涵和意境，抒发创作者思想感情，能引发观赏者包括自己在内的联想和共鸣。

中国山水盆景艺术是“缩名山大川为袖珍，移大树奇花作室景”，集中并典型地再观大自然的风姿神韵。通过制作者艺术的构思，运用联想、移情、想象、思维等心理活动去扩充丰富盆景之景，求得神似，来满足人们的艺术的欣赏要求。

当然，盆景把大自然进行缩影，本身就是作假，它不能替代现实生活的旅游活动，山水盆景不过是一种饶有兴趣的观察和认识祖国山水一种新的艺术形式，不可能有亲身进入其中体会原始大自然宏伟气魄的真实感，山水盆景艺术只能作为闲暇之余，不出室内，领略大自然的诗情画意，幻觉进入“千峰百嶂、回溪断崖、烟云变幻”的画境之中。引发对美好景物的想象，怡情养性、有益健康，能从中获得莫大的生活乐趣。

盆景的起源与发展

盆景的起源早在3000多年前的殷周时代就开始了，发掘与出土的汉代陶砚。砚面有12个山峰，盛水其中。考古发现在东汉（25～220年）墓壁画中绘有一圆盆，里面栽有六枝红花，盆下配有方形几座将植物、盆钵、几座三件形成一体，作为盆栽树木的雏体，在南北朝梁代（502～557年）时出现书中提到有“会秘刘县”以石刻山，相传为名，那时已有制作假山模仿山林景色之举。

在1972年陕西乾陵发掘的章怀太子墓（建于706年）一角通壁上，绘有侍女手托一盆景，盆中有假山和小树，充分证明中国在唐代已形成盆景艺术。

据唐人冯赞《记事珠》一书记述：“王维以黄瓷斗贮兰蕙，养以绮石，累年弥盛”。诗人白居易曾作过许多有关盆景的诗句，如“烟萃三秋色，波涛万古痕。削成青玉片，截断碧云根。风气通岩穴，苔纹护洞门。三峰具体小，应是华山孙。”所谓“云根”是指石头。

著名诗人李贺写过一首《五粒小松歌》，诗中写道：“绿波浸叶满浓光，细束龙髯铰刀剪”此二句，在当时已经对树木盆景进行加工修剪。这充分说明中国在唐代就有盆景这一历史的事实。

新中国成立后，党和政府非常重视传统艺术的继承和发展。1959年在成都展览会上陈毅副总理参观盆景展览后题词：“高等艺术，美化自然”。20世纪六七十年代，盆景艺术被诬蔑为封资修的产物，在“四人帮”倒台后，盆景艺术又获新生。开革开放后的今天，每相隔几年都召开全国盆景艺术展览会，展出内容不断更新，涌现了一大批反映祖国锦绣河山，表现生活中新事物、新事态的优秀作品。还走出国门，扩大了中国盆景艺术文化在国际上的影响。

具有7000多年的中国盆景历史

古代最早发现的“盆栽”观赏植物和山石盆景是中国盆景初级形式。在公元前11世纪，周王朝间就以模仿自然，建苑造园“把景缩小”，到秦朝后，秦始皇在咸阳“作长池”引渭水，“筑土为蓬莱山”。在汉代筑造私家园林很盛行，那时注水为池，主石为山，异草奇树，亭、阁、桥舟的出现，盆景的形成、发展与造林造园艺术是分不开的。当发掘出土的汉代陶砚，那几组群山连绵、山影水光，盛水其中配有盆座的景物就是山水盆景的初期形式。再从河北望都县出土（25～220年）的墓壁画上有宫女手拿圆盆，盆内栽有红花六枝的景象可看出，那时代，中国盆景艺术方面已达到一定高度的水平。

《中国盆景文化史》中有大量这方面的记载。盆景艺术爱好者应多阅读这方面的书籍，将中国盆景已有7000多年的历史能够继续延续下去并加以发展，这是我们后人应该尽的义务。

中堡村盛唐墓出土的盆景三彩砚

唐代章怀太子墓壁画中的仕女手捧盆景形象

唐代《织贡图》所绘进贡山石情景

河姆渡新石器遗址发掘中发现五叶纹盆栽陶片

盆景的分类与形式

中国盆景艺术文化早在宋代就出现了树桩盆景和山水盆景两类形式。随着社会经济的发展，盆景艺术有了不断进步与创新，盆景的类型也越来越多。今后还会有更多的类别。但一般树桩盆景是以木本植物，经过人为园艺加工处理，集中表现大自然中优美姿态的植物造型艺术。以表达其艺术美感，它与一般盆栽植物是有所不同的。山水盆景是以石料为主，植物点缀创作而成立体的中国山水。表现大自然的湖光山色、岚光帆影、奇峰沟壑、高峡飞湖、绝壁巨岩等。富有韵味的山水风光，是自然景色的再现。山水盆景题材广泛，如同中国山水画一样，极富有想象力和创造力，但因制作难度比树木盆景难得多，因此一般认为玩盆景只是在盆中种上树就是盆景。在山水盆景中还分有水石盆景、水旱盆景、旱式盆景。为此盆景是艺术品，是立体的画，要有意景，就是盆中有景色才能称为盆景。

盆景按大小可分为五种，两人搬不动为巨型，两人可搬动的为大型，一人能搬动为中型，一人拿两盆以上为小型，在手掌上能放数盆的为微型。这种讲法虽不科学，但也是一定的道理，目前还是用尺度衡量为标准。山水盆景及树石盆景以盆的长度衡量：巨型为120厘米以上；大型为80～120厘米；中型：40～80厘米；小型：10～40厘米；微型15厘米以下，树桩盆景以根部到树梢长度衡量，量法与前类同。

盆景形式的划分

中国盆景原只分树桩盆景、山石盆景两大类。随着盆景事业的蓬勃发展以及在传统基础上的不断创新，原分类不能概括全貌，经过多届盆景评比展览，展出的类型参考综合要素，按观赏载体表现出不同的意境和不同的形式进行分类列出一表，可作为盆景艺术爱好者参照应用。但时代在进步，新项目会不停地出现，我们不能墨守成规，今后还会有更多盆景形式出现，这是一件好事。(下列表摘自韦金笙《论中国盆景》)

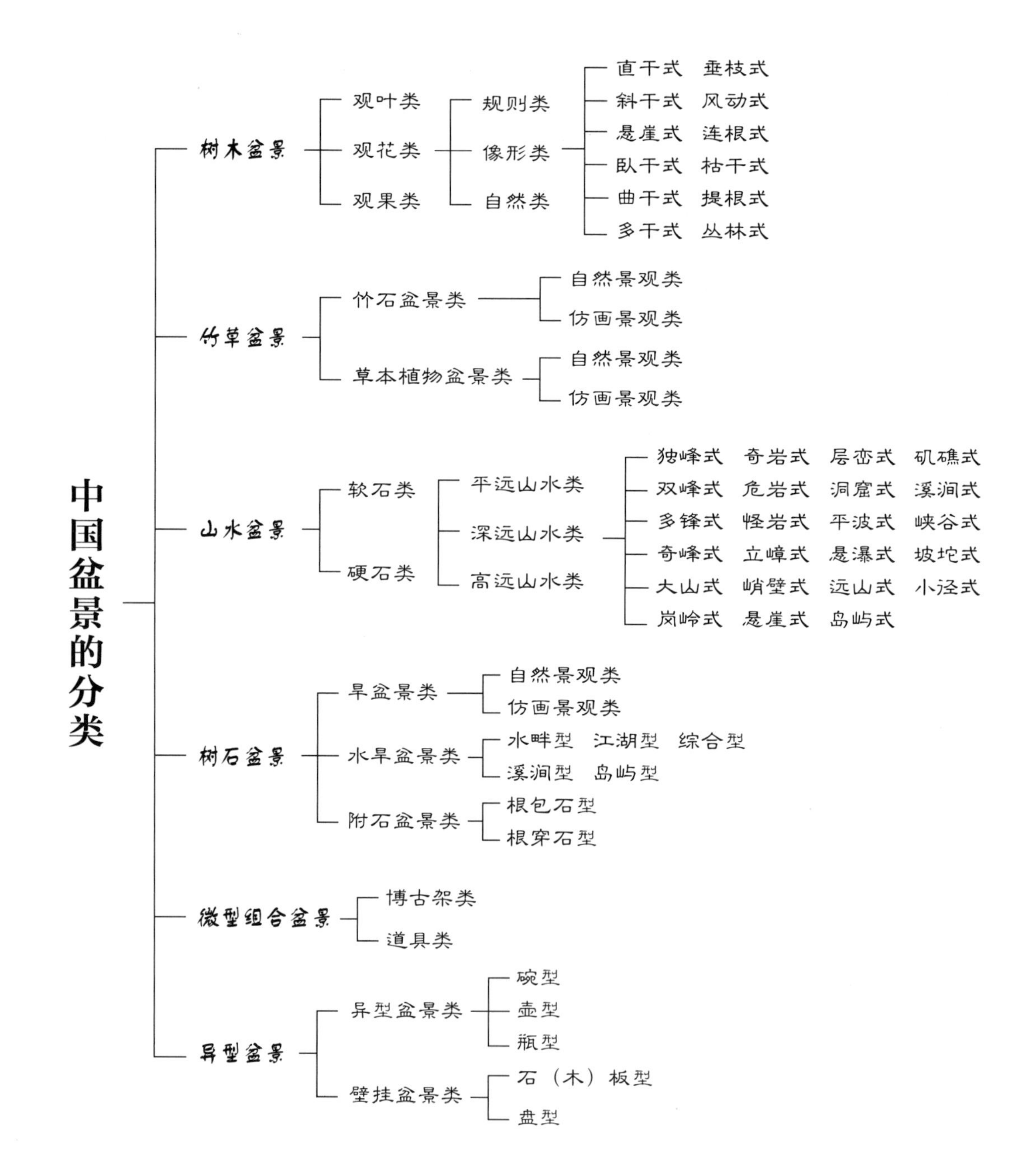

弯曲式盆景（刺柏）

舍利干盆景（圆柏）

枯干盆景（榆树）

大树形盆景（刺柏）

卧干式（劲松）

斜干式（雀梅）

立干式（枫）

枯峰式（枸杞）

提根式（六月雪）

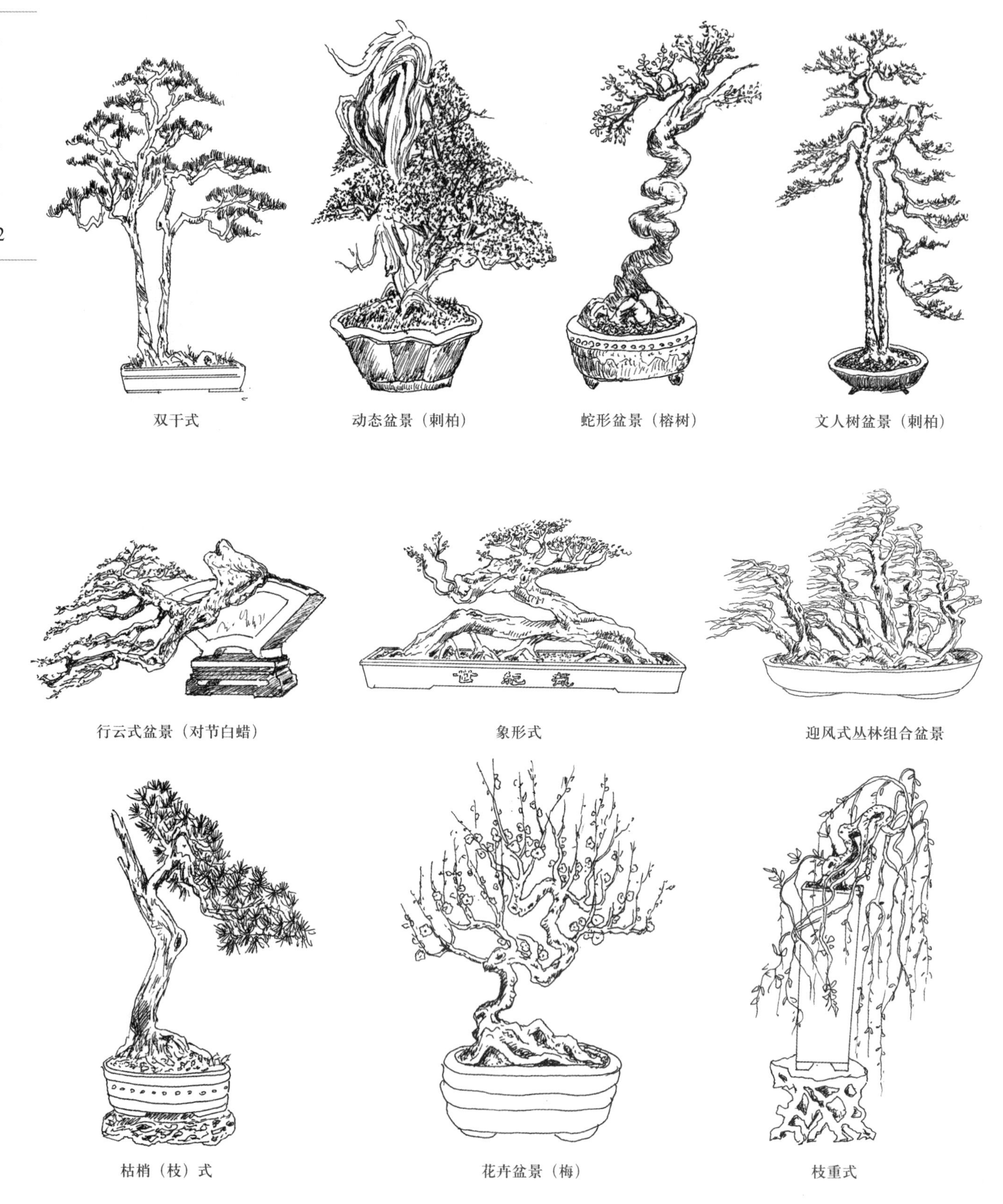

双干式

动态盆景（刺柏）

蛇形盆景（榕树）

文人树盆景（刺柏）

行云式盆景（对节白蜡）

象形式

迎风式丛林组合盆景

枯梢（枝）式

花卉盆景（梅）

枝垂式

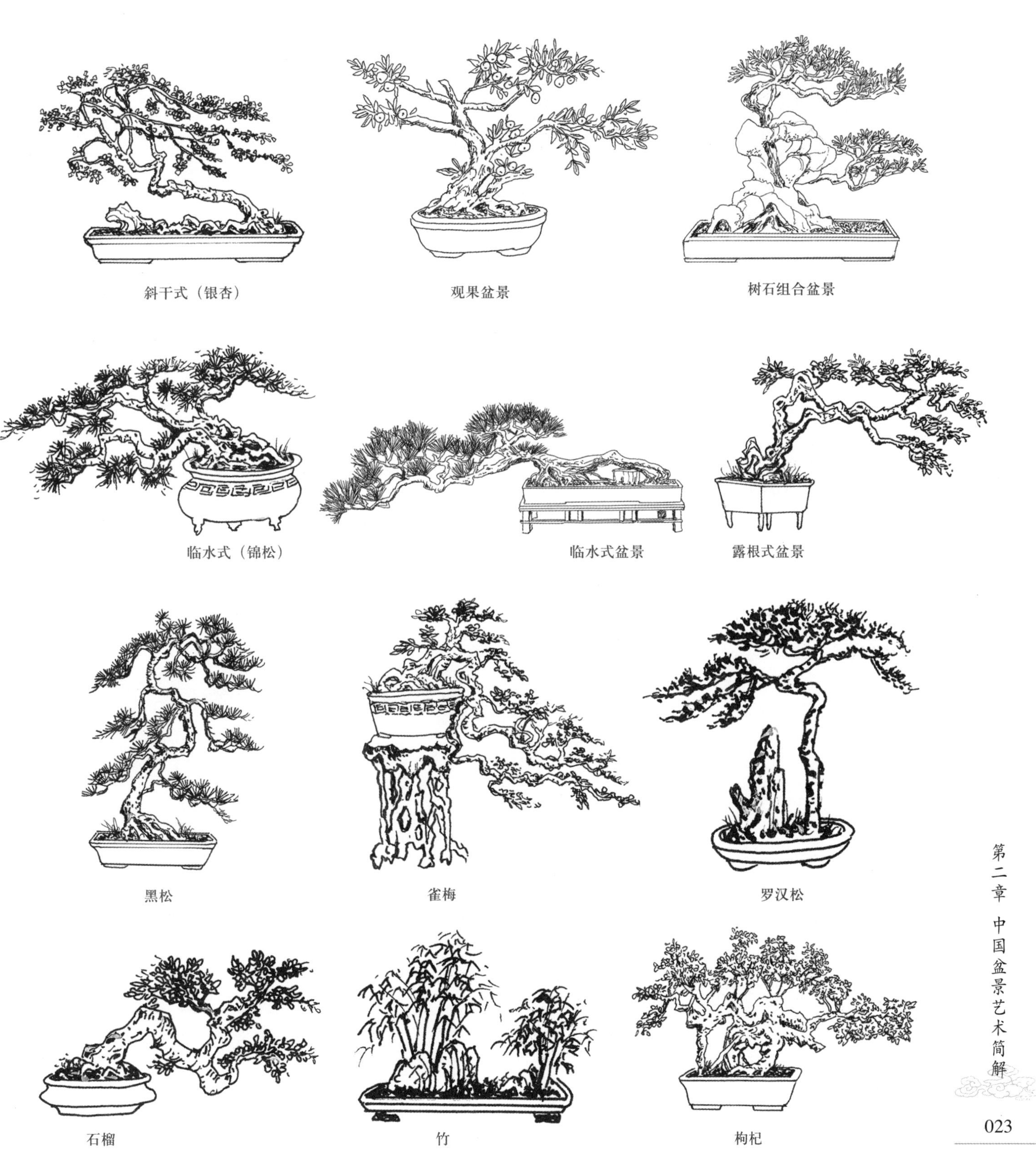

斜干式（银杏）　观果盆景　树石组合盆景

临水式（锦松）　临水式盆景　露根式盆景

黑松　雀梅　罗汉松

石榴　竹　枸杞

榆树　紫薇　银杏

雀梅　地柏　黄杨

紫薇　真柏　黑松

榆树　六月雪　雀梅

石榴　五针松　松竹

雀梅　竹　杜鹃

松　朴树　黑松

竹　山茶　雀舌黄杨

栀子　茶花　迎春

黑松　朴树　锦松

栀子花　黑松　石榴

五针松　海棠　紫薇

柽柳　海棠　丛林式（松）

榆树　组合式（柽柳、竹、榆）　紫藤

黑松　石榴　大阪松

薜荔

雀梅

雀梅

雀梅

柽柳

南洋杉

水旱盆景（真柏）

丛林式（榆树）

山石盆景

水旱盆景（柽柳）

水旱盆景（丛林式）

丛林式（雀梅）

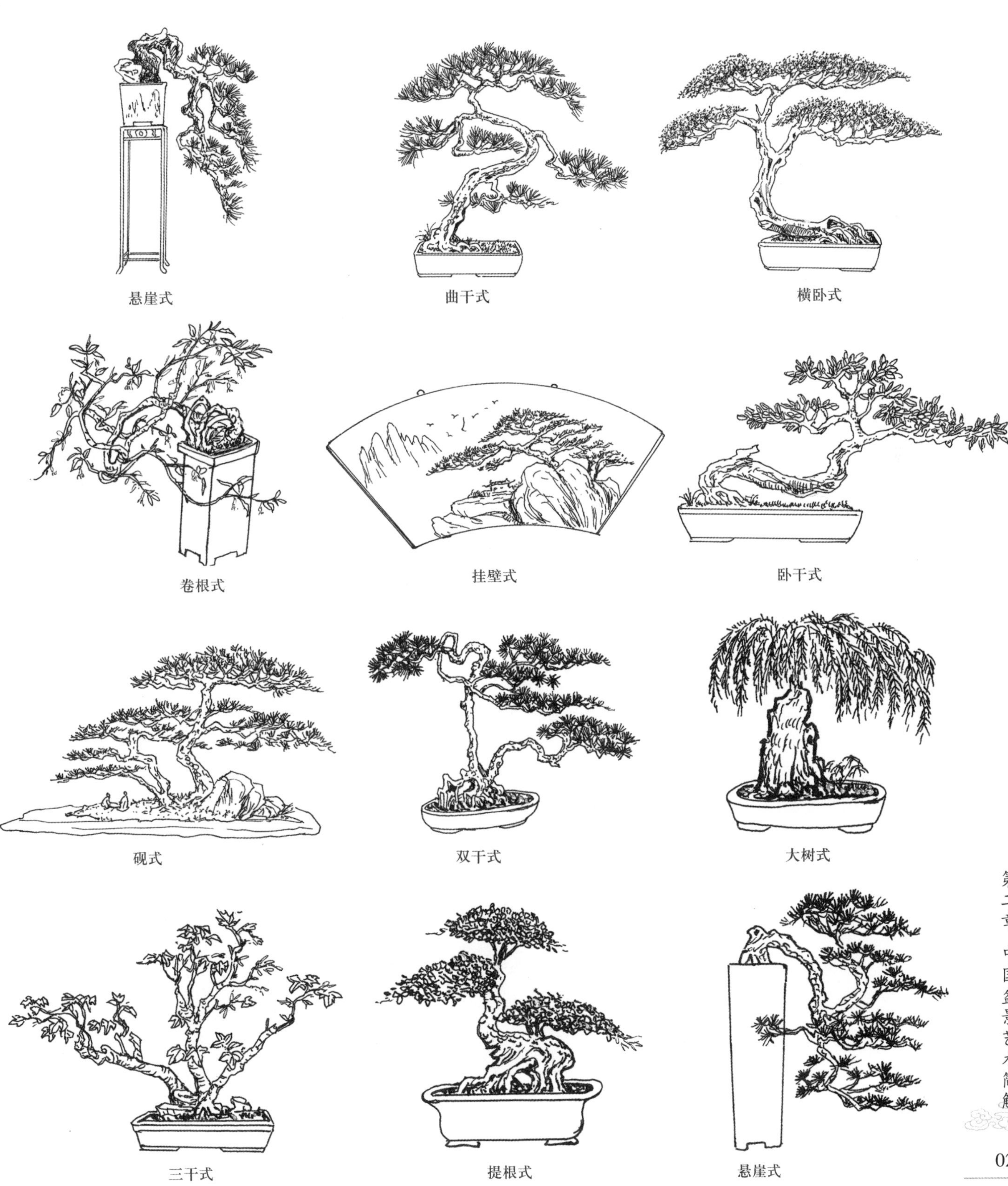

悬崖式　曲干式　横卧式

卷根式　挂壁式　卧干式

砚式　双干式　大树式

三干式　提根式　悬崖式

中国盆景的流派

所谓盆景的流派就是各地区根据不同风格、不同追求和不同的构思方法形成的，是具有某一地域特性的、比较成熟的艺术形式。

流派艺术表现主要的是有时代风格、名族风格、地方风格及盆景艺术家的个人风格。并要经比较长时间的考验，得到同行的认可。其创作方法要有独特性、稳定性，并要有一定的社会影响。

中国盆景艺术流派的命名大多是以地区来划分，如上海为海派、扬州为扬派、苏州为苏派、四川为川派、安徽为徽派、岭南为岭南派等。但是任何流派都是自然产生和发展的，根据各地区的特点来形成和创新出新的流派来，同时也可汲取其他地区的艺术造型、特点、风格来进行创作，使盆景艺术文化达到博采众长，敢于创新，从而带动盆景事业的繁荣和发展。

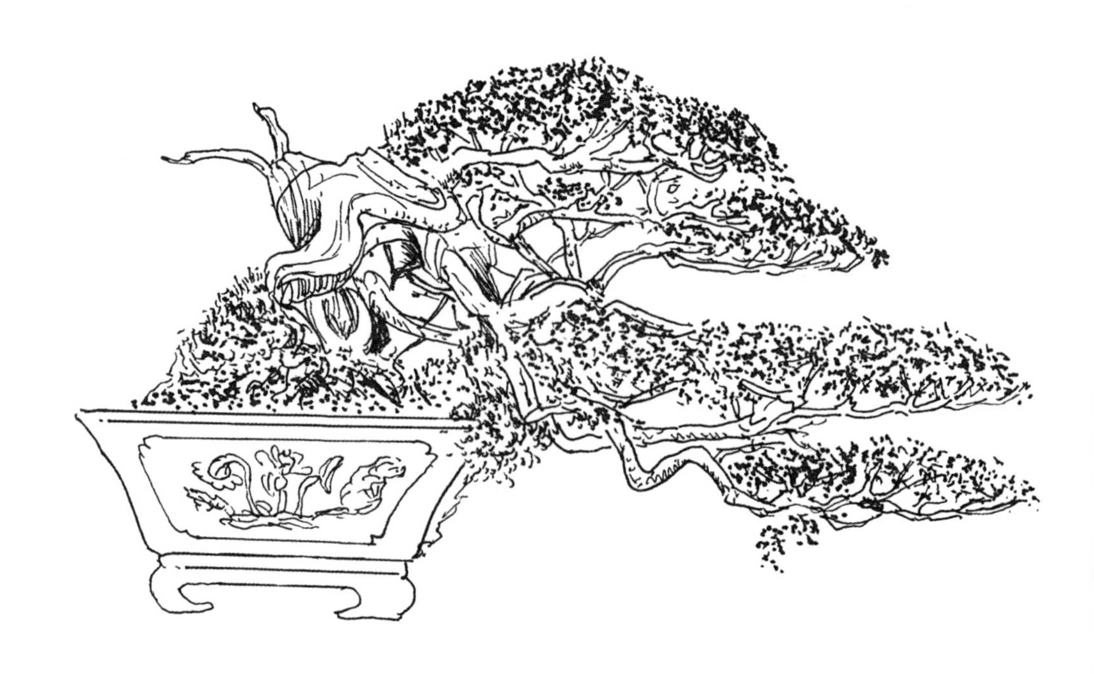

扬派盆景

扬派盆景的艺术特色是以“云片”状为主，干屈曲有致、层次分明、严整平稳；顶片多为圆形，各片多为掌形，其加工采用不同粗细的棕丝，通过扎缚，细扎细剪。树木是自幼培养，以根据植物自身条件而立意创作，选用“一寸三弯法”，具有装饰美效果。

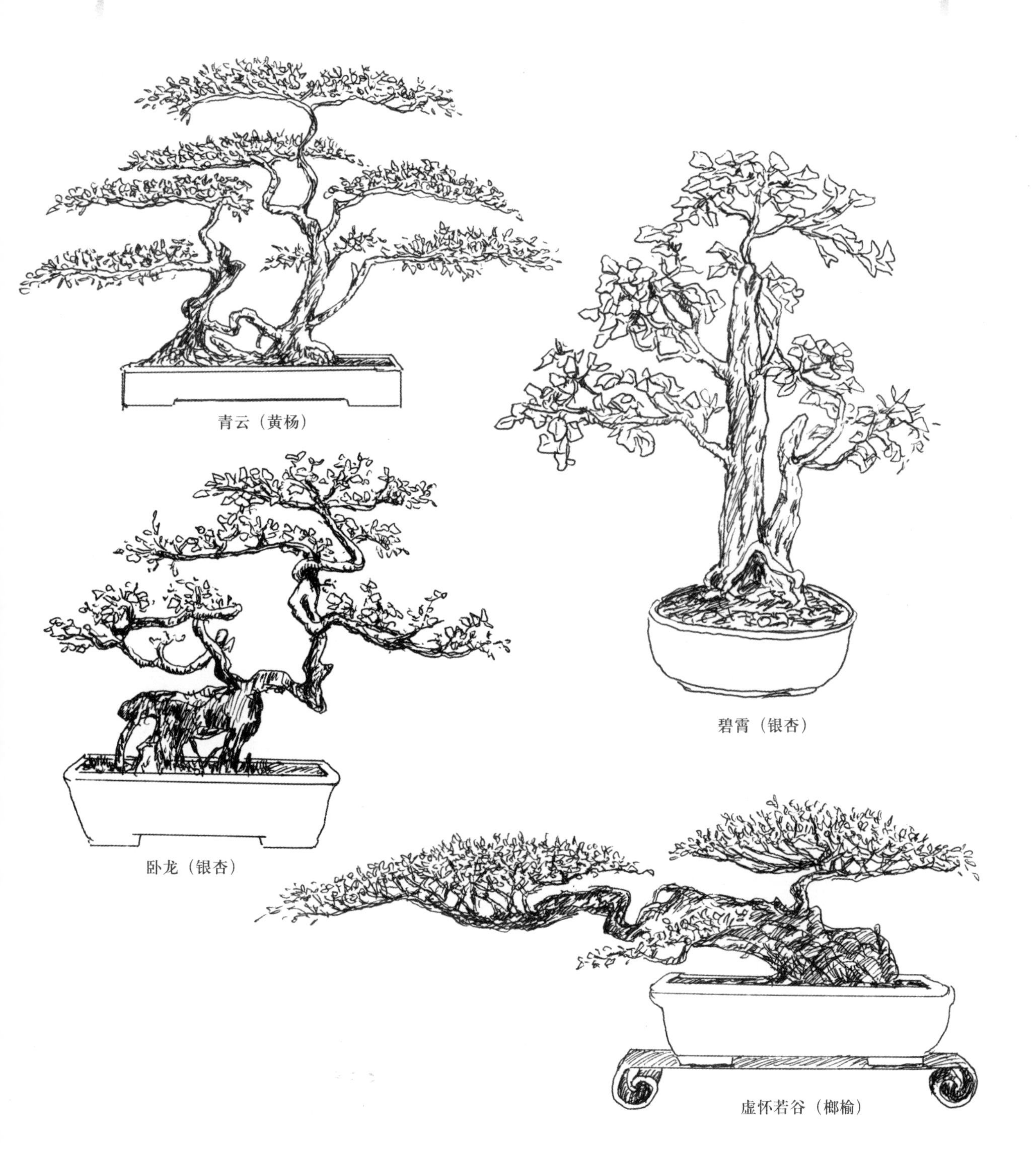

青云（黄杨）

碧霄（银杏）

卧龙（银杏）

虚怀若谷（榔榆）

岭南派盆景

岭南盆景主要特色是挺茂自然、飘逸豪放，其采用“蓄枝截干”的独特技法，当枝干长到一定的粗度后，强度剪截，其典型造型式样，有扶疏挺秀的高耸型、飘逸豪放的潇洒型、依石而生的抱石型。其构图活泼、野趣天然。常用树种有：榆、朴树、福建茶、罗汉松、九里香、三角梅等。

悬（九里香）

石上缘（榆树）

姻缘（九里香）

银河落九天（雀梅）

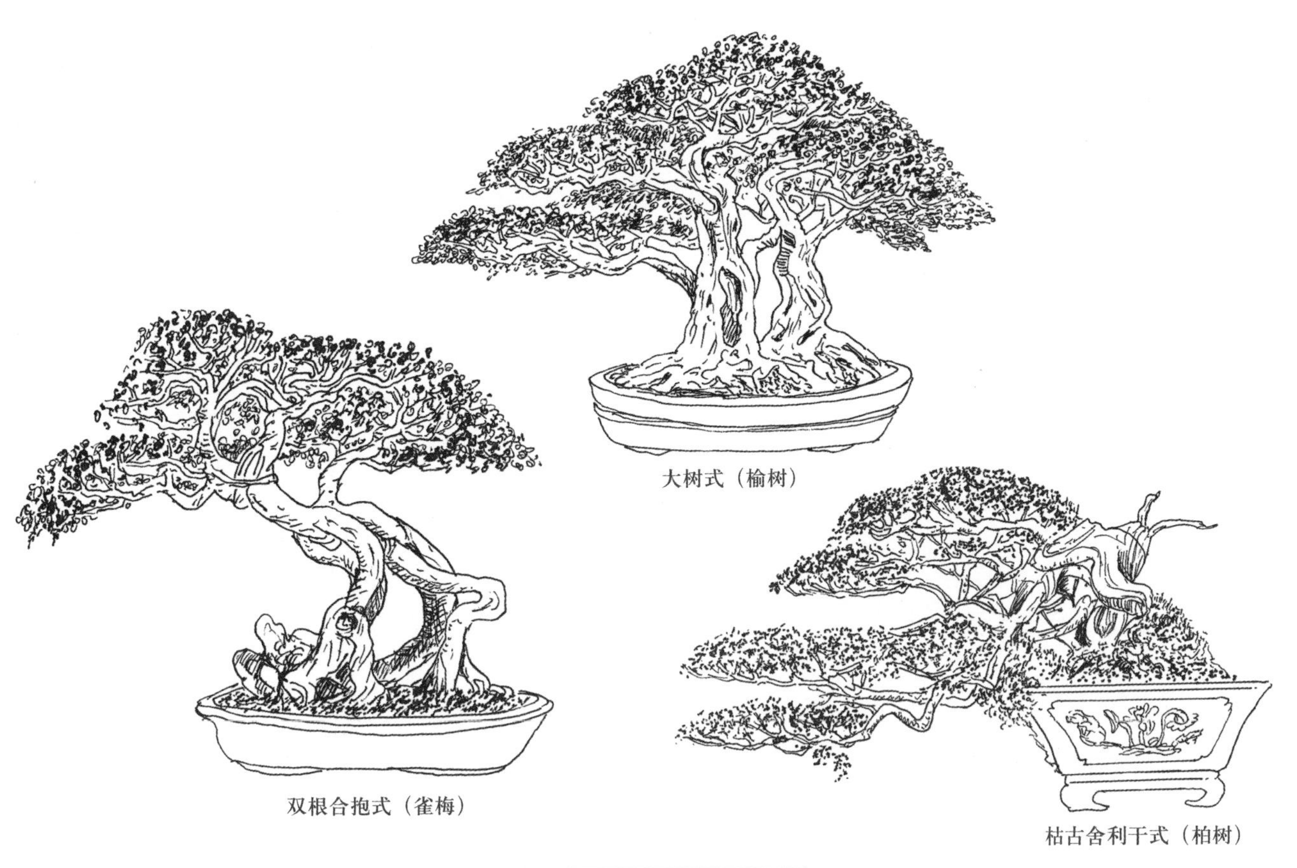

大树式（榆树）

双根合抱式（雀梅）

枯古舍利干式（柏树）

徽派盆景

徽派盆景地处在徽州黄山景地。离杭州、九华山很近。身在名山大川之中的古木为创作素材。以苍老、古朴、雄浑、奇特见长。其造型形式有规则式和自然式两种。其造型方法也别具一格，植物在幼小时就开始培养，蟠曲用棕皮包裹。选用“粗扎粗剪”方法进行，树态造求“游龙弯”、“磨盘弯”。制作出如仿黄山古松附石式盆景。柔中含刚，静中藏动，惟妙惟肖，引人入胜。

倩影（榔榆）

懒虬（桧柏）

川派盆景

川派盆景是以四川省名来命名的盆景艺术流派，它是采用传统的棕丝蟠扎法，借助“弯”、“拐”造型，形成树身的扭曲。在造型上选用“掉拐法”、“滚龙抱柱法”、“三弯九倒拐法”、“大弯垂枝法”等多种艺术造型，取法自然，形式自由不拘格律，讲究自然美与艺术美的统一。树种主要有六月雪、金弹子、银杏、偃柏、紫薇、山茶、海棠、罗汉松、竹类等当地产植物。

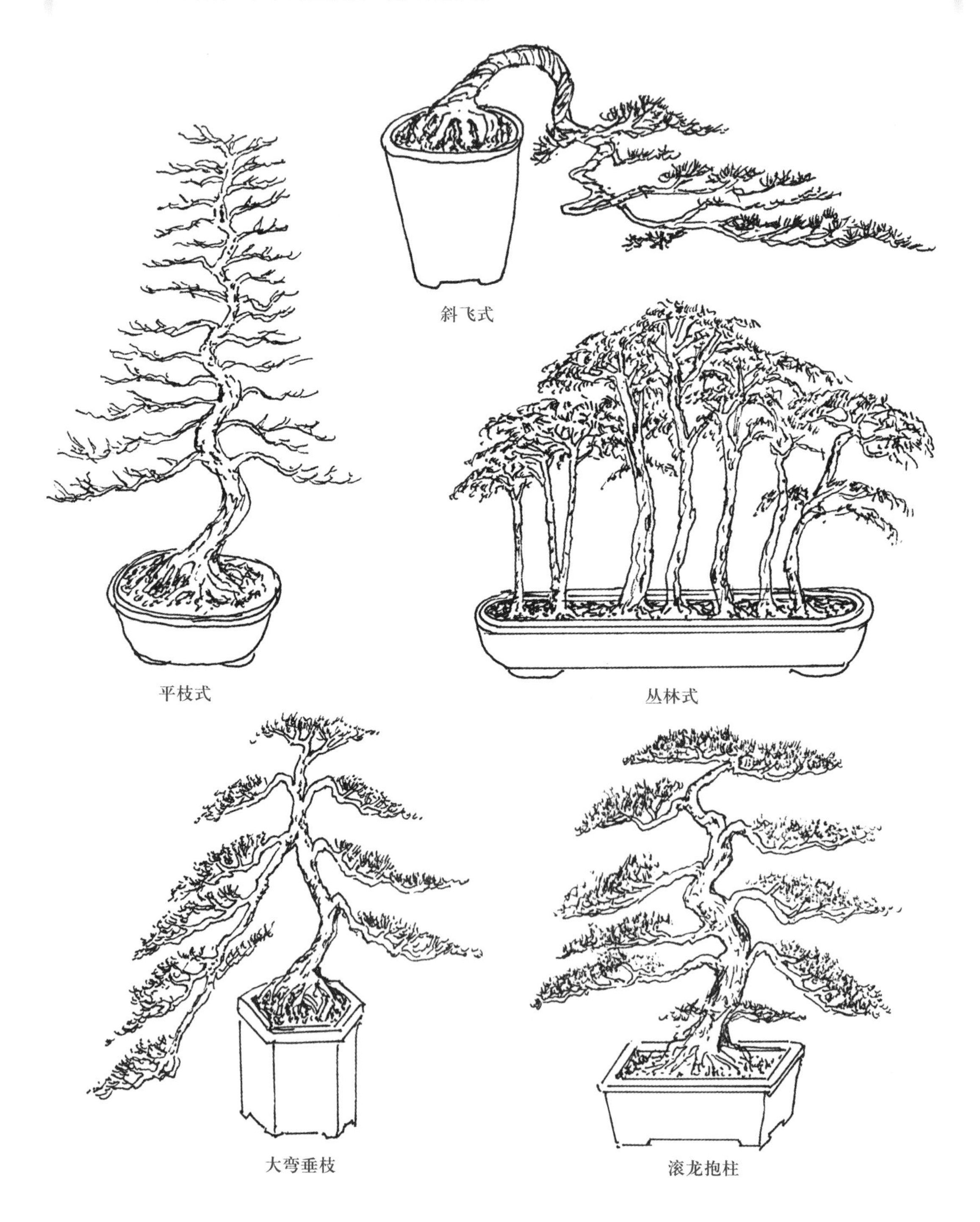

斜飞式

平枝式

丛林式

大弯垂枝

滚龙抱柱

苏派盆景

苏派盆景是指产生于长江以南，如无锡、常州、苏州等地，以苏州命名的盆景艺术，其盆景的艺术特色是老干虬枝，清秀古雅。素材大多取老树桩为树坯，树材虽然不高但栽培得苍古拙朴、老而弥坚、生机勃勃。在制作上细腻精致、典雅、绮丽，并讲究景中含诗，情中有韵。盆景修饰得似“云片朵朵”，枝片茂密丰满，层次参差错落，别有情趣。

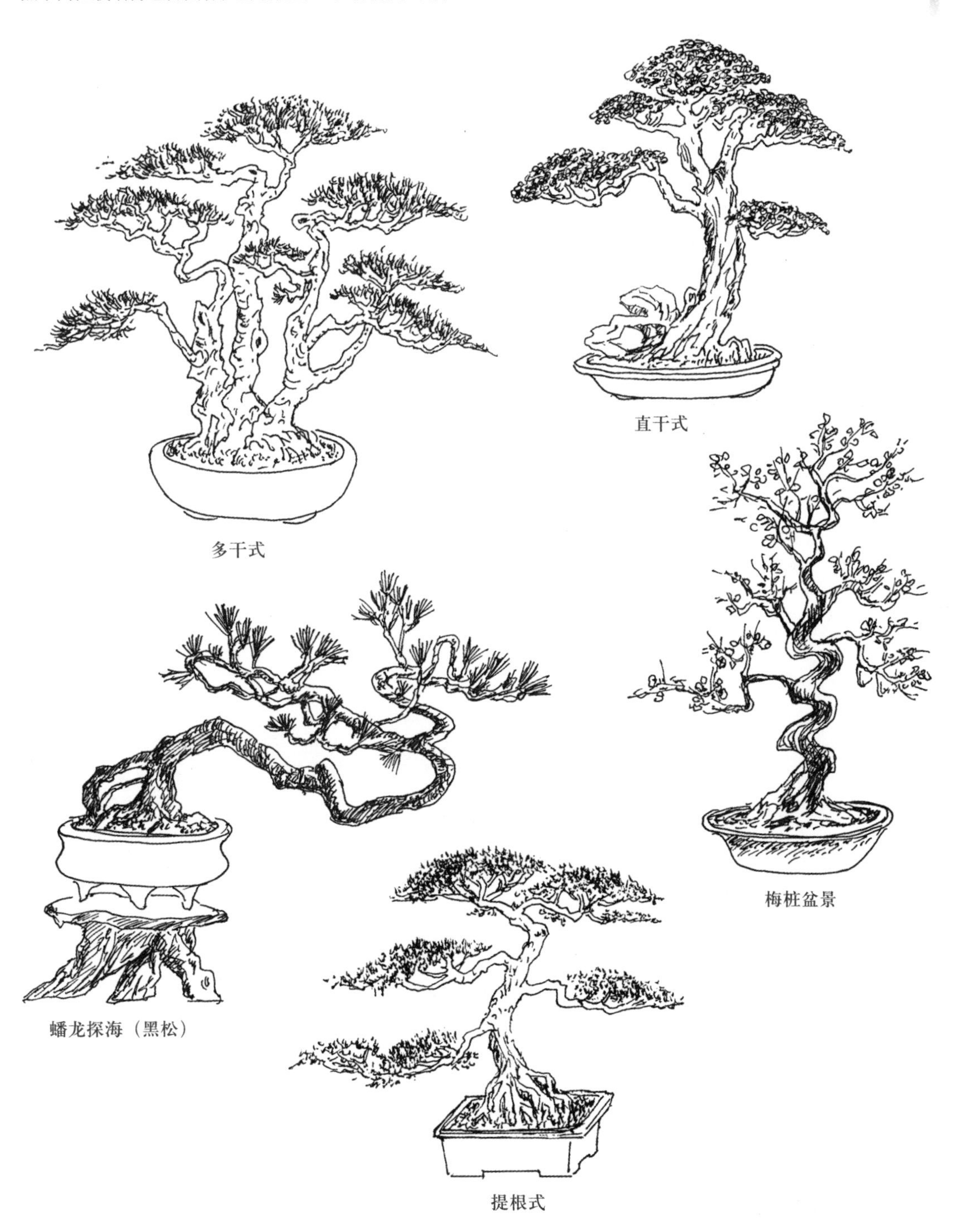

多干式

直干式

梅桩盆景

蟠龙探海（黑松）

提根式

海派盆景

据考证上海盆景已有400多年历史；集众家所长，在传统盆景艺术基础上，逐步形成以上海特色的海派盆景，其主要特色是线条明快流畅，浑厚苍劲，雄健自在，苍古入画。

在造型形式上不受程式限制，多种多样。尤其在观花、观果盆景和水旱丛林式盆景上，配上山石富有野趣。海派盆景均采用金属丝缠绕造型、粗扎细剪，剥芽成形。微型盆景也是海派的特色，由于人居场地限制，喜爱者只能利用阳台、屋顶培植养护，并注重根部造型。微型盆景的玲珑精巧，再配上红木博古架，加上精致配件，更受人喜爱。

逸致（石菖蒲）

老当益壮（罗汉松）

苍松绿波（五针松）

疏影横斜（真柏）

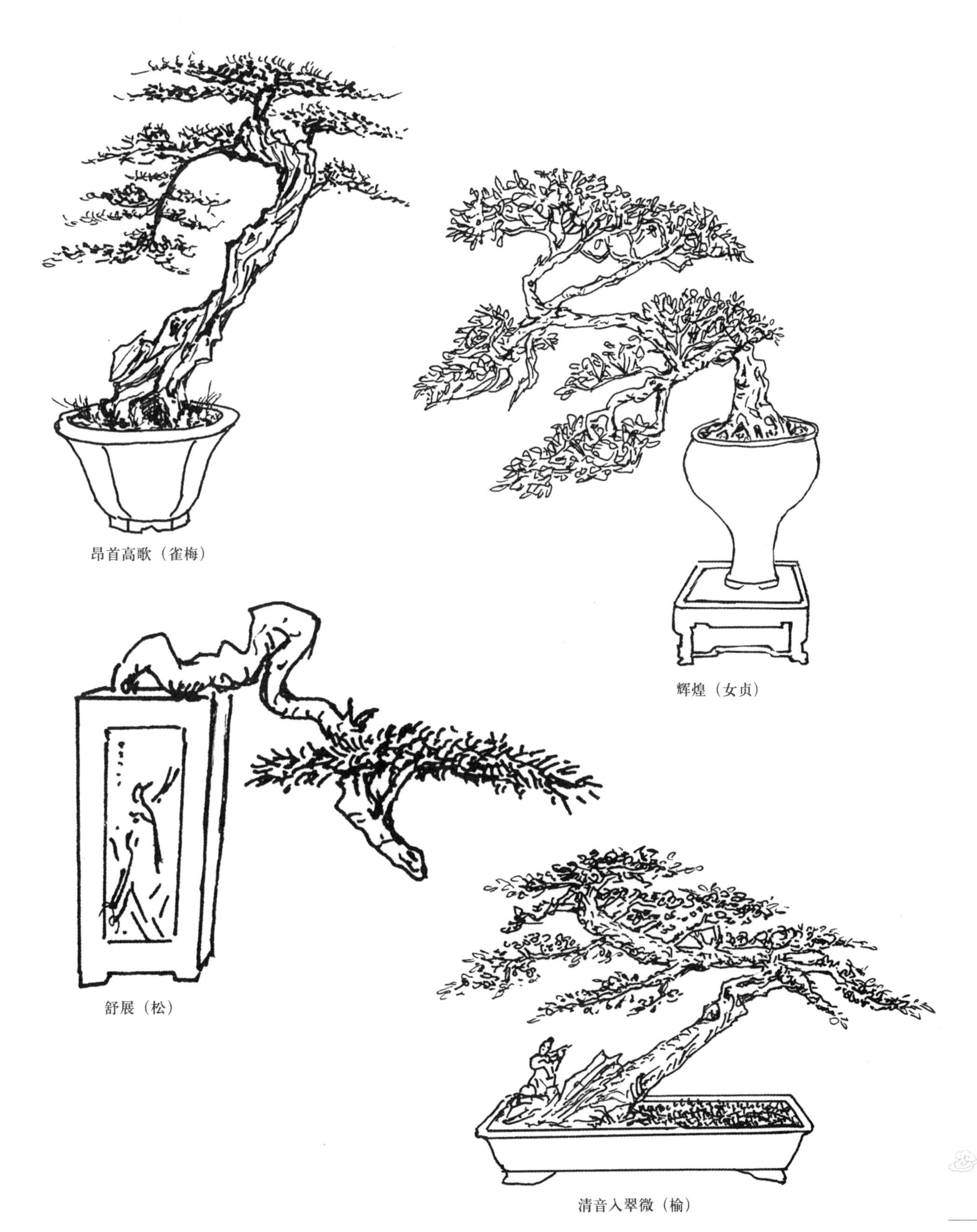

昂首高歌（雀梅）

辉煌（女贞）

舒展（松）

清音入翠微（榆）

中国的盆景大师作品赏

中国的盆景艺术与其他传统艺术一样，起源于民间，是劳动人民创造了这门艺术。古代民间的盆景流入官廷后成为装饰官廷环境及官员仕大夫观赏的珍品。

从盆景形成的唐代直到近代盆景艺术的成熟发展，盆景界高手辈出，并产生许多以制作盆景著书传世的名人，如唐代白居易、宋代苏轼、元代韫上人、明代的屠隆、清代的陈淏子等，都是历史上的盆景艺术大师。

新中国成立后，传统的盆景艺术再次得到恢复和发展，一批从事园林专业的技术人员及民间盆景爱好者，又进行不断改革创新，形成了富有地域性特色及地方风格的盆景艺术流派。各流派大师的出现，为振兴和繁荣中国盆景文化做出了优异成绩，献出了毕生精力。下面介绍由国家建设部授于“中国盆景艺术大师”称号的部分作品，绘制后给后代盆景艺术爱好者学习参考之用。

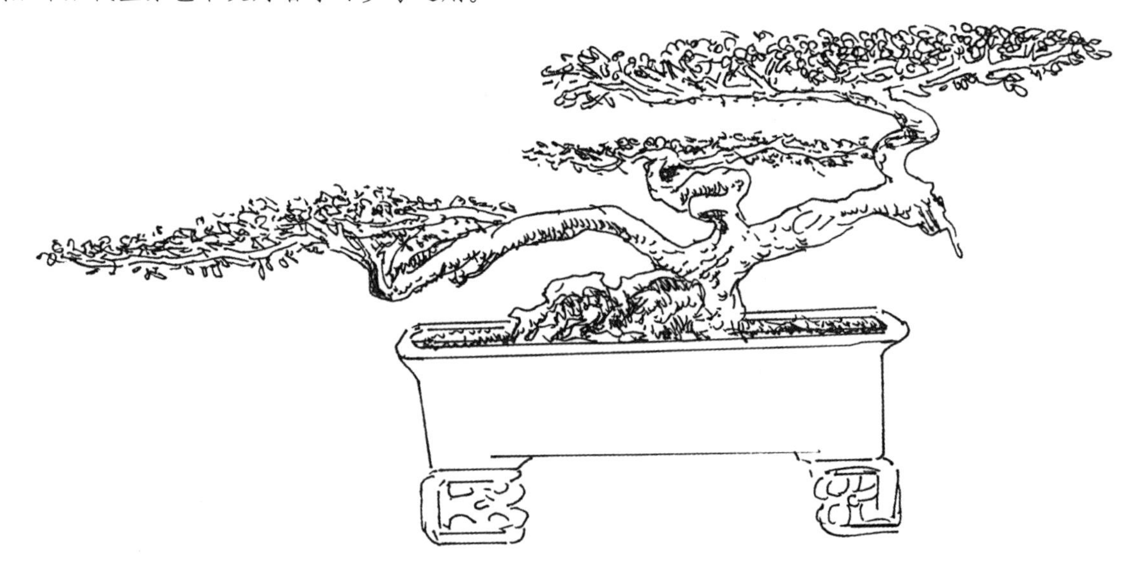

中国的盆景艺术大师

历史上记载盆景艺术大师有:

唐代:白居易
宋代:苏轼　范成大
元代:韫上人
明代:屠隆　文震亨　吴初泰
清代:陈淏子　沈三白　胡焕章等

新中国成立后:

1. 由国家建设部城建司、中国风景园林协会、中国花卉盆景协会授予的中国盆景艺术大师有:

朱子安(苏州)　朱宝祥(南通)　殷子敏(上海)　陆学明(广州)
陈思甫(成都)　周瘦鹃(苏州)　孔泰初(广州)　王寿山(泰州)
万觐棠(扬州)　贺淦荪(武汉)　潘仲连(杭州)　李金林(上海)
王选民(河南)　赵庆泉(扬州)　邵海忠(上海)　胡乐国(温州)
胡荣庆(上海)　田一卫(重庆)　于锡昭(北京)　梁玉庆(山东)
万瑞铭(泰州)　盛定武(靖江)　邢进科(湖北)　冯连生(湖北)
苏　伦(广东)　陆志伟(广东)　邹秋华(成都)　汪彝鼎(上海)
林凤书(扬州)　朱永源(江苏)　张尊中(江苏)

第一批公布于1989年,第二批公布于1994年,第三批公布于2006年。

2. 由中国盆景艺术家协会授予的中国盆景艺术大师有:

吴成发　樊顺利　吴松恩　曾文安　韩学年　彭盛材　李正银
曾安昌　王永康　芮新华　徐伟华　胡世勋　柯成昆　陈明兴
李　城　黎德坚　汤锦铭　魏积泉　林涵鑫　申洪良

2011年10月在广西公布。

周瘦鹃

周瘦鹃（1894~1968年），江苏苏州市人，著名作家、园艺家，早年任上海《新闻报》、《申报》编辑，四次参加上海举办"中西莳花会"，三次获得总锦标赛冠军。新中国成立后创作了一批反映时代、具有文人气息盆景作品。如仿沈石田画意"鹤听琴图"、仿唐伯虎画意"蕉石图"、"饮马图"等以历史名画为蓝本，取其诗情画意，别具一格。出版《盆景趣味》、《花木丛中》等著作。在弘扬中国盆景艺术和苏州盆景艺术特色作出重大贡献。

二度春（小叶枸骨、80年树龄）

饮马图（榆树）

朱子安

朱子安（1902~1996年），江苏常熟市人，早期随父赴苏州花农家打工，1925年起与父以栽培花木、制作盆景为业。20世纪40年代与周瘦鹃相识，一起研究盆景技艺，成为好友。他采用到山野被砍伐的树桩为素材，改变从小树培养盆景的方法，走出了一条发展盆景的捷径，采用以桩形而变化，具有结顶自然、千姿百态、古朴典雅、苍劲刚强的特色。他的作品"秦汉遗韵"、"龙湫"均获得评比最高奖。

巍然侣四皓（圆柏、200年树龄）

秦汉遗韵（柏、500年树龄）

万觐堂

万觐堂（1904~1986年），江苏泰州人，12岁就随父万阳春学扬派盆景剪扎技艺，是万氏盆景世界第五代传人。他运用自然形态与人工造型相结合的手法，形成独特的盆景艺术。创立了扬派盆景剪扎方法具有工笔、细描装饰美的地方风格。他技艺精湛、风格独特，他所创作的黄杨盆景“巧云”荣获第一届中国盆景评比一等奖。

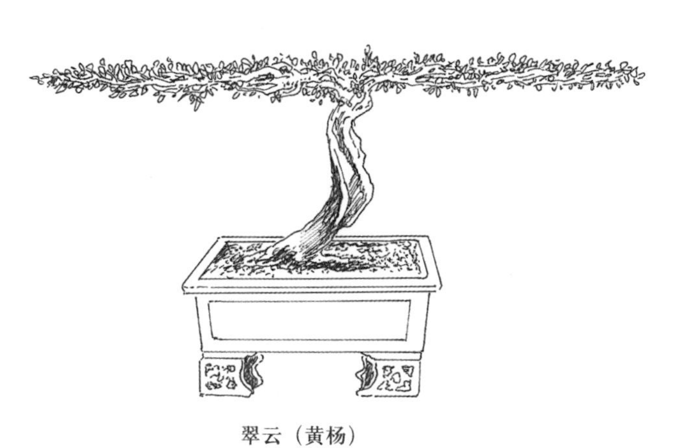

翠云（黄杨）

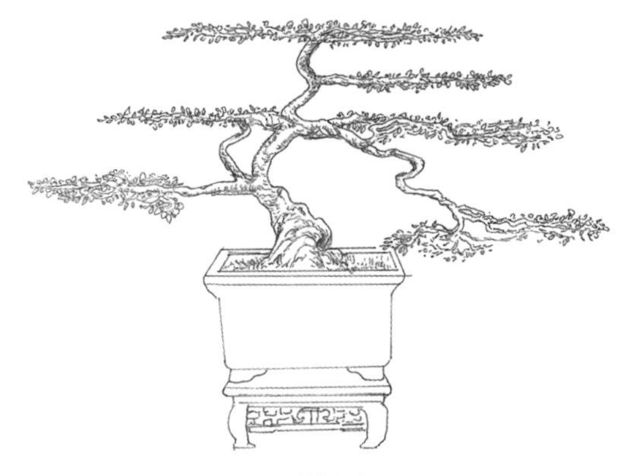

巧云（黄杨）

殷子敏

殷子敏（1920~2005年），上海市宝山人，从事盆景创作60余年，曾任上海植物园高级技师，是海派盆景创始人和见证人，他技艺精湛、造诣浑厚，其创造的树石合栽型盆景为之后的水旱盆景发展奠定了基础。多年来他为全国培养了大批盆景优秀人才，为繁荣中国盆景事业做出重大贡献。其山水盆景也做得极其到位，树木盆景“蛟龙探海”等均获得盆景展一等奖。

铁铸江山（山水盆景）

蛟龙探海（五针松）

赵庆泉

赵庆泉（1949年生），扬州红园高级工程师，江苏扬州人，任中国盆景艺术家协会副会长。其师承徐晓白教授，注重盆景创作与研究，在传统的基础上与现代审美情趣相结合，以创新的水旱盆景独具一格。代表作有"八骏图"、"小桥流水人家"等均在国内外展览荣获重要奖项。其出版过9部专著，并到世界各地讲学表演，扩大了中国盆景在世界上影响。

听涛（五针松、英石）

八骏图（六月雪、龟纹石）

林凤书

林凤书（1947年生），江苏扬州人，精通扬派盆景传统棕丝剪扎技法，对盆景研究已达几十年之久，作品师法造化不拘形式，格调清丽，意境深远，将盆景艺术变幻成一幅幅古代山水画，代表作"鹅池留踪"、"柳村诗话"均获佳奖。并多次赴美国、荷兰、意大利等国进行盆景技艺交流和表演，其创作经验与理论在国内外享有声誉。

鹅池留踪（福建黄杨、风化石）

珠圆翠绕（枸骨）

胡乐国

胡乐国（1934年生），浙江温州市人，他是成立中国盆景艺术家协会倡议人，将自己毕生精力奉献给中国盆景事业，他对松柏类的造型颇有研究，作品雄伟壮丽，注重力度，体态自然，文人秀气。作品“天地正气”、“向天涯”在国际展览中均获金、银奖。并出版盆景专著多部，在国内外教学、示范多场。

向天涯（五针松）

天地正气（圆柏）

邹秋华

邹秋华（1942年生），重庆江津人，成都市花卉盆景协会、望江公园盆景技师。从事川派盆景剪扎40余年，具有丰富栽培实践盆景经验，举办邹秋华盆景艺术个人展，受到一致好评，其创作“千佛朝圣”、“千秋峥嵘”作品均在全国盆景评比中获金奖。

千秋峥嵘（金弹子）

田野飞瀑（野葡萄）

田一卫

田一卫（1955年生），重庆市人，出身于花卉盆景世家，具有造诣很深的美术功底，在盆景上发掘使用新型材料。还运用中国绘画原理和技法，“以形写神”艺术夸张手法创作山水盆景。在保持川派传统技艺基础上，创作一大批具有重庆风格式树木盆景，如罗汉松“祥云”、山水盆景“三峡雄姿”等分获金、银奖。

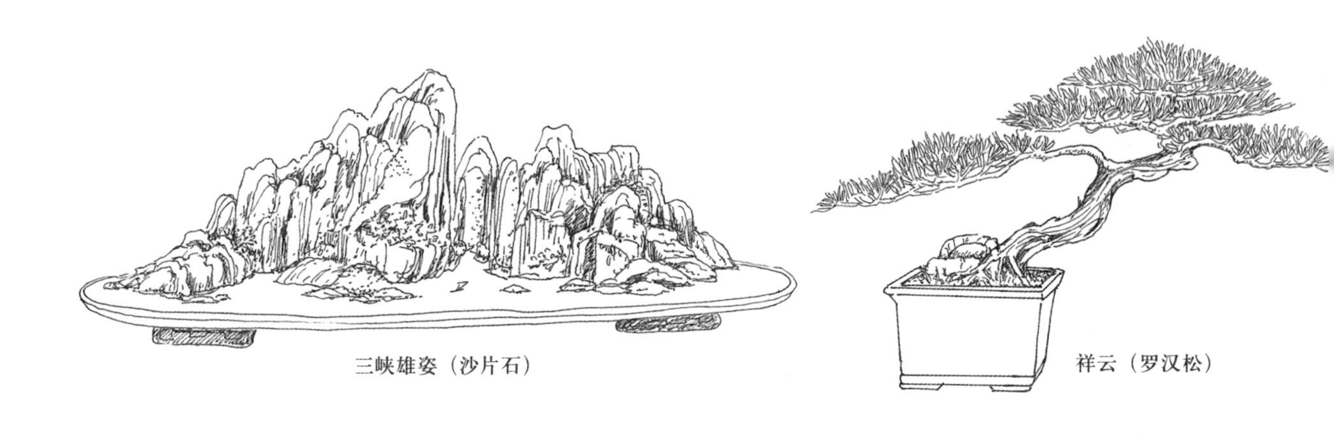

三峡雄姿（沙片石）

祥云（罗汉松）

朱宝祥

朱宝祥（1914~1994年），江苏南通人，12岁随父学艺，并拜通派盆景名家金保生、杨甫之为师，26岁在上海荣毅仁公馆管理花卉盆景。从1952年回南通，在市人民文化宫专事盆景创作，他在造型上总结出“满、残、清、奇、古、怪”选材六字诀，他所作盆景均有造型奇特、古朴苍劲、盘根错节、意境深远的特点，如罗汉松盆景“巍然屹立”荣获第一届花卉盆景博览会佳作奖。还注重总结通派盆景艺术理论与文章，给后人学习和参考。

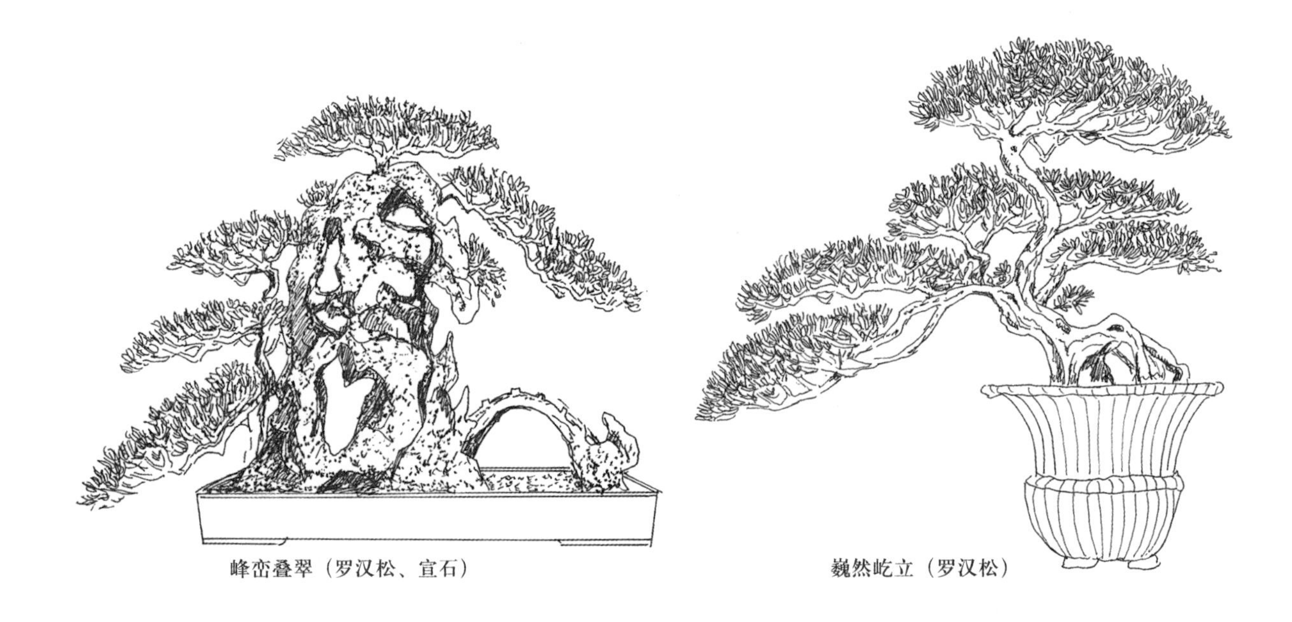

峰峦叠翠（罗汉松、宣石）

巍然屹立（罗汉松）

陈思甫

陈思甫(1923年生)，四川成都人，曾任四川盆景艺术家协会副会长。承其祖父、父亲陈玉山蟠扎川派盆景技艺，1979年后在四川及全国各地从事盆景教学，并参与编写《中国盆景艺术》一书。1982年个人出版《盆景桩头蟠扎技艺》一书，总结自然类树木的造型、类别及蟠扎技法。作品“方圆随和”、“亭亭玉立”均有其独特的造型特色。

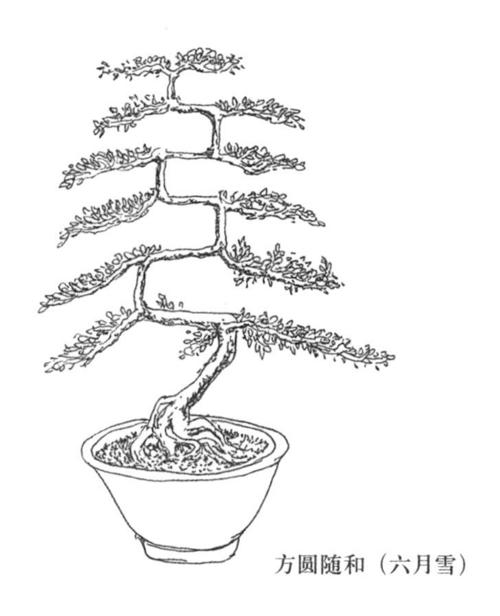

方圆随和（六月雪）

亭亭玉立（六月雪）

张尊中

张尊中（1928年生），江苏省沛县人，毕业于浙江农业大学，原任徐州果树盆艺园高级农艺师。他开创了果树盆景艺术新领域，研发了果树盆景快速成型、当年嫁接开花结果的新技艺。其果树盆景艺术在中央电视台和国内报刊都登刊过他的作品，著有《苹果盆栽技艺》一书，并摄制电影《果树盆栽》。在第一届、第二届评比展览中多次荣获一、二、三等奖，并在世界华人艺术展中获得“国际荣誉金奖”和“特别金奖”。

秋韵（玫瑰秋）

铁笔春秋（红富士苹果）

陆志伟

陆志伟（1948年生），广东省广州市人，广东省盆景协会副会长。自幼受父陆学明盆景艺术大师的熏陶，从事此专业40余年，在掌握岭南派盆景造型和栽培技艺基础上，使创作更富有想象力。从“自然树理”、“艺术渲染”、“胸有成树”的理念，将有缺陷的树坯进行改造，采用“蓄枝截干”方法进行研究，如福建茶盆景“斗罢罡风”获第五届中国盆景评比展览银奖，并出席和应邀全国各地进行表演及培训。

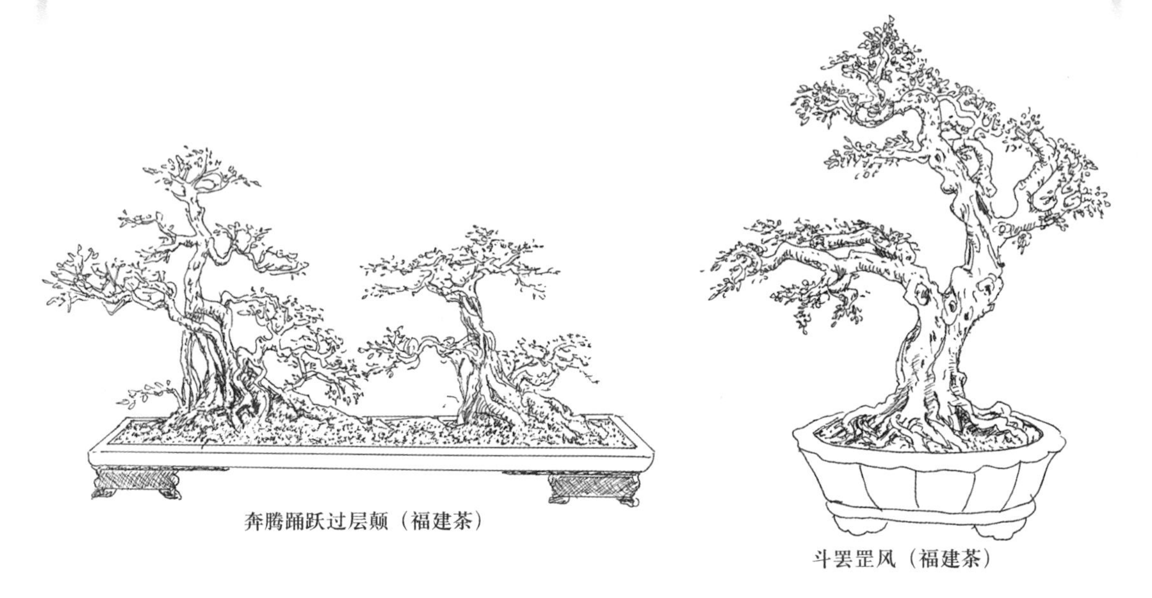

奔腾踊跃过层颠（福建茶）

斗罢罡风（福建茶）

苏伦

苏伦（1926年生），广东省广州市人，广州盆景协会副会长。出身书香门第，自幼受父亲绘画影响，后又研究盆景艺术，在继承和发扬岭南派盆景风格上以源于自然、高于自然为创作意念，以苍劲潇洒、灵巧明皙、构图生动、树种选材广泛为特点。其创作九里香盆景“铁骨欺风”1986年在意大利第五届国际花卉博览会上获得金奖。该盆盆景被作礼物送给来访中国的英国女王伊莉莎白。其他作品也屡次获奖。

斗罢苍龙（福建茶）

岁月雄姿（九里香）

朱永源

朱永源（1939 年生），江苏常熟人，受家庭熏陶，自幼喜爱盆景，跟随父亲朱子安大师学制盆景并在园林部门工作。1967 年，园林关闭，父子俩坚守岗位，日夜为几千盆景浇水管理，保护了国宝级盆景“秦汉遗韵”珍品免遭噩运。1982 年负责新建苏州“万景山庄”盆景园，为苏州盆景继承和发展作出巨大贡献。

沐猴而冠（榔榆）

翠舞银蛇（黄杨）

王寿山

王寿山（1909~1988年），江苏泰兴人，14岁随父亲学扬派盆景棕丝精扎技艺，新中国成立后全心投入泰州公园海陵盆景园建设，带徒传艺。经常到山区采集古树桩，利用自然树态进行“云片状”修饰，片薄如纸，造型飘逸潇洒，作品富有诗情画意、层次分明、严整平衡的独特风格受到国内外一致赞赏。此种构图就是吸取书法、绘画中的艺术精华。“鹤立衔芝”、“云中绘石”盆景在全国展览中均荣获一等奖。

云莺出岫（桧柏）

鹤立衔芝（桧柏）

冯连生

冯连生（1949年生），湖北省黄陂县人，中国盆景艺术家协会常务理事。自幼喜爱美术，20世纪70年代初从事盆景事业，拜贺淦荪盆景大师为师。他以绘画画理制作山水盆景提倡“树石相依、组合造景”，创作出大量树石组合盆景，使盆景创作更有观赏价值。作品“我家就在岸边住”、“故乡行”以优美柔和、意境深远、题意确切为特点，使人百看不厌，回味无穷。

我家就在岸边住（榆、柞木、六月雪、龟纹石，盆长130cm）

故乡行（龟纹石，盆长120cm）

汪彝鼎

汪彝鼎（1938 年生），江苏海门市人，原上海植物园高级技师。1962 年从事园林工作，1978 年进上海植物园专事山水盆景研究，从园林山石至掌上盆景，尤其在软石雕琢技艺方面独具一帜，首创在山水盆景上的山脚变化，富有自然气息及审美效果。还培养出大批学员，并赴国外示范表演多次，出版过很多山水盆景书籍，作品也在国内历届盆景展中屡获殊荣。

清溪渔隐图（石笋石，盆长65cm）

一江春水（海母石）

邢进科

邢进科（1951年生），河南南阳市人，荆门市花木盆景协会常务理事。1975年从事园林工作，1984年拜贺淦荪先生为师学习盆景创作，创建了3000m² 盆景园。还不断探索创新，将“动势盆景”理论的运用加以提升和发挥，深得盆景界的赞许。盆景“古稀赞”、“青春颂”在展览会上多次获佳奖。

古稀赞（小叶朴树）

青春颂（对节白蜡）

盛定武

盛定武（1953年生），江苏靖江市人，靖江市花卉盆景协会秘书长。20世纪70年代初赴上海植物园学习盆景技艺，擅长于中国山水盆景研究创作，成绩显著，作品“大江东去”、“岁月峥嵘”荣获第一届盆景评比展览一等奖，1996年被邮电部选中6件山水盆景制成特种邮票图案，并撰写多篇山水盆景制作论文。

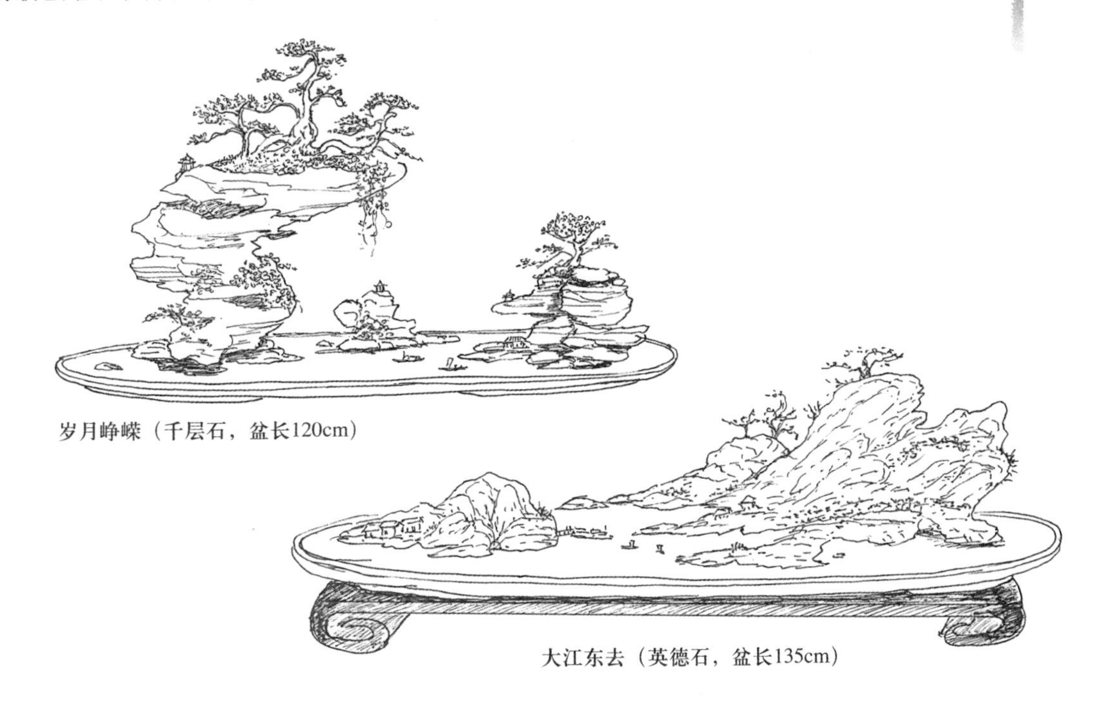

岁月峥嵘（千层石，盆长120cm）

大江东去（英德石，盆长135cm）

梁玉庆

梁玉庆（1945年生），山东济南人，济南花卉盆景协会副理事长。尤爱盆景艺术，在树木盆景和山水盆景造诣很深，对植物的生理生态特点、内涵的探求研究创造具有较深理论基础。总结出一套独特技法，如“侧柏盆景培养修剪法”、“突出树石结合近景布景法”、“粗养重剪细整型法”等。“巍然”树桩盆景、“天上人间”山石盆景均独具一格，均在全国盆景展获得佳奖。

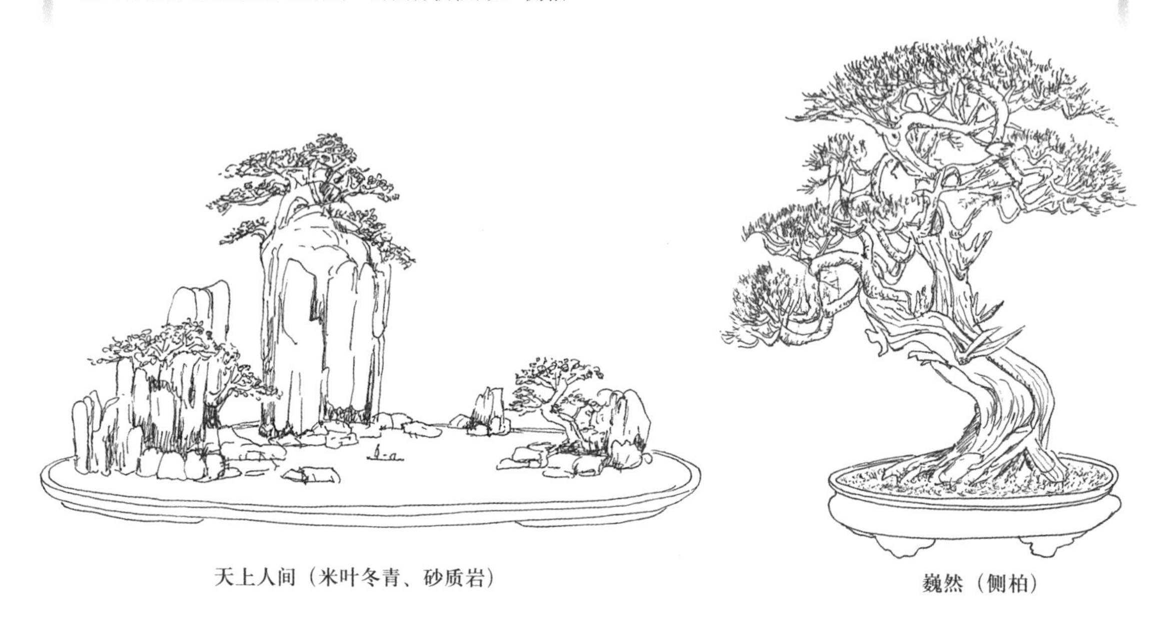

天上人间（米叶冬青、砂质岩）

巍然（侧柏）

于锡昭

于锡昭（1940年生），北京市人，北京市盆景协会副会长。1961年就从事园林花卉工作，是位菊花盆景专家，并总结出一套菊花栽培养护经验和方法，以小菊做成桩景为首创。应用小菊老本多年生方法创作小菊盆景，受人喜爱，形成北京盆景地区独特风格。菊盆景“菊林八骏”、“菊簪风”均荣获盆景展览金奖，并培养了国内大批盆景人才，还将此技术介绍于国外。

菊林八骏（菊花）

菊簪风（菊花）

贺淦荪

贺淦荪（1924 年生），湖北武汉人，美术副教授，从事盆景艺术 50 余年。任中国盆景艺术家协会副会长、《花木盆景》杂志副主编。其首创中国的“动势盆景”吸引广大盆艺爱好者。出版有《论动势盆景》、《论树石盆景》等系列专著。盆景“风在吼”、“我们走在大路上”树石组合意境深远、题材新颖，在盆景展览会上荣获最高奖。

我们走在大路上（雀梅、龟纹石）

风在吼（榆树、水磨灰石）

李金林

李金林（1925年生），浙江鄞县人，原任上海市盆景协会副理事长。从事盆景创作50余年，1962年展出的微型盆景后脱颖而出。首创微型盆景摆设在博古架中，开阔了视角，使欣赏效果产生质的飞跃。1979年在北京举办全国展览会上引起了领导、专家、同行的关注和赞赏，并成为海派盆景的特色之一，促使博古架海派微型盆景蓬勃发展。成为盆景分类的新类目。他编写专著有《微型盆景》、《中国微型博古盆景》等。微型组合盆景“冠冕群芳”获第一届盆景展金奖。

仙乐净我心（苍松）

典雅

陆学明

陆学明（1922年生），广东南海市人，广州盆景协会名誉会长。出自盆景艺术世家，12岁随父学盆景艺术栽培和管理，从实践到理论，创造出“打皮法”、“大飘枝”、“大回枝”、“头根嫁接法”等技法，赢得同行一致认同并积极推广。其以“岭南画派”艺术精华，借鉴创作出“垂柳型”、“风吹型”、“木棉型”等独特风格盆景，他的作品得到海内外同行的赞誉。

舞影云霓（红果）

阅尽春色（福建茶）

王选民

王选民（1953年生），河南开封市人，原是骨科主治医师，业余喜爱盆景，1996年弃医专门从事盆景创作，现为中国盆景艺术家协会副会长，擅长于垂柳式盆景创作。20世纪90年代提出树木盆景创作要有可变性和连续性及盆景的传世意义。从而进行松柏类长寿盆景的研究，对舍利干的创作、整形技术具有独特的技能。发表《树木盆景的取势》、《柽柳垂柳式盆景的造型》等论文。其作品在全国展览中曾荣获金奖。

畅神（杜松）

身从闲云（刺柏）

万瑞铭

万瑞铭（1944年生），江苏泰州人，曾任扬州盆景园主任，扬州花卉盆景协会秘书长。10岁随父盆景大师万觐堂学艺，是扬派盆景万氏第六代传人。1964年到扬州瘦西湖公园随父共同养护剪扎明、清遗留的扬派盆景。他在学习探索中继承传统并不断创新，其扬派黄杨盆景“腾云”在全国第二届盆景评比展览上获一等奖。他多次参加国际园林节，举办盆景展览，培养学生，交流技艺。

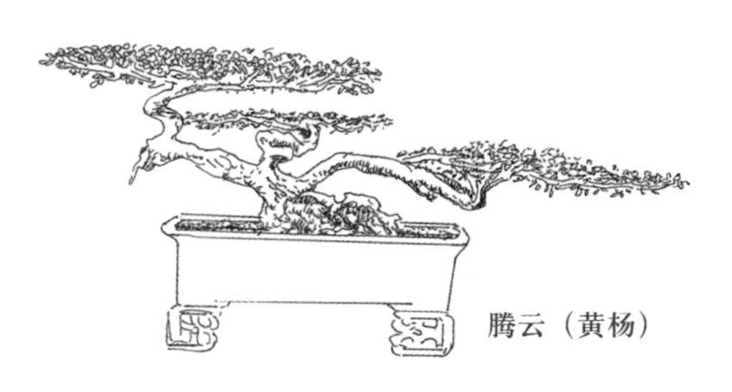

腾云（黄杨）

卧龙（银杏）

潘仲连

潘仲连（1932年生），浙江新昌人，自幼随父学农艺，1956年调入杭州市园林机关工作，1962年主动要求进杭州花圃盆景园工作直至退休。获高级园林工程师职称，浙江盆景研究会会长。自20世纪70年代起就以松柏类盆景创作为主，作品在造型上选用画中的写意法，偏好刚健而隽秀，形式取高干、合栽，线条讲究节奏和动势，注重气韵、风骨，气势雄健刚直，既有民族传统又有时代精神，作品“窥谷”、“寿”在展览会上均获大奖。

寿（圆柏）

窥谷（五针松）

胡荣庆

胡荣庆（1945年生），江苏宿迁市人，上海植物园高级技师。中国盆景艺术家协会常务理事。其创作的树木盆景取材广泛，制作精巧，表现细腻，内涵清秀，呈现海派特色，在选盆和枝条处理上极其到位。多次赴日本、美国、加拿大进行交流展出和表演，还为国内外培养许多盆景人才。罗汉松盆景“峥嵘岁月”、“霜叶红于二月花”均获佳奖。

峥嵘岁月（小叶罗汉松）

霜叶红于二月花（红枫）

第三章

树桩盆景造型

中国盆景艺术以富有诗情画意见胜，它与中国许多艺术有着密切的关系。我国名山大川，风景资源得天独厚。南方老树，根深叶茂；泰山古松，苍劲凝重；桂林的山水清秀……但盆景不同于作画，它所用的主要材料是具有一定的自然形态的植物和山石，但收集来的树木不一定带有自然美，即造型美，因此需要人工去芜存精。如树木盆景“松”要表现它的挺健，“柏”可表现它的古拙，“梅”有疏影横斜特点，“竹”则枝叶扶疏等。完全任其自然就不成为盆景了。因此要达到自然美与艺术美的有机结合，也就是我们制作树木盆景的手段和目的。

如在冬季某些老树，被北风吹尽叶片，露出苍劲的枝丫，其造型也很奇特，枯干式的盆景就此而产生。树木盆景的修剪即是疏密关系的处理，太密使人感到窒息，太松又松弛无力。为此在树木造型的枝干取舍、丛栽的布局上，都要做到疏密有致、有露有藏，才能显出繁茂，如有些枝片整齐地排列在主干两侧，这既违背自然又缺少趣味。在一棵斜干的树木上，如果主干向一方倾斜，那么枝叶就要向另一方向生长，这样既达到动态的平衡、稳定了画面，又得到气势。盆景布局最忌四平八稳。

树桩盆景的艺术造型最难的表现即是意境美，人们欣赏的也就是意境美，如一盆松树，见到它苍翠的新叶和鳞斑的老干，只能欣赏自然美。如果枝干有一定的动感，那苍劲挺拔形象就有画境美，再联想到它的“不畏风暴、坚贞不屈”的品格，让人受到精神上的鼓舞，就此达到了意境美。但这还取决于欣赏者的知识水平、艺术修养生活阅历等因素。

下面所绘的树桩造型图是将各地、各派的优秀树桩盆景的传统式造型进行的形象描绘。我们不要一概继承，应该“取其精华，去其糟粕”；不要将造型走向程式化。在盆景形式的创新上，还有待于我们去创造。这些图赏供初学者和同好者借鉴参考。

我国地域广大，盆景制作的种类、形式非常之多，其中之一为树桩盆景，它也是从自然中来，按传统技法是从小树开始造型经过提炼、修剪，制作成中国山水画中的立体“树画”，也称“桩景”。桩景有观叶类、观花类、观果类及综合类。从山野掘取的树木根桩，经过多年养胚，修剪加工成为苍老的树桩，可反映千年古木、巨木、怪木以表示其壮观及姿态优美。

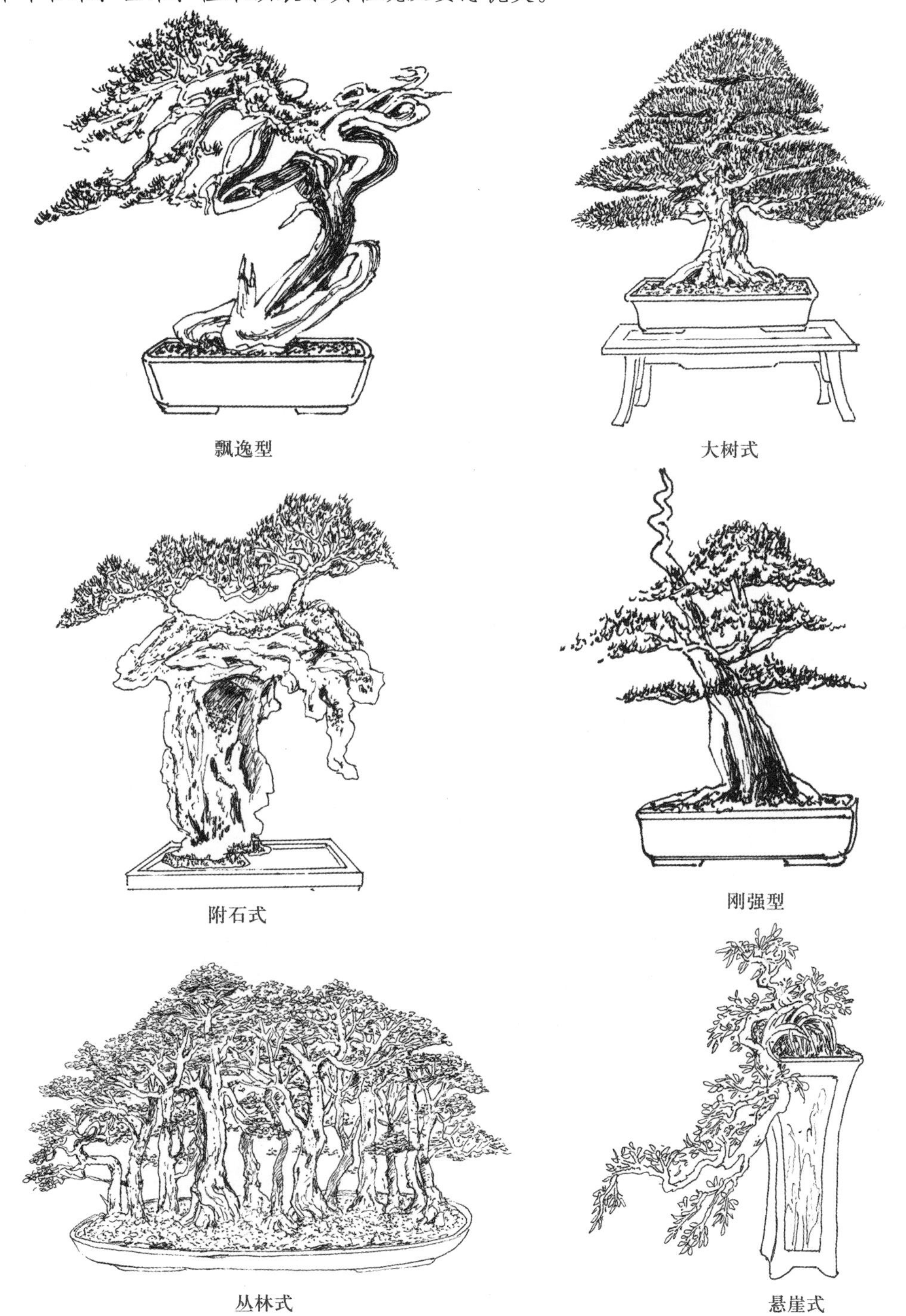

飘逸型　大树式

附石式　刚强型

丛林式　悬崖式

变化多端的树态

我国的植物资源非常丰富。树木是有生命的植物体，在其生长过程中，随着树龄的增长、季节的变化而不断产生形态的变化。不同的树木种类，可取景的内容则千变万化，有的是以露根为美，有以叶形、叶色见长，有的以花及果来取景。关键在于树姿要力求奇特、苍劲、古朴秀雅、风韵而清秀，这是树木盆景造型艺术最基本要求，它不同于一般“盆栽”概念。总之，要依据各树种的生长习性，顺其自然，巧加人工，因势造型，创造出比自然姿态更优美多彩、活的艺术品。

单干式　枯干式　提根式

枯本式　曲枝式　舍利干式

舍利干式　舍利干式

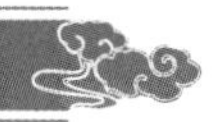

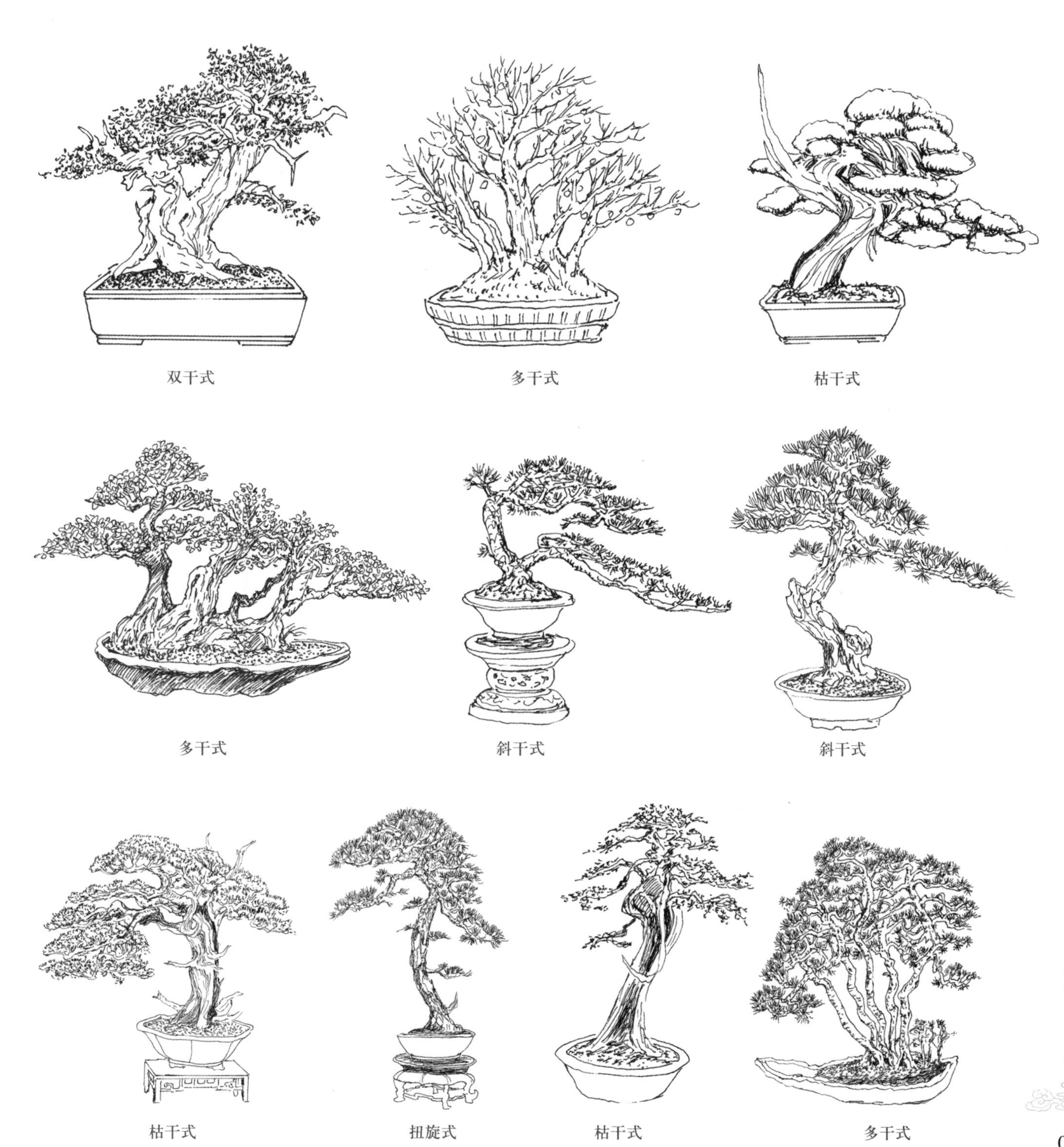

双干式　多干式　枯干式

多干式　斜干式　斜干式

枯干式　扭旋式　枯干式　多干式

突出树木可赏性

“树木盆景”是大自然绿色环境中的主角，作者在设计创造中利用植物自身形态之美，运用盆景功能，使其达到如画一样，从景色、景致、景观内含中产生而成。在选择树木配盆时要考虑两点：一是树木本身具有可赏性；二是栽在盆景中的位置方向便于观赏，在大自然景观中树木往往是分散的，但一进盆后选型必须突出可取之处。通过认真观察、思考、分析其枝条有哪些方面留用和舍剪，那就要看制作者的审美观、审美学的造诣。一要力求自然；二要注意宏观效果。盆景树木是静观艺术，供人停留原地达到有景可赏。在突出树木自身之外，还需有意地安插些孤赏石、雕塑小品、假山、人物动物等配件，使近观者不寂寞。虽然强调树木自身的突出非常重要，但在添置副景上更会引起观赏者的吸引力，盆景制作者不能放松副景的处理，观赏者无意中欣赏它的“妙趣”，会达到兴味无穷的艺术效果。

树造型要曲折多变

刚柔相济的造型是一种艺术创造

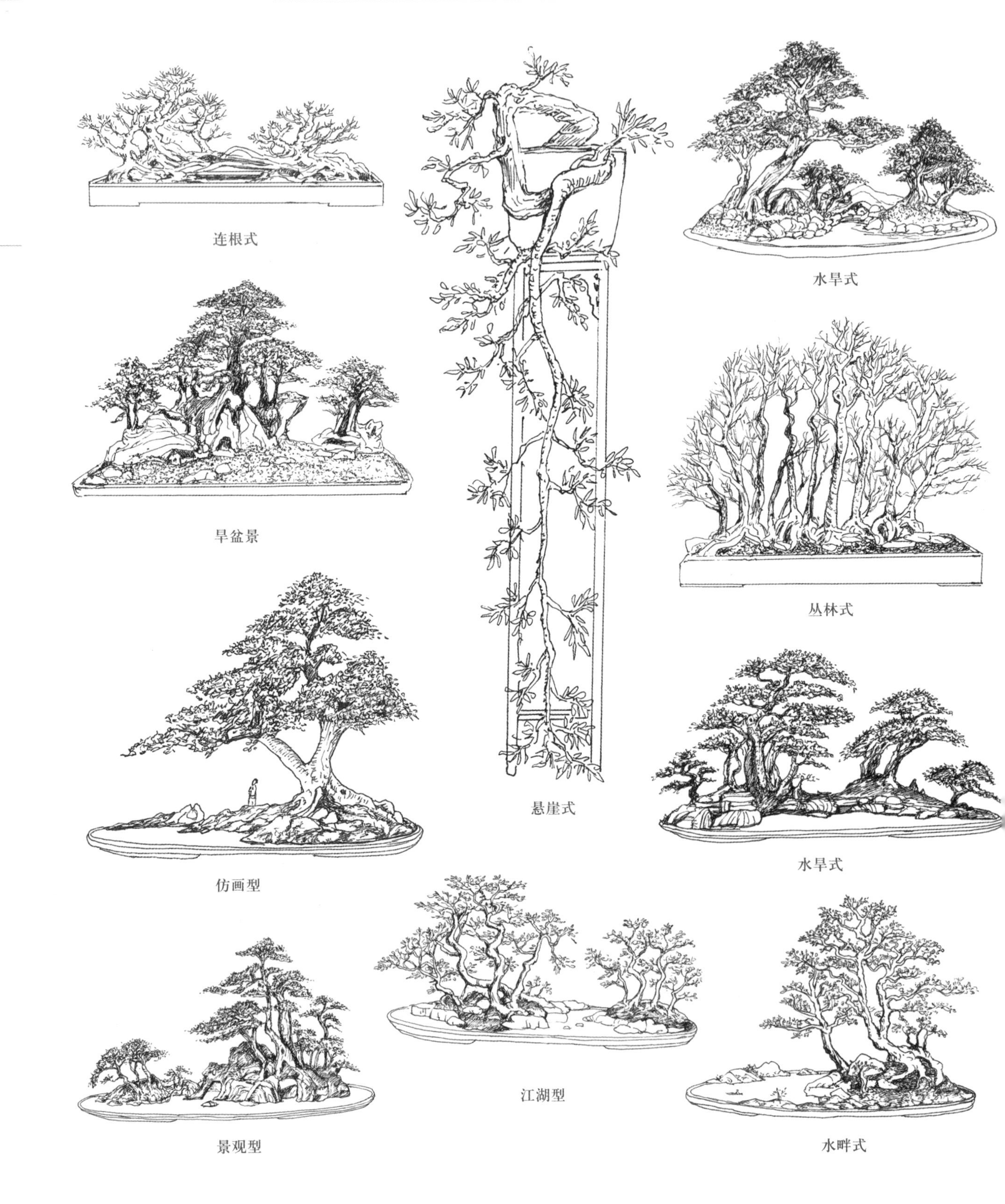

连根式

水旱式

旱盆景

丛林式

悬崖式

水旱式

仿画型

江湖型

景观型

水畔式

树种不同形态多变按照美的规律来塑造

溪涧式　提根式　悬崖式

岛屿式　观果盆景　大树式

附石式　舍利干式　斜干式

风动式　舍利干式　悬崖式

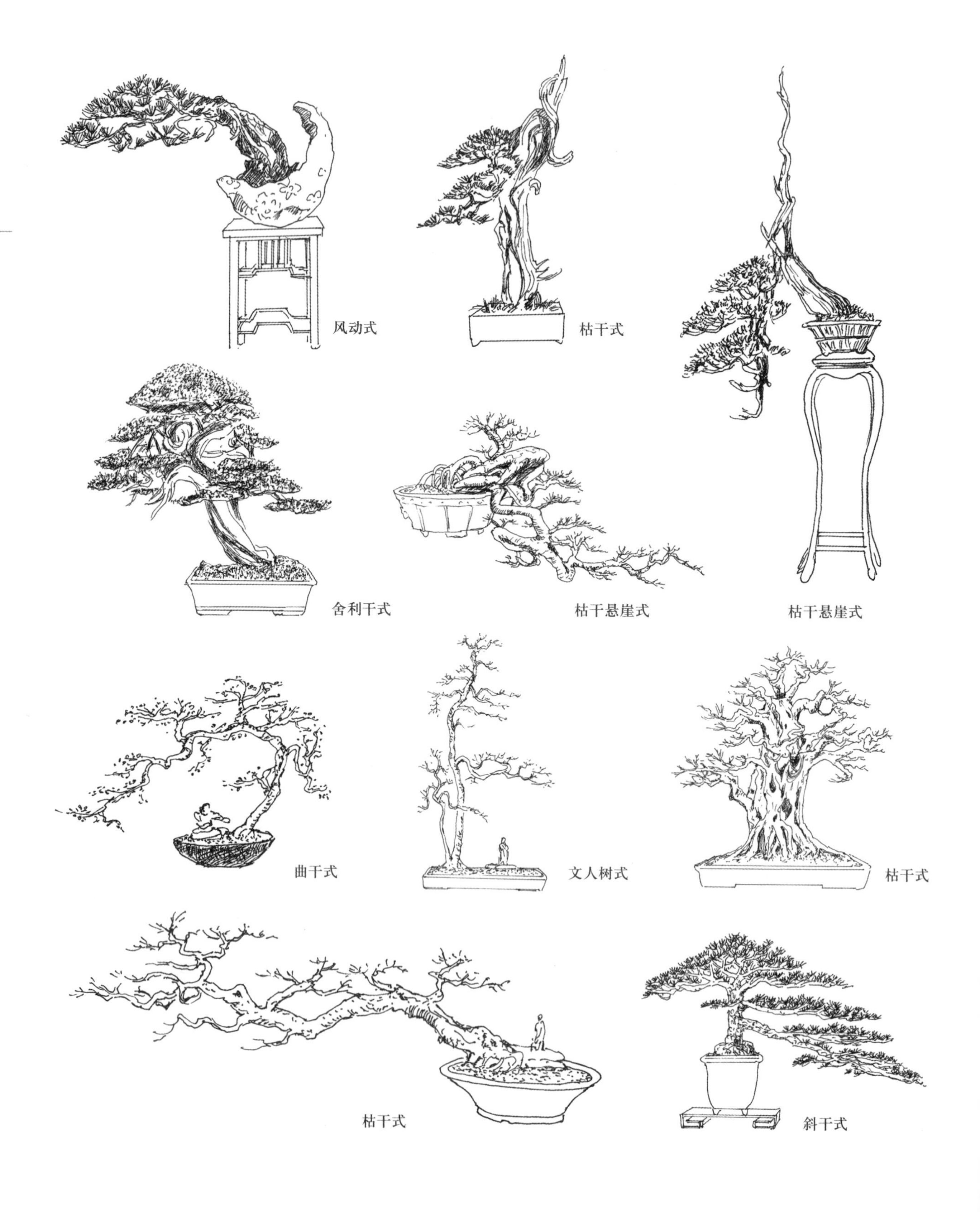
风动式
枯干式
枯干悬崖式
舍利干式
枯干悬崖式
曲干式
文人树式
枯干式
枯干式
斜干式

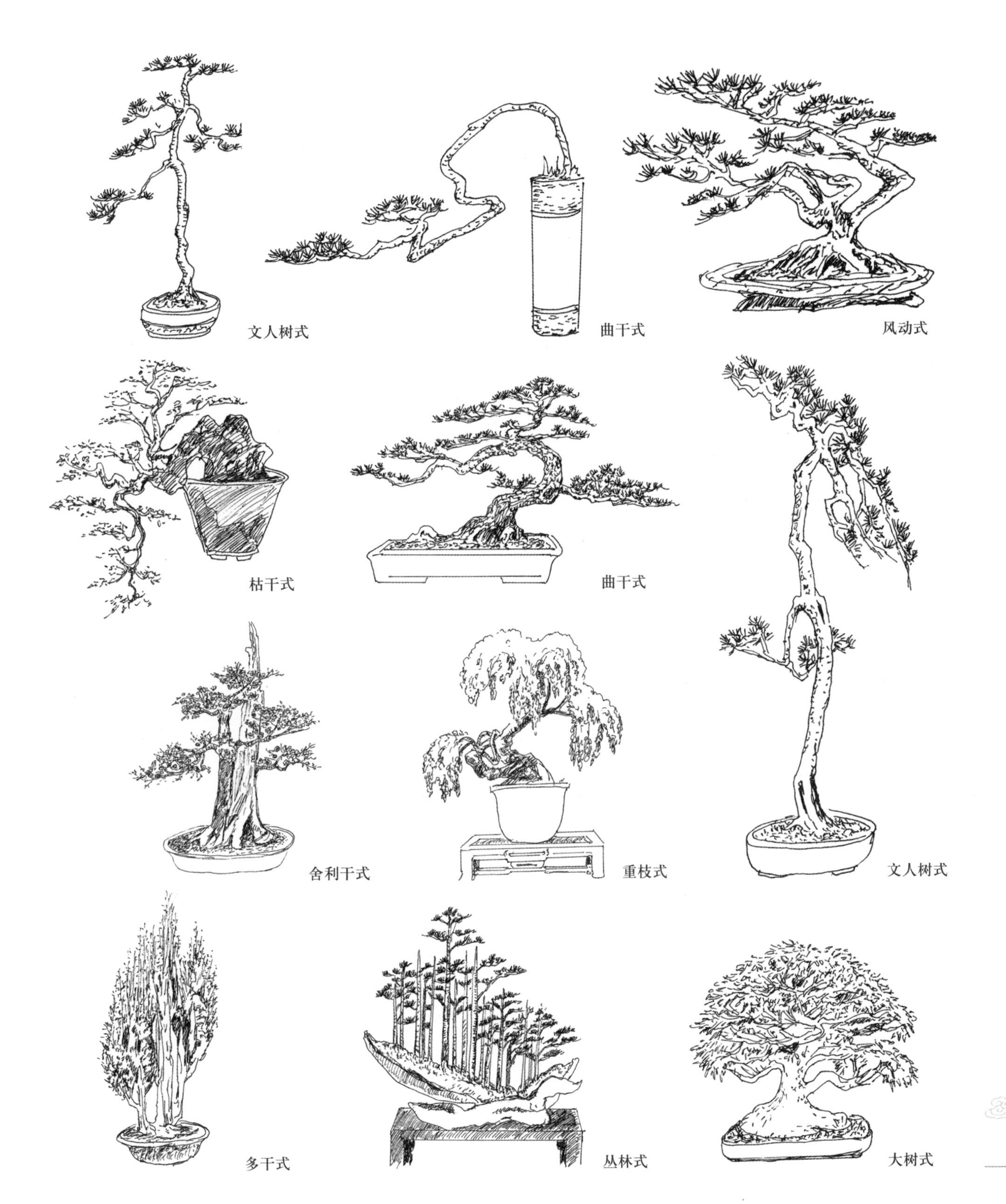

文人树式 曲干式 风动式

枯干式 曲干式 文人树式

舍利干式 重枝式

多干式 丛林式 大树式

枝丫千变万化是显示它的个体美

丛林式　枯干式　斜干式
临水式　直干式　临水式
悬崖式　双干式　丛林式
曲干式　提根式　斜干式

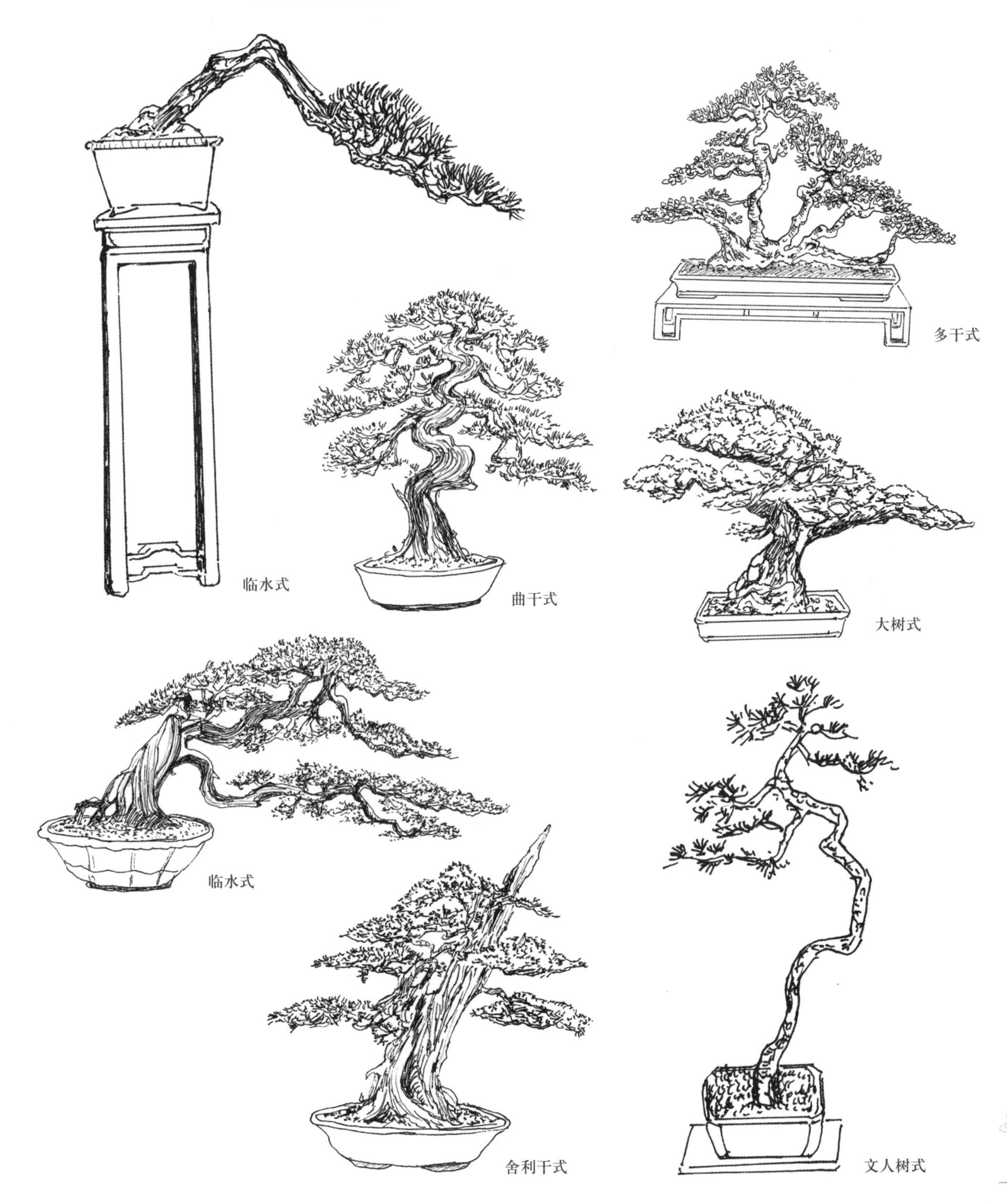

临水式

曲干式

多干式

大树式

临水式

舍利干式

文人树式

伸屈聚散的造型自然可爱

文人树式 临水式 风动式

曲干式 双干式

根抱石式 临水式 曲干式

提根式 干抱石式 舍利干式

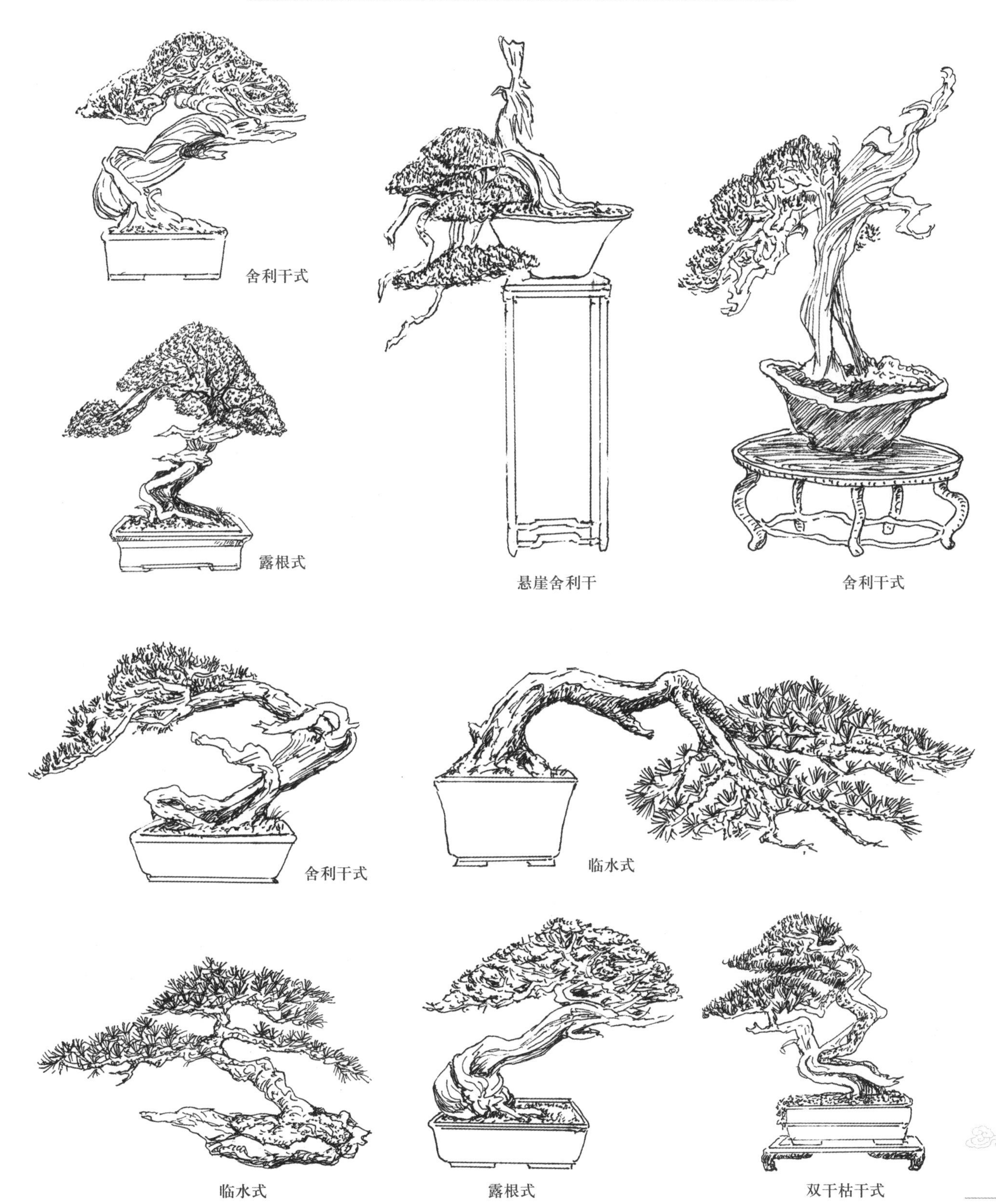

舍利干式

露根式

悬崖舍利干

舍利干式

舍利干式

临水式

临水式

露根式

双干枯干式

盆景树的造型要体现自然美

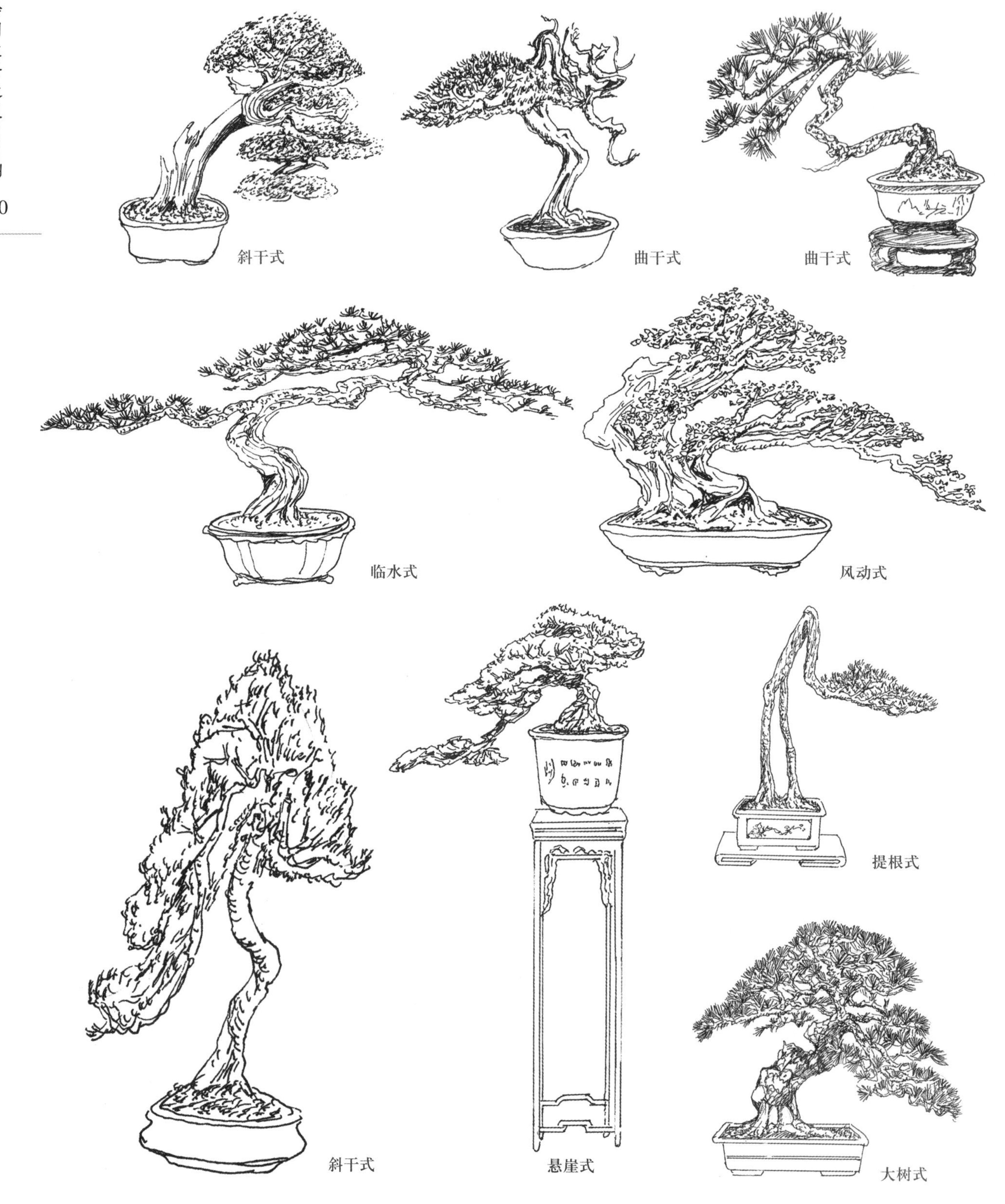

斜干式　曲干式　曲干式

临水式　风动式

提根式

斜干式　悬崖式　大树式

自然美的速写让游人各自寻觅

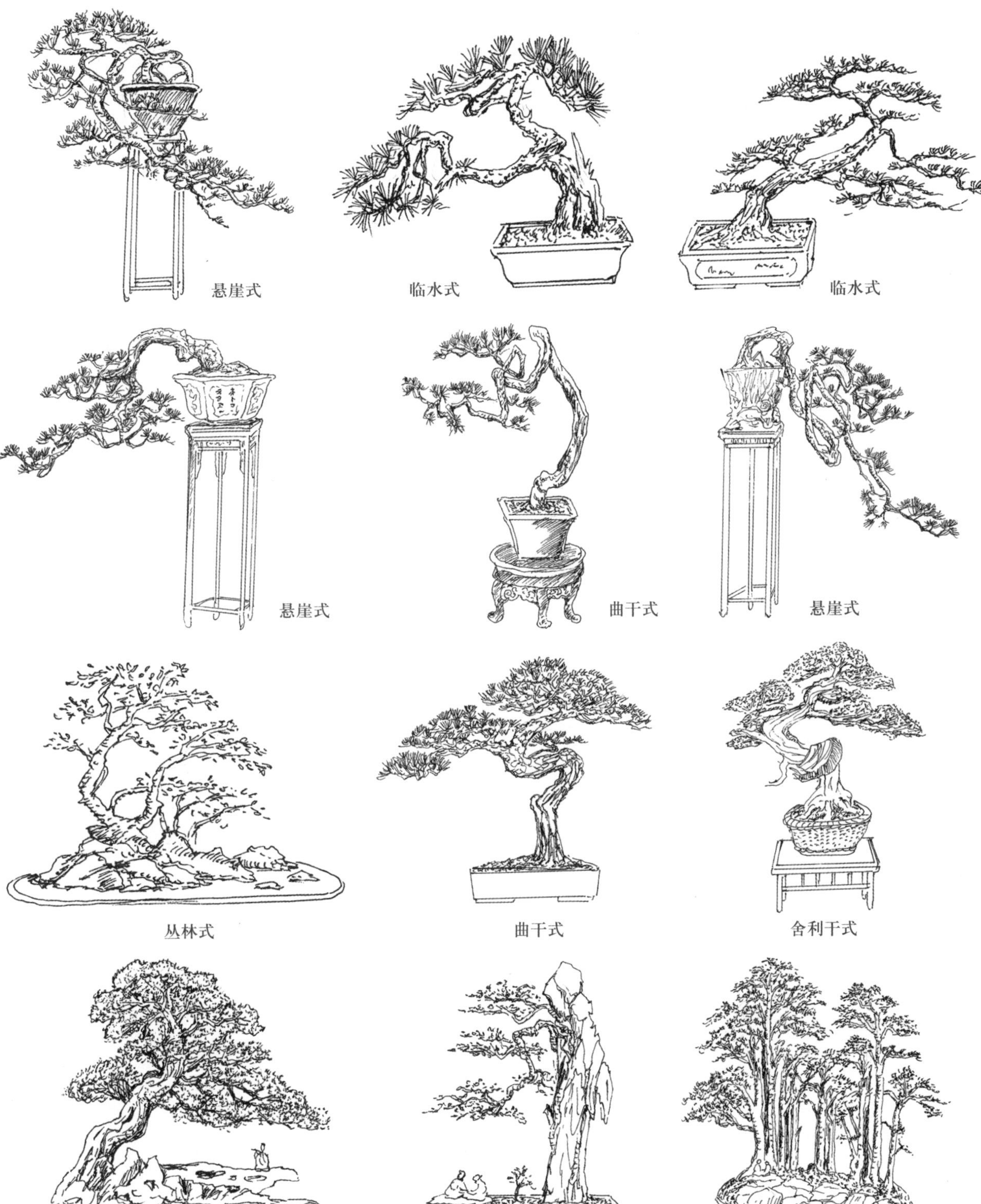

悬崖式　临水式　临水式

悬崖式　曲干式　悬崖式

丛林式　曲干式　舍利干式

景观式　抱石式　丛林式

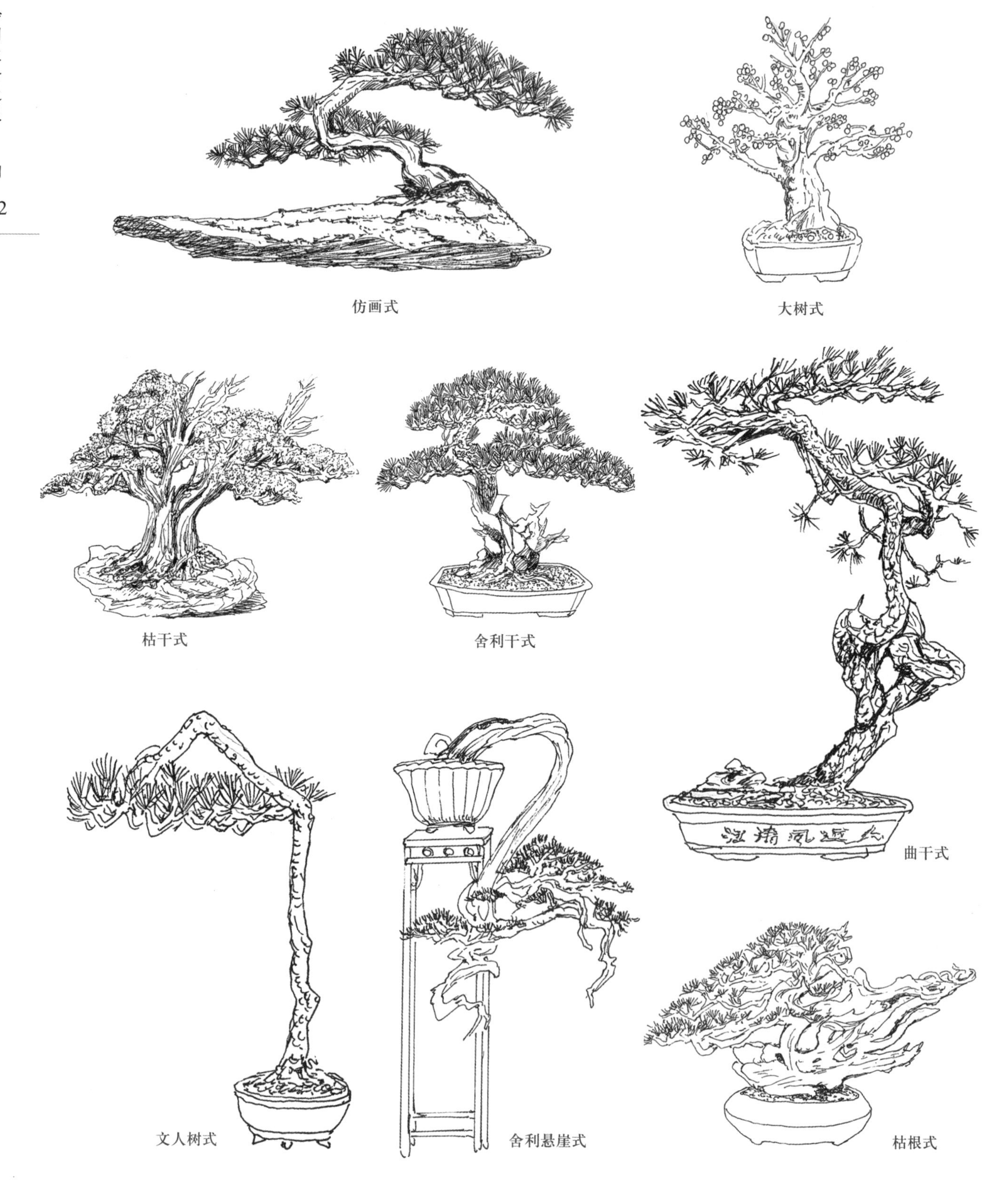

仿画式

大树式

枯干式

舍利干式

曲干式

文人树式

舍利悬崖式

枯根式

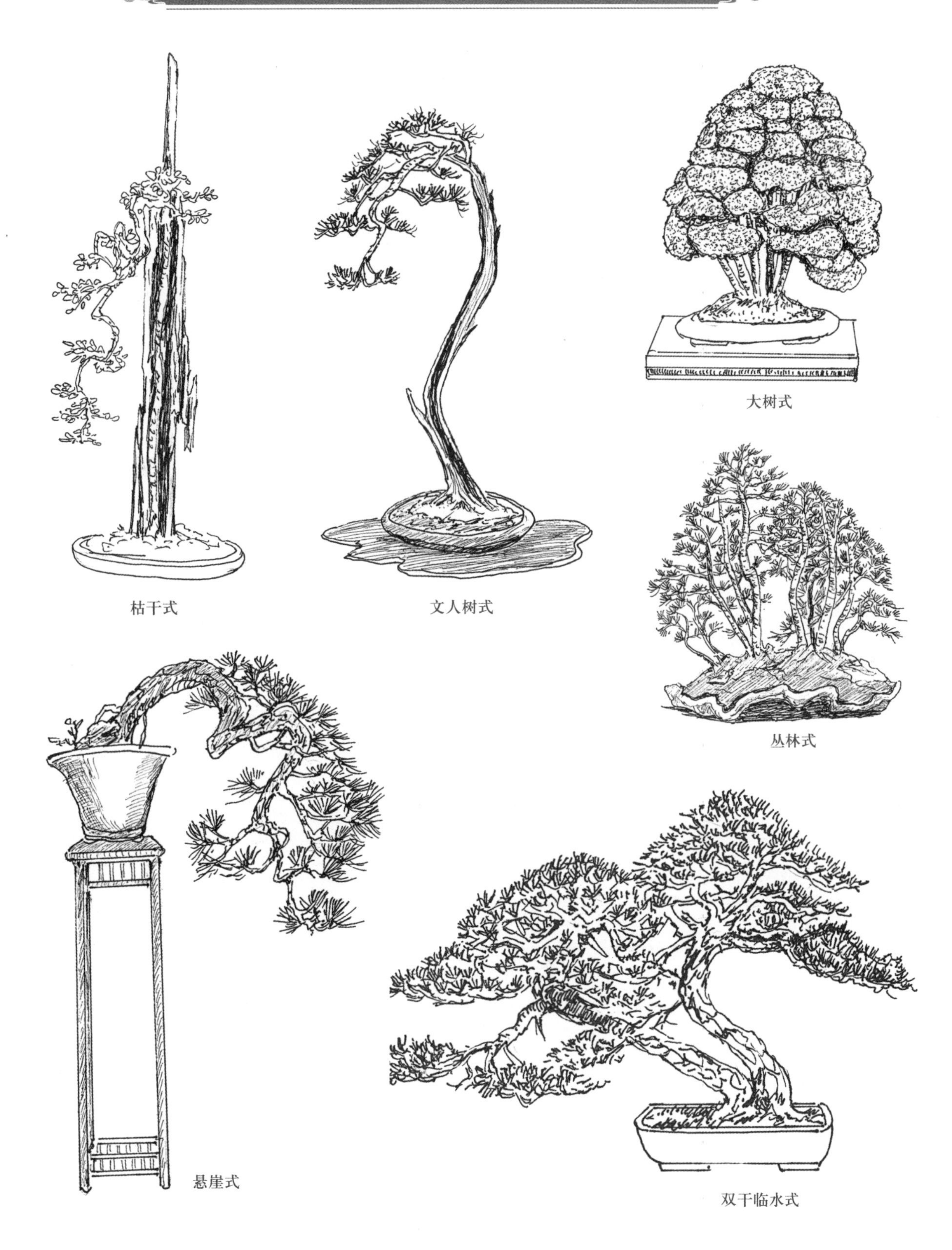

枯干式

文人树式

大树式

丛林式

悬崖式

双干临水式

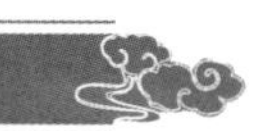

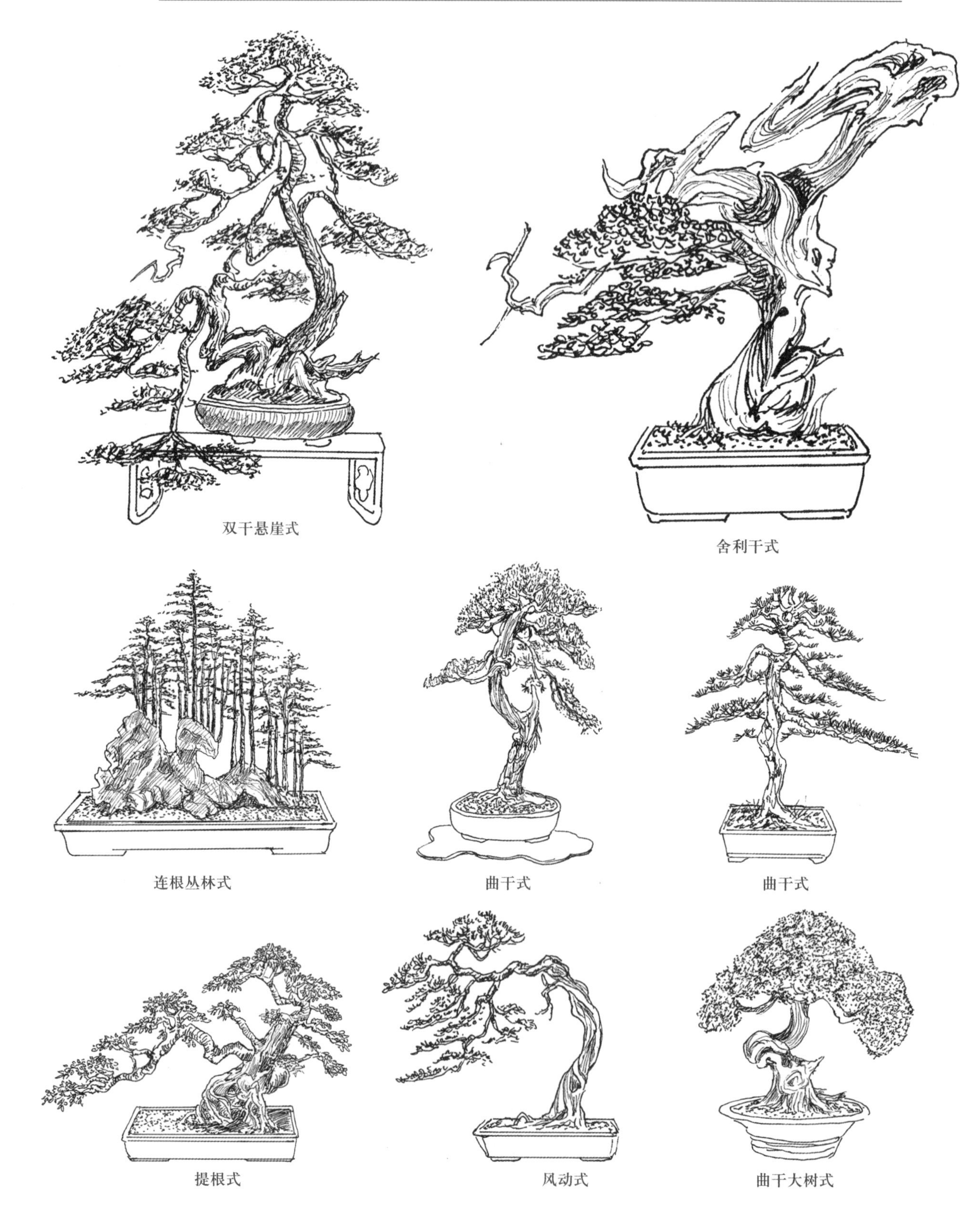

双干悬崖式

舍利干式

连根丛林式

曲干式

曲干式

提根式

风动式

曲干大树式

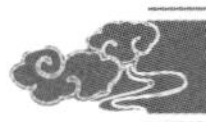

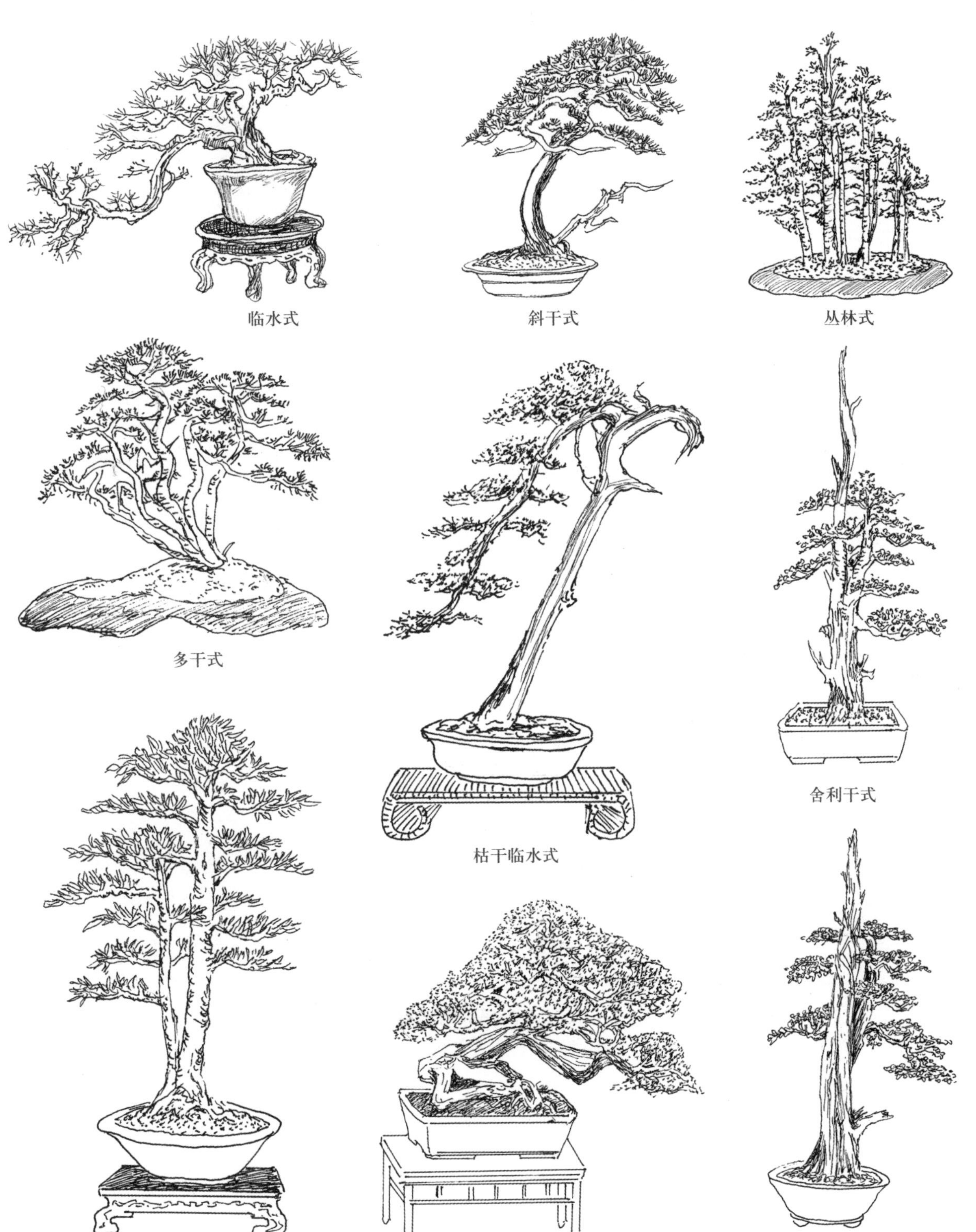

临水式　斜干式　丛林式

多干式　枯干临水式　舍利干式

双干式　枯干式　舍利干式

舍利干式
悬崖式
枯干垂枝式
独干式
临水式
曲干丛林式
双干临水式
根抱石式
提根式
曲干大树式

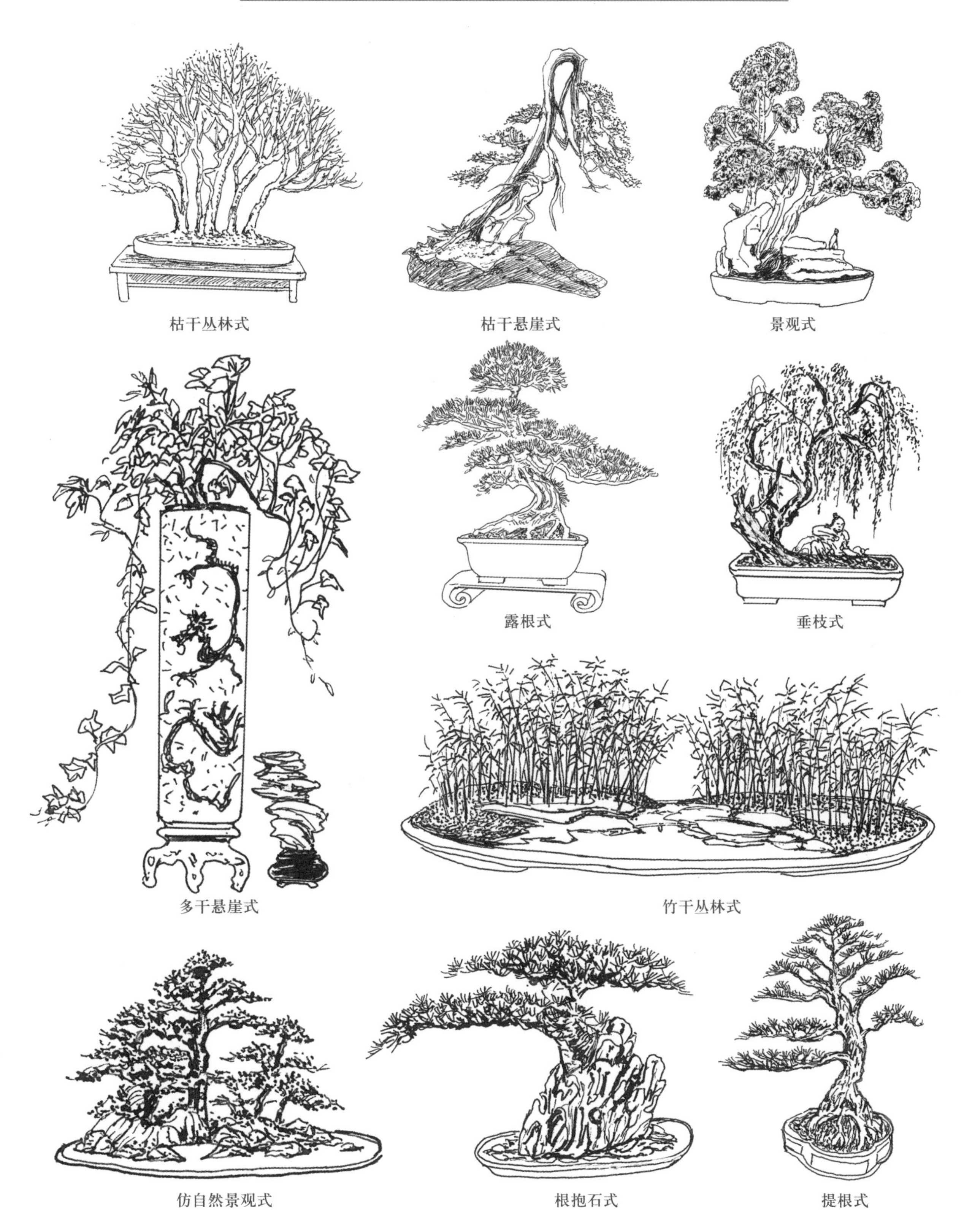

枯干丛林式　枯干悬崖式　景观式

多干悬崖式　露根式　垂枝式

竹干丛林式

仿自然景观式　根抱石式　提根式

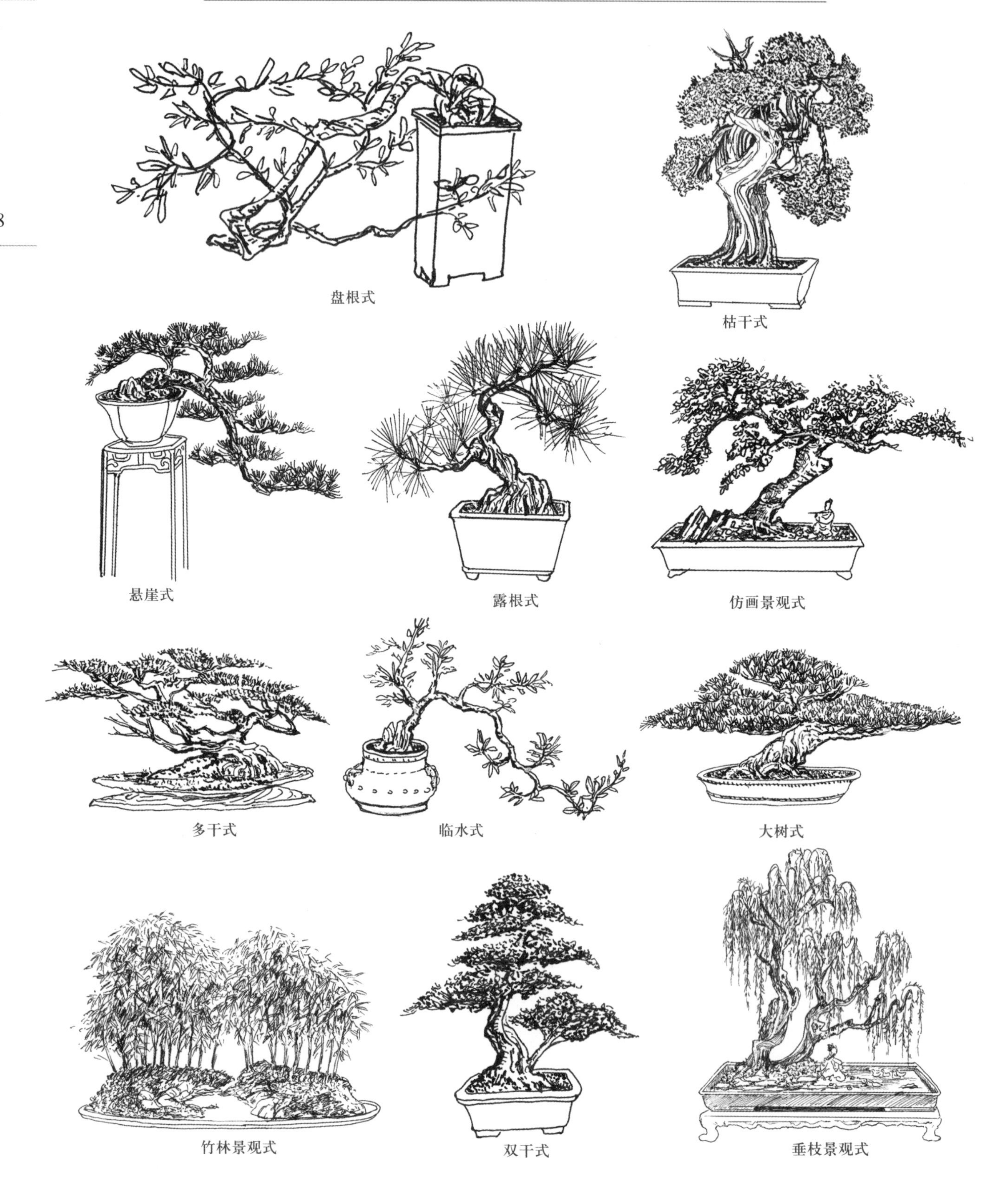

盘根式

枯干式

悬崖式

露根式

仿画景观式

多干式

临水式

大树式

竹林景观式

双干式

垂枝景观式

奇岩种植

怪石种植

江湖种植式

水畔种植式

自然景观式

溪涧种植式

垂柳种植式

景观型

丛林式

观赏盆景要有视觉艺术，更要有欣赏的眼光

曲干式
斜干式
文人树式
多干式
双干式
提根式
独根上培植
提根上培植
双干临水式
双干临水式
提根曲干式

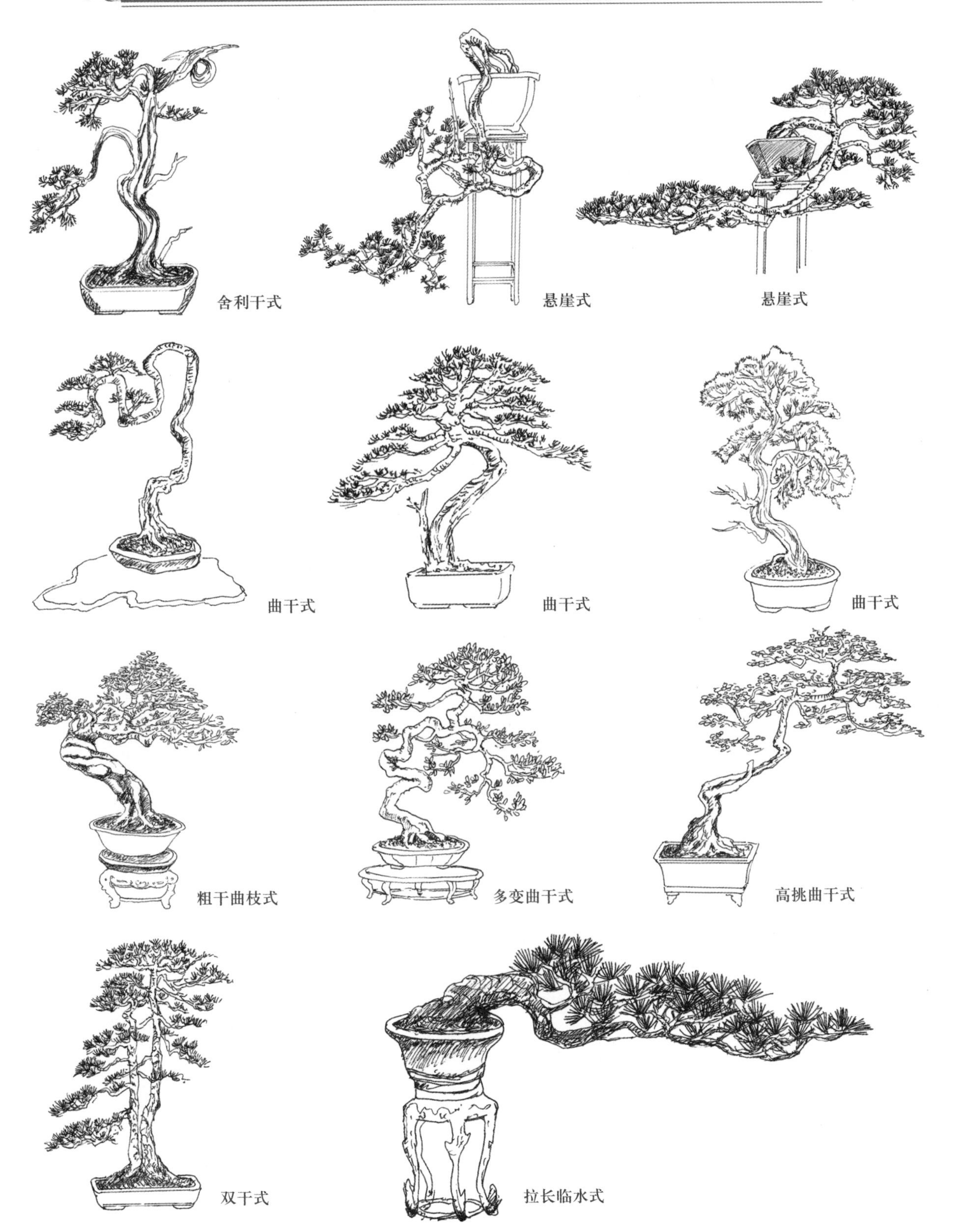
舍利干式
悬崖式
悬崖式
曲干式
曲干式
曲干式
粗干曲枝式
多变曲干式
高挑曲干式
双干式
拉长临水式

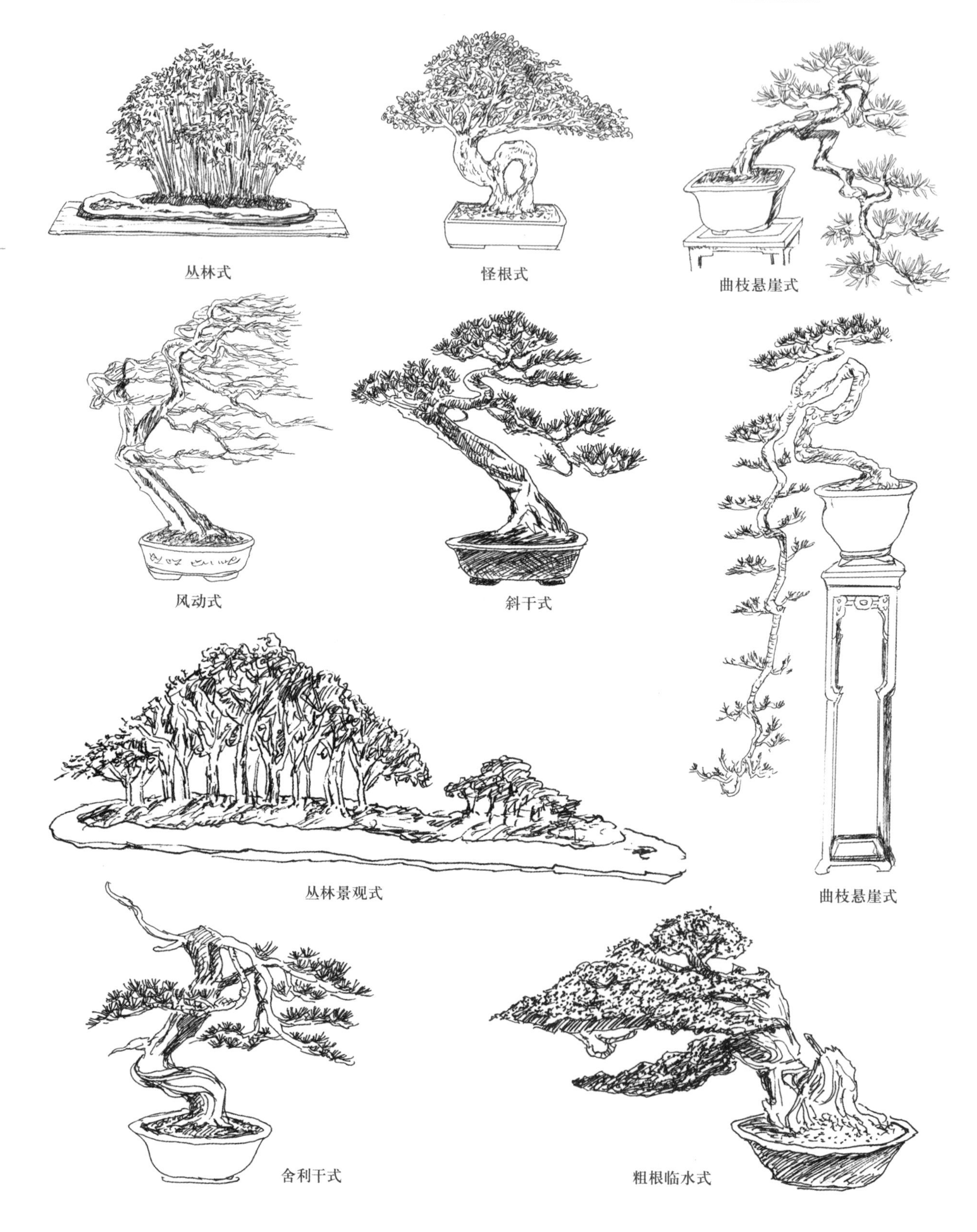

丛林式

怪根式

曲枝悬崖式

风动式

斜干式

丛林景观式

曲枝悬崖式

舍利干式

粗根临水式

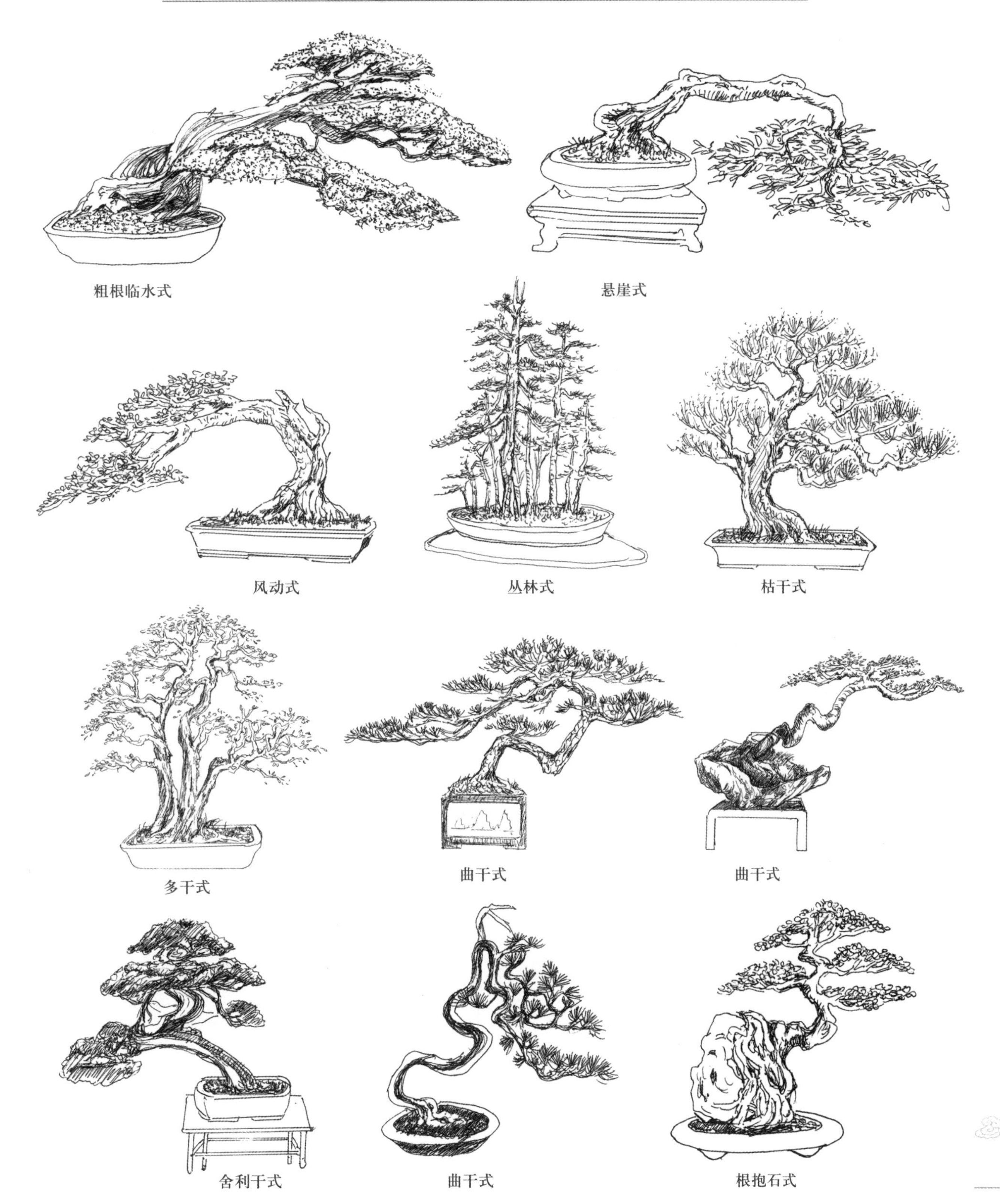

粗根临水式　悬崖式

风动式　丛林式　枯干式

多干式　曲干式　曲干式

舍利干式　曲干式　根抱石式

双曲干式
露根式
曲干式
双干式
露根式
曲干抱石式
丛林式
文人树式
露根曲干式
双干式
龙头曲干式

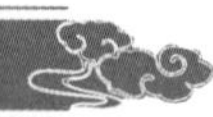

独岩配树　提根舍利干式　大树式

树根培植式　弯曲式

丛林式　曲干式　枯干式

曲干式　枯干式　曲干式

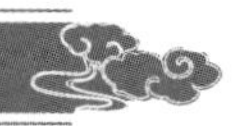

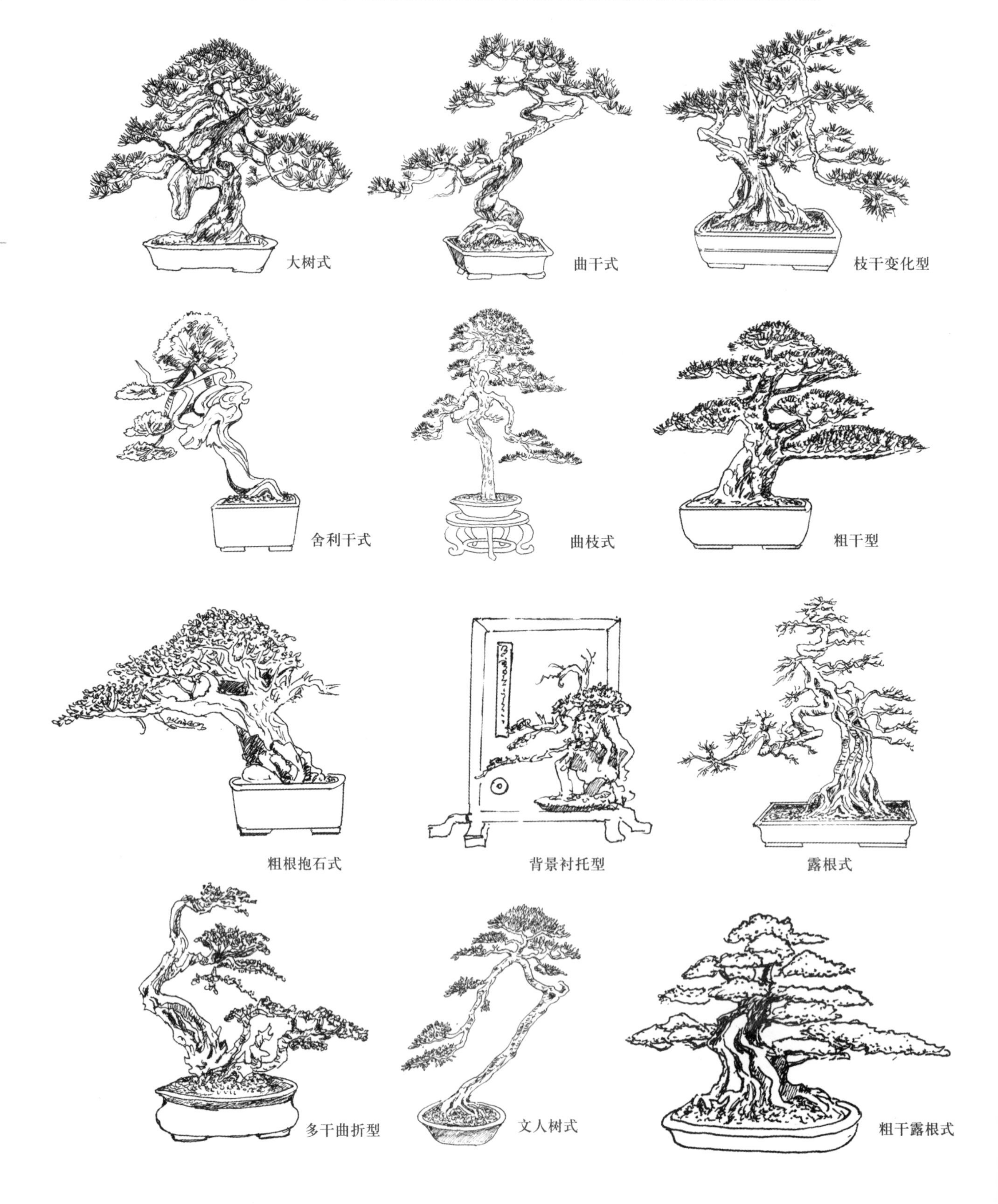

大树式　曲干式　枝干变化型

舍利干式　曲枝式　粗干型

粗根抱石式　背景衬托型　露根式

多干曲折型　文人树式　粗干露根式

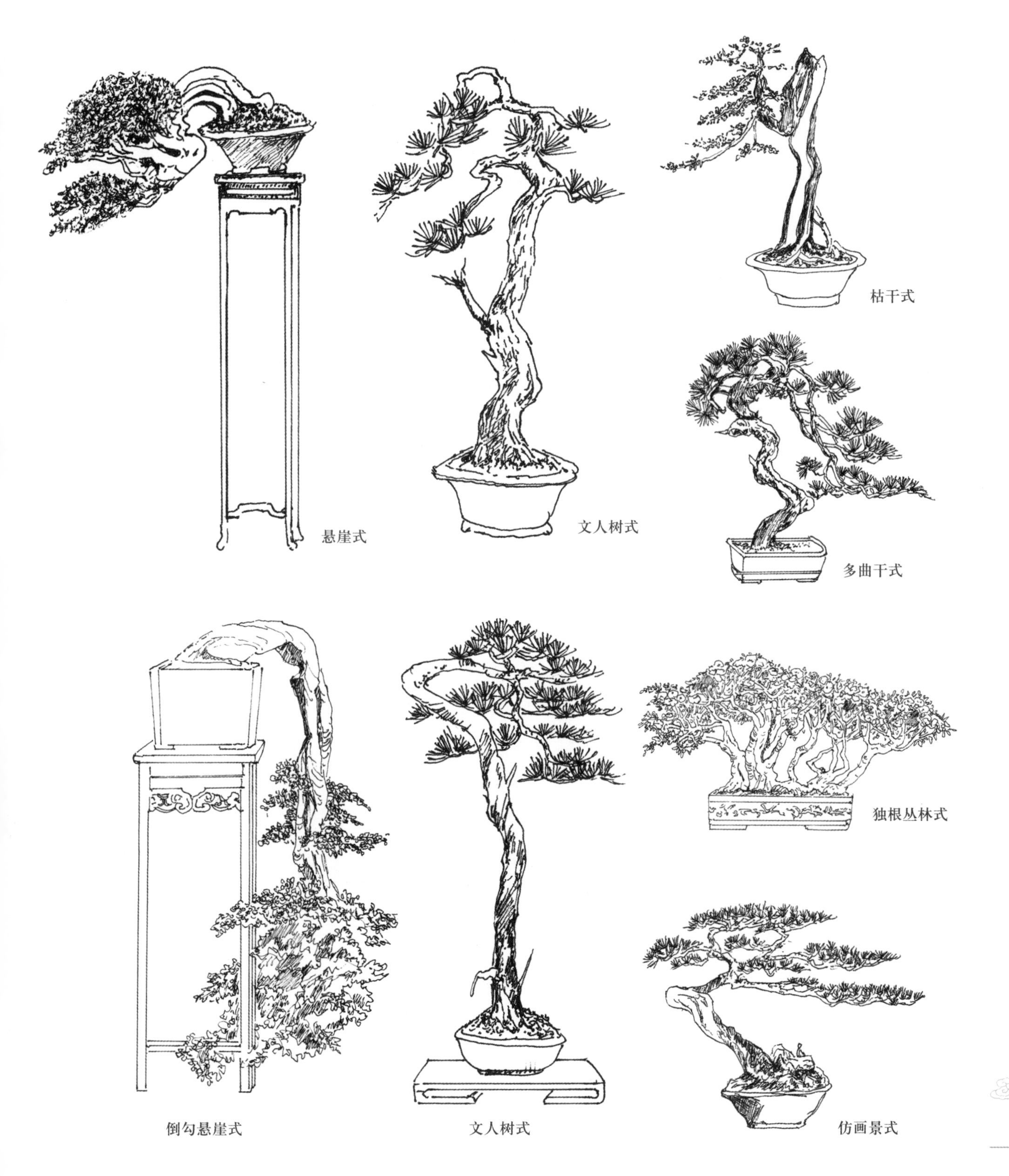

悬崖式　文人树式　枯干式　多曲干式

倒勾悬崖式　文人树式　独根丛林式　仿画景式

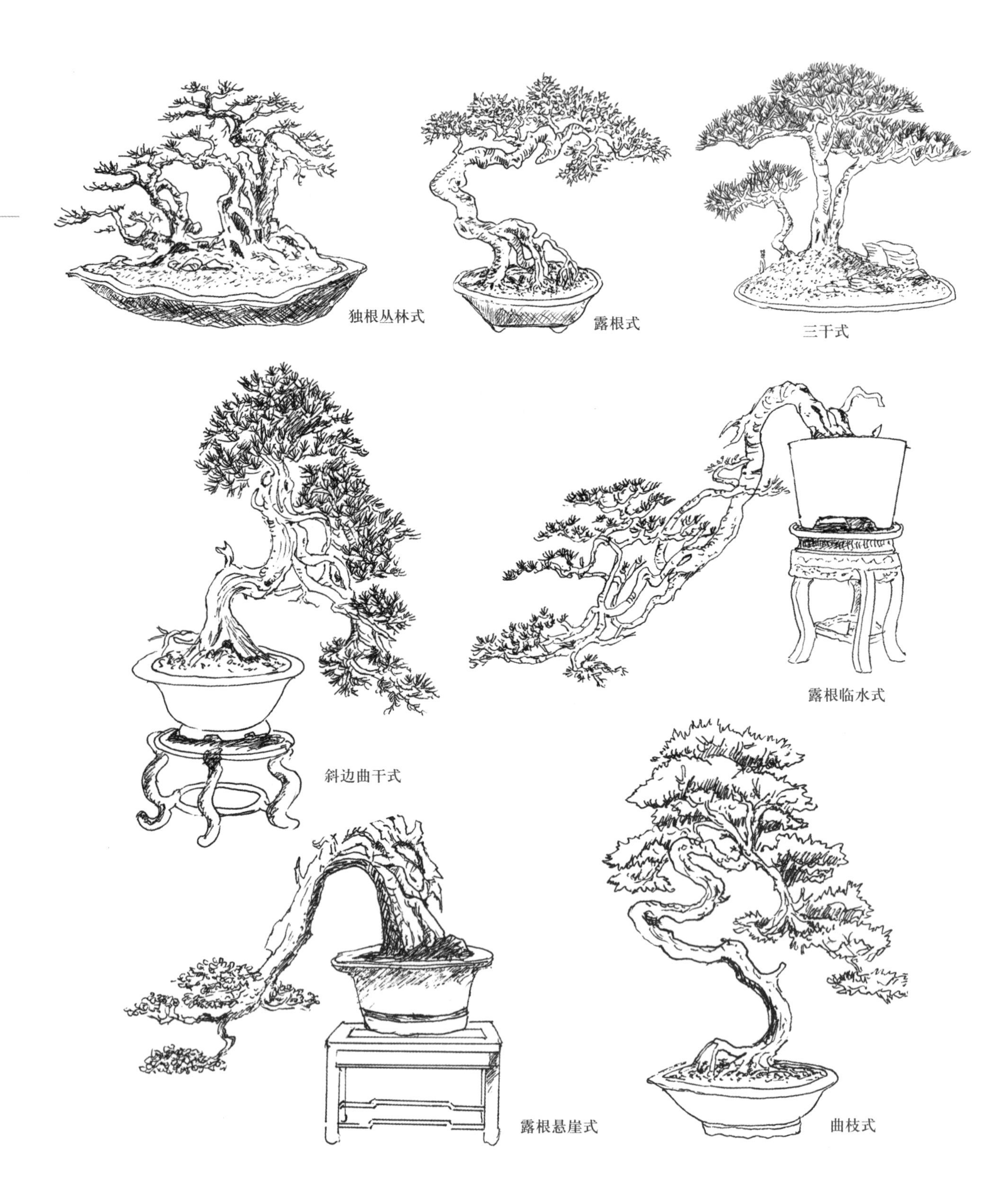

独根丛林式

露根式

三干式

斜边曲干式

露根临水式

露根悬崖式

曲枝式

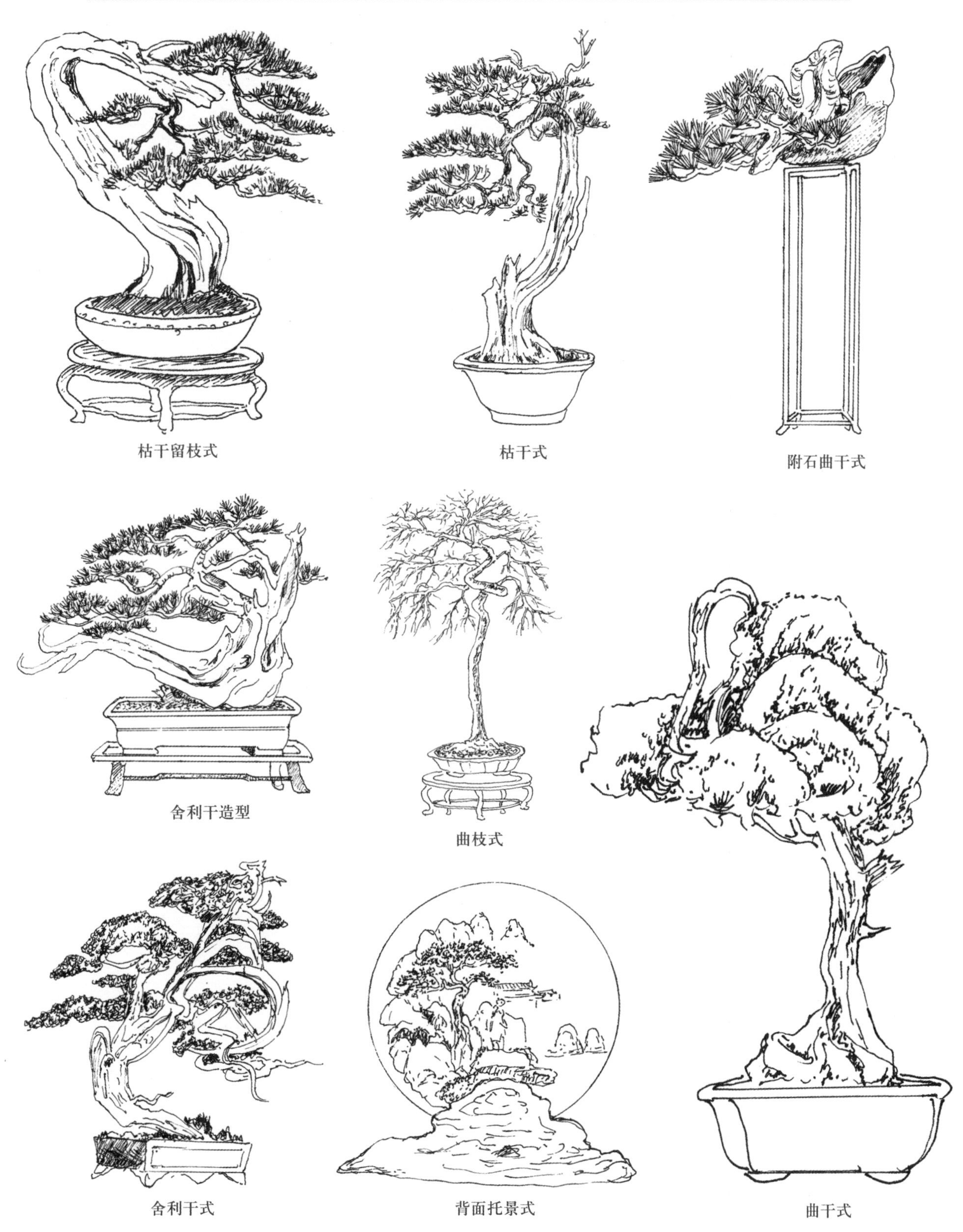

枯干留枝式

枯干式

附石曲干式

舍利干造型

曲枝式

舍利干式

背面托景式

曲干式

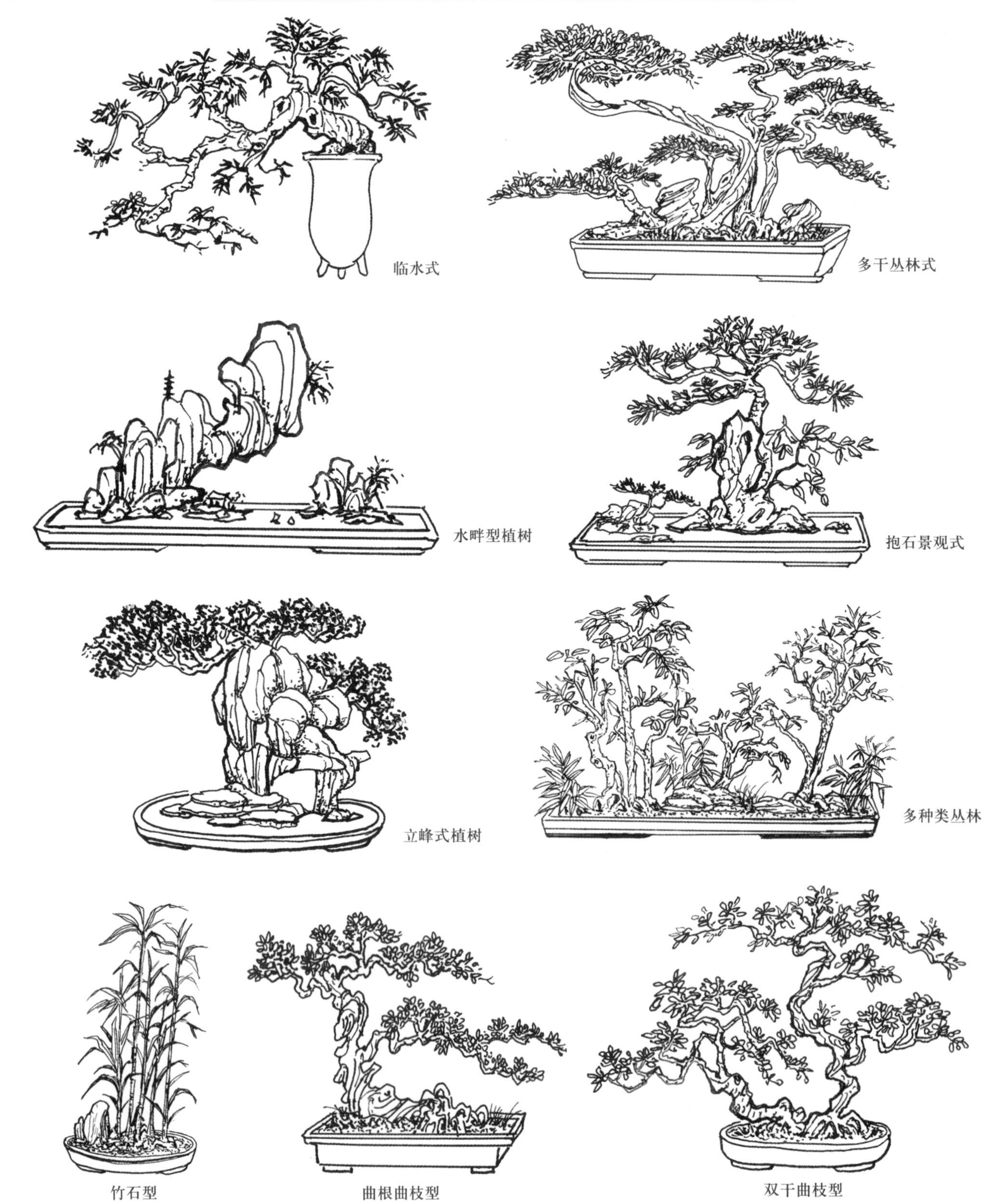

临水式　多干丛林式

水畔型植树　抱石景观式

立峰式植树　多种类丛林

竹石型　曲根曲枝型　双干曲枝型

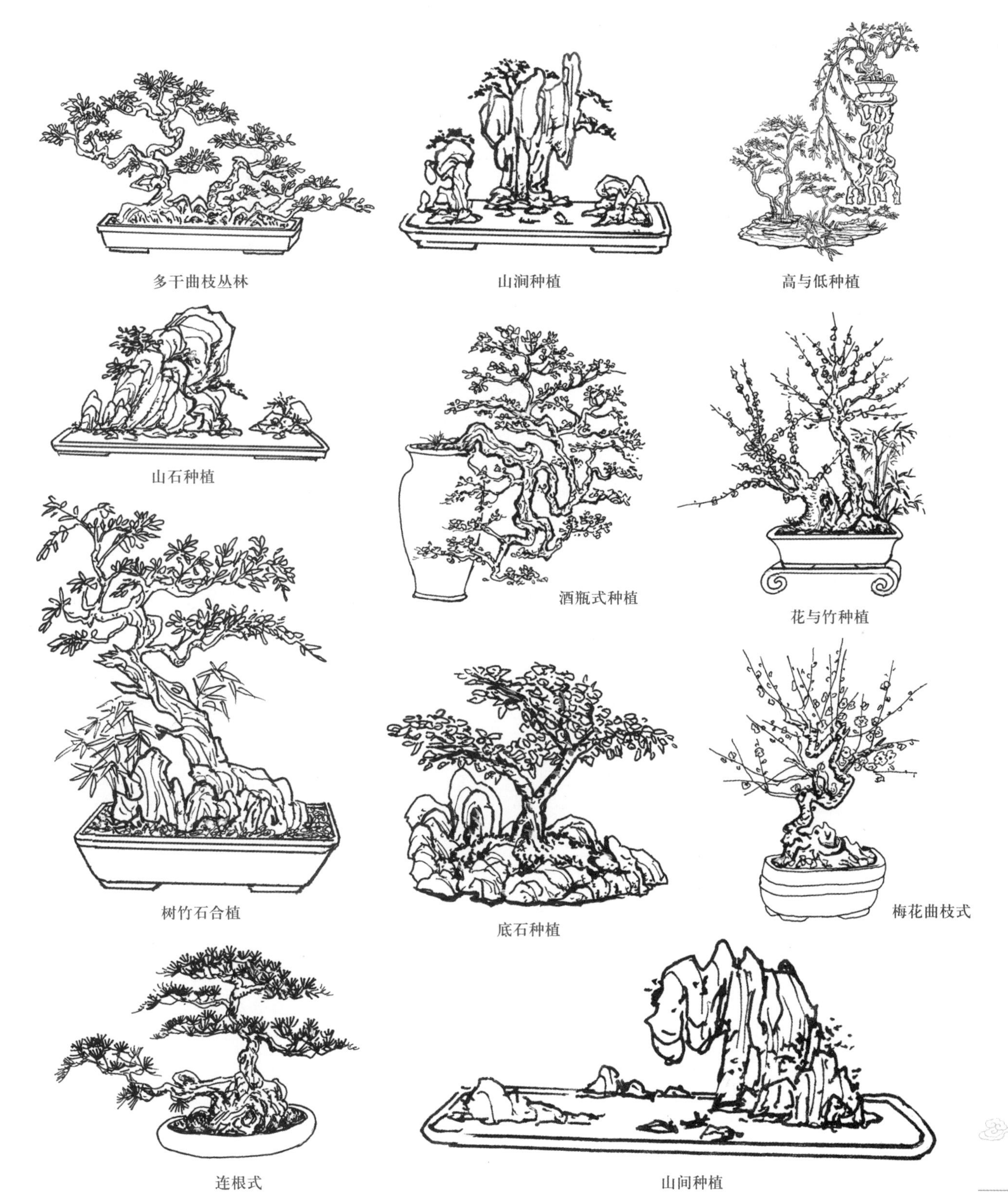

多干曲枝丛林

山涧种植

高与低种植

山石种植

酒瓶式种植

花与竹种植

树竹石合植

底石种植

梅花曲枝式

连根式

山间种植

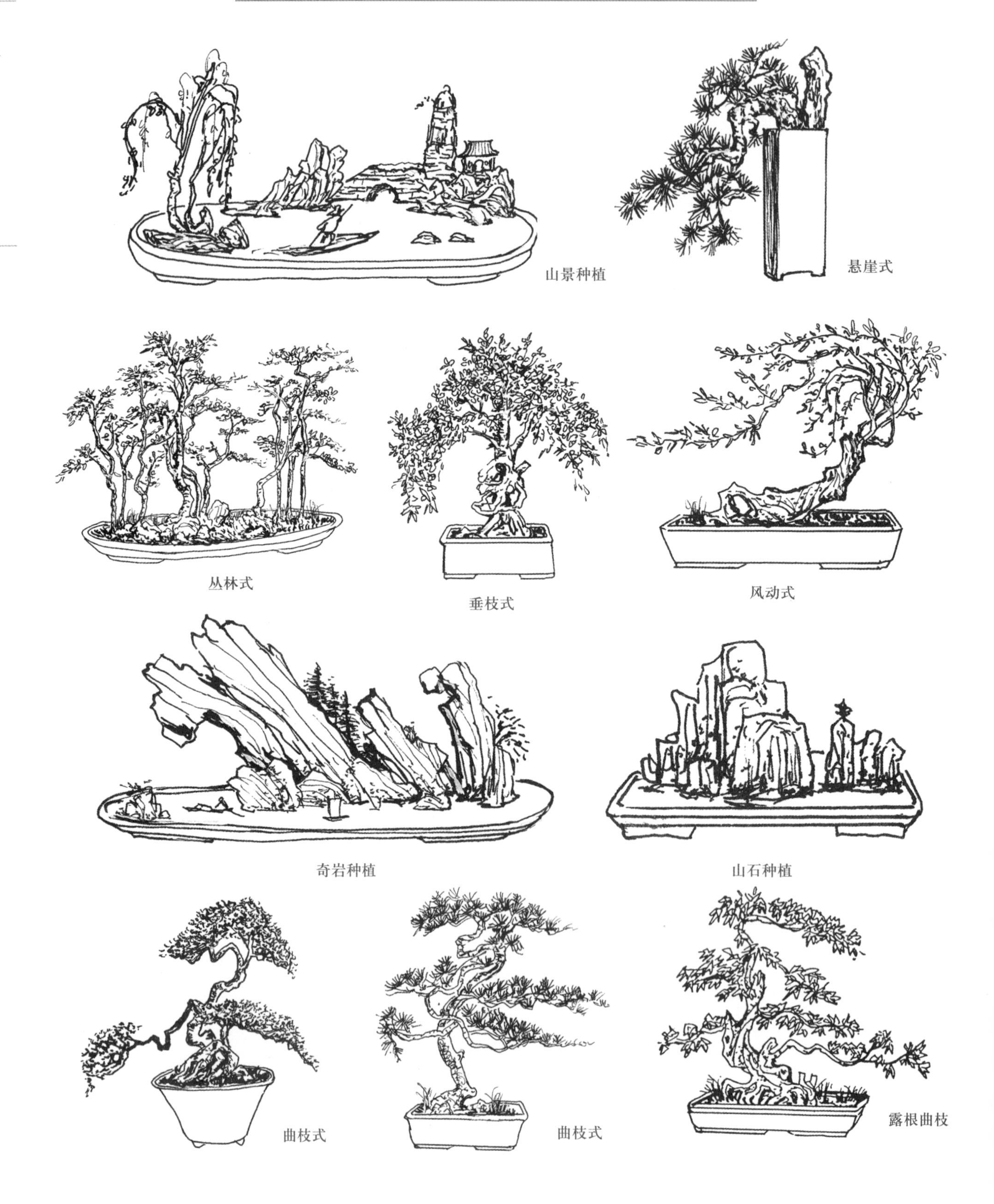

山景种植

悬崖式

丛林式

垂枝式

风动式

奇岩种植

山石种植

曲枝式

曲枝式

露根曲枝

双干排列
奇岩种植
悬崖式
独峰配植
露根式
双干式
景观配植
石中配植
垂枝式
留根配植
仿画丛林式
高山配植

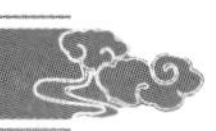

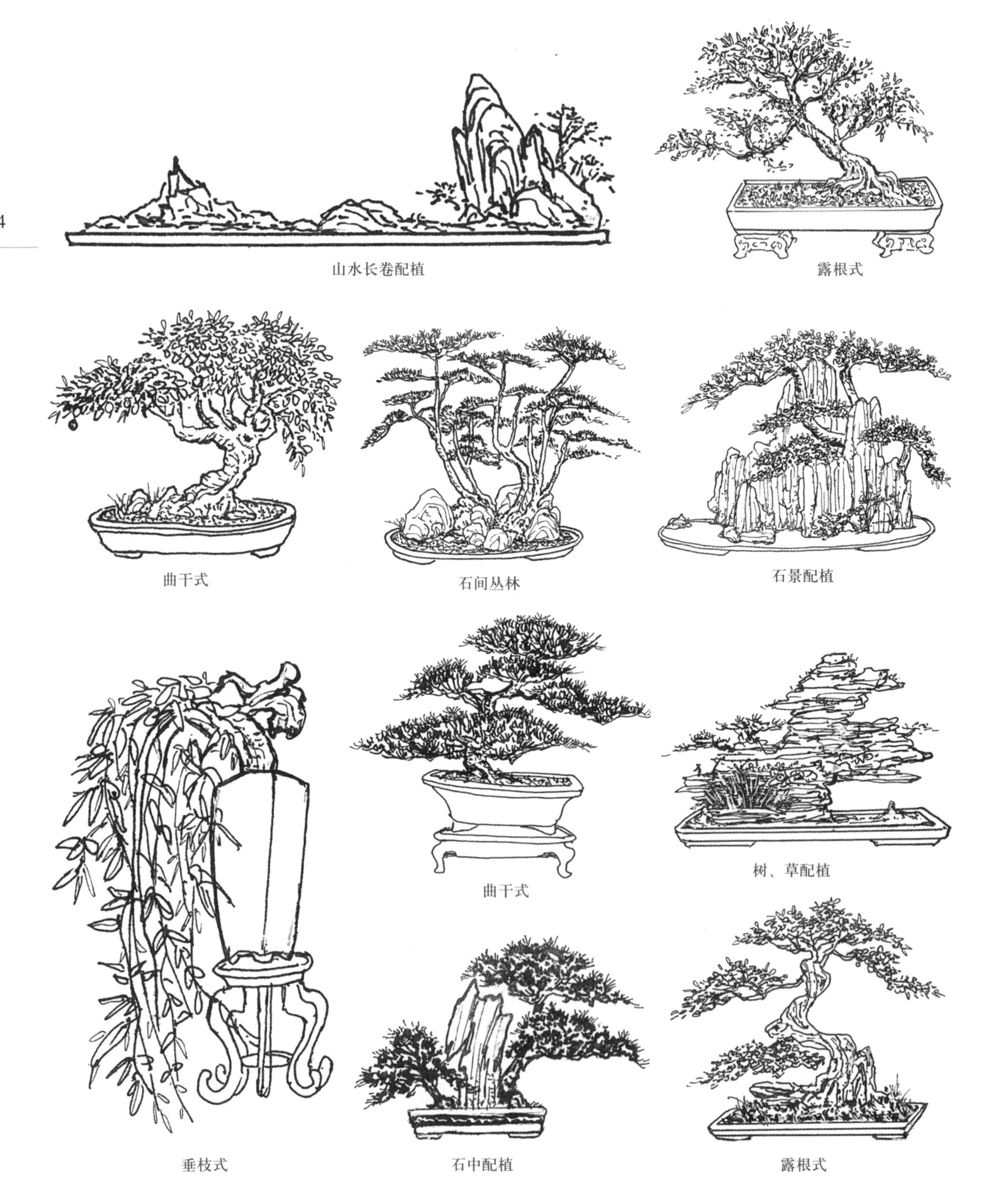

山水长卷配植

露根式

曲干式

石间丛林

石景配植

垂枝式

曲干式

树、草配植

石中配植

露根式

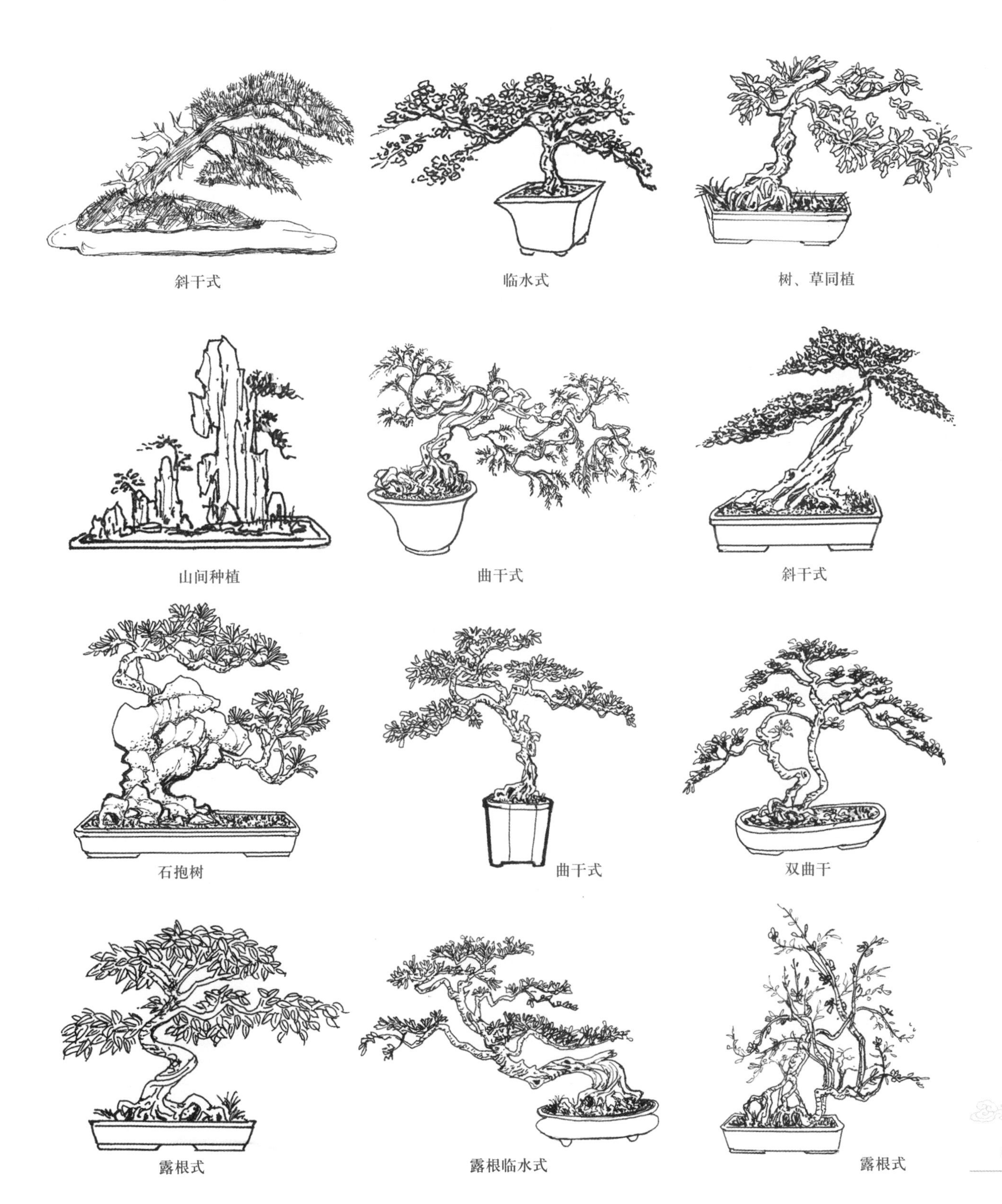

斜干式　临水式　树、草同植

山间种植　曲干式　斜干式

石抱树　曲干式　双曲干

露根式　露根临水式　露根式

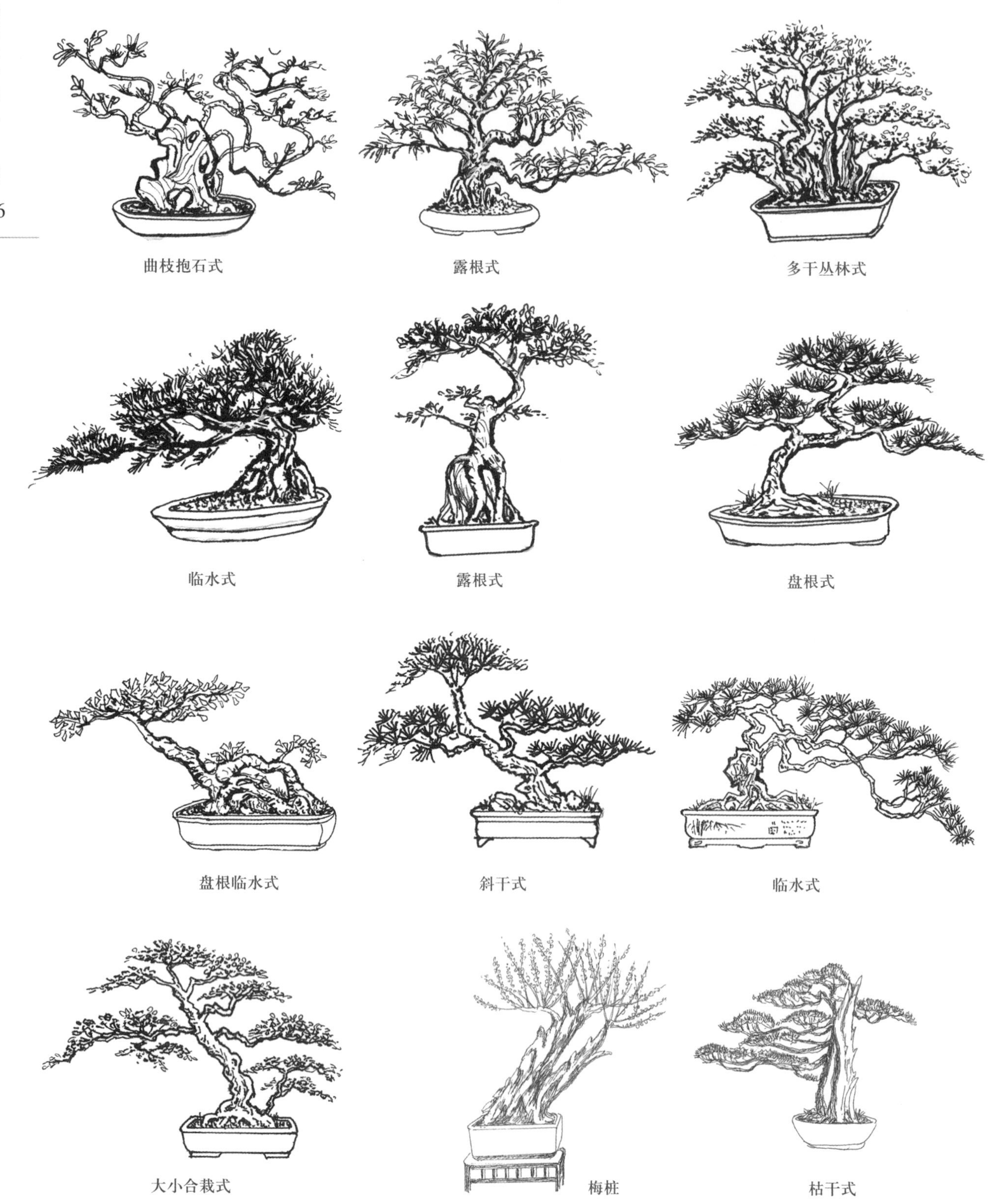

曲枝抱石式　露根式　多干丛林式

临水式　露根式　盘根式

盘根临水式　斜干式　临水式

大小合栽式　梅桩　枯干式

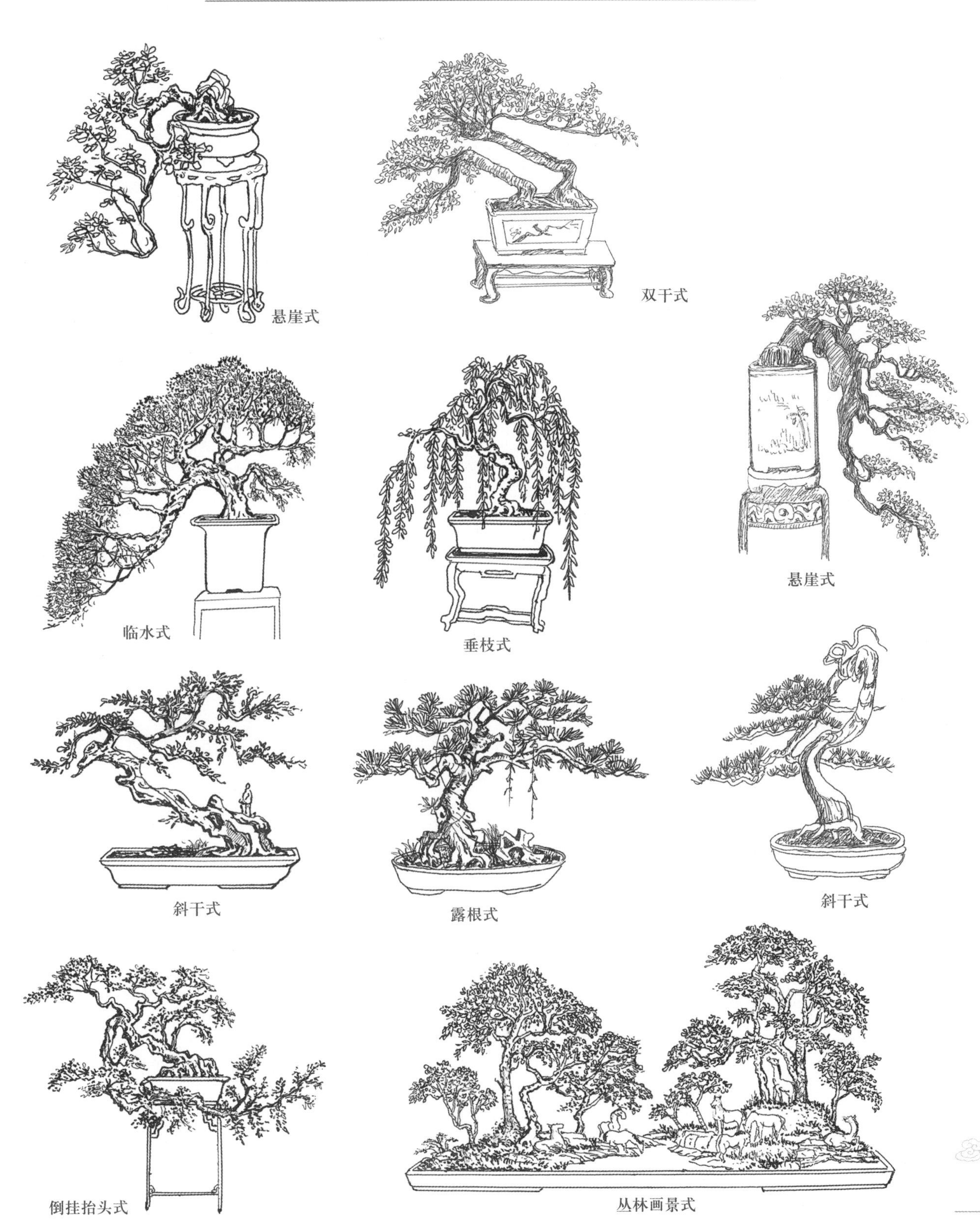

悬崖式　双干式　悬崖式

临水式　垂枝式

斜干式　露根式　斜干式

倒挂抬头式　丛林画景式

吸取诗的虚境来造实境，未尝不可以借鉴

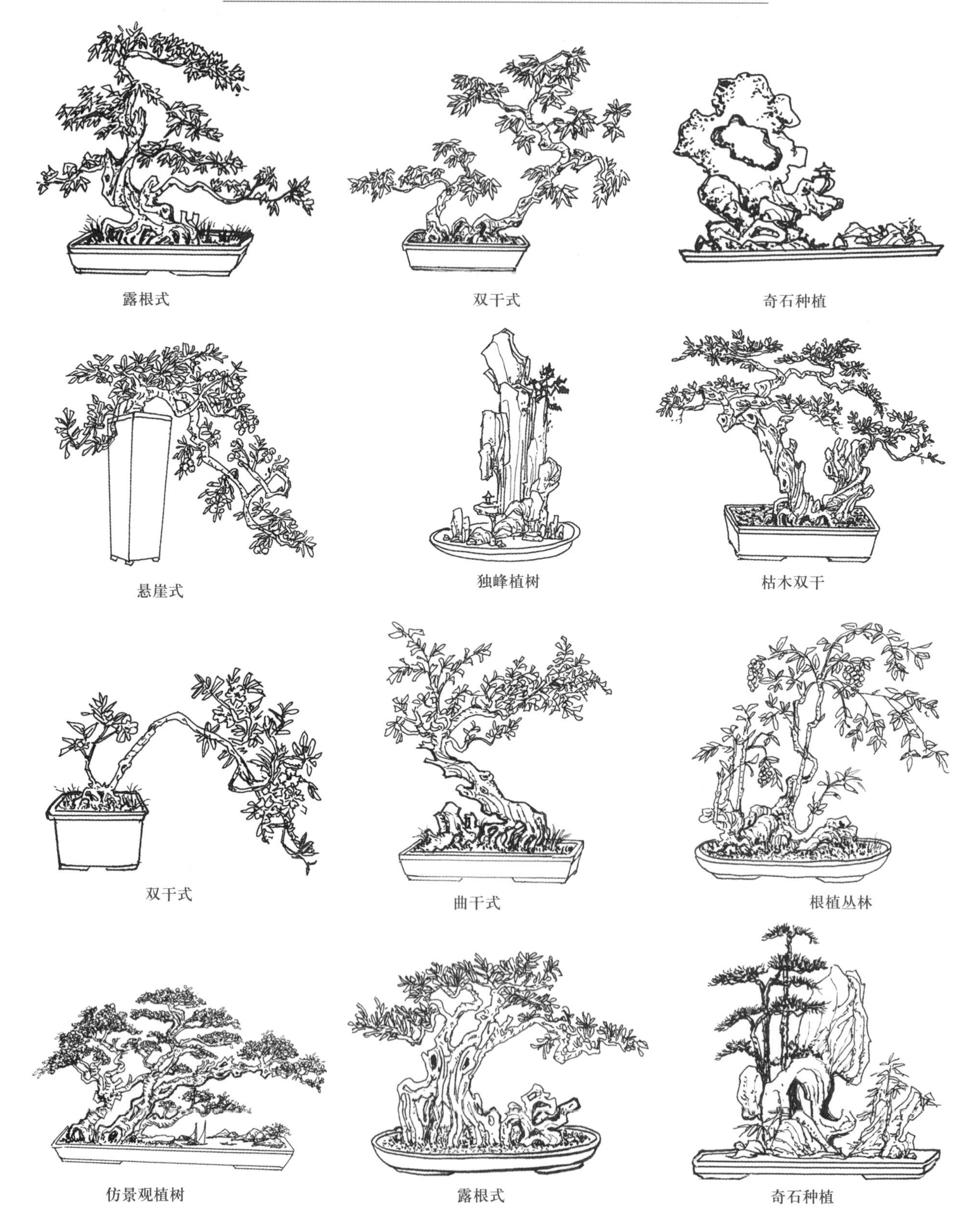

露根式　双干式　奇石种植

悬崖式　独峰植树　枯木双干

双干式　曲干式　根植丛林

仿景观植树　露根式　奇石种植

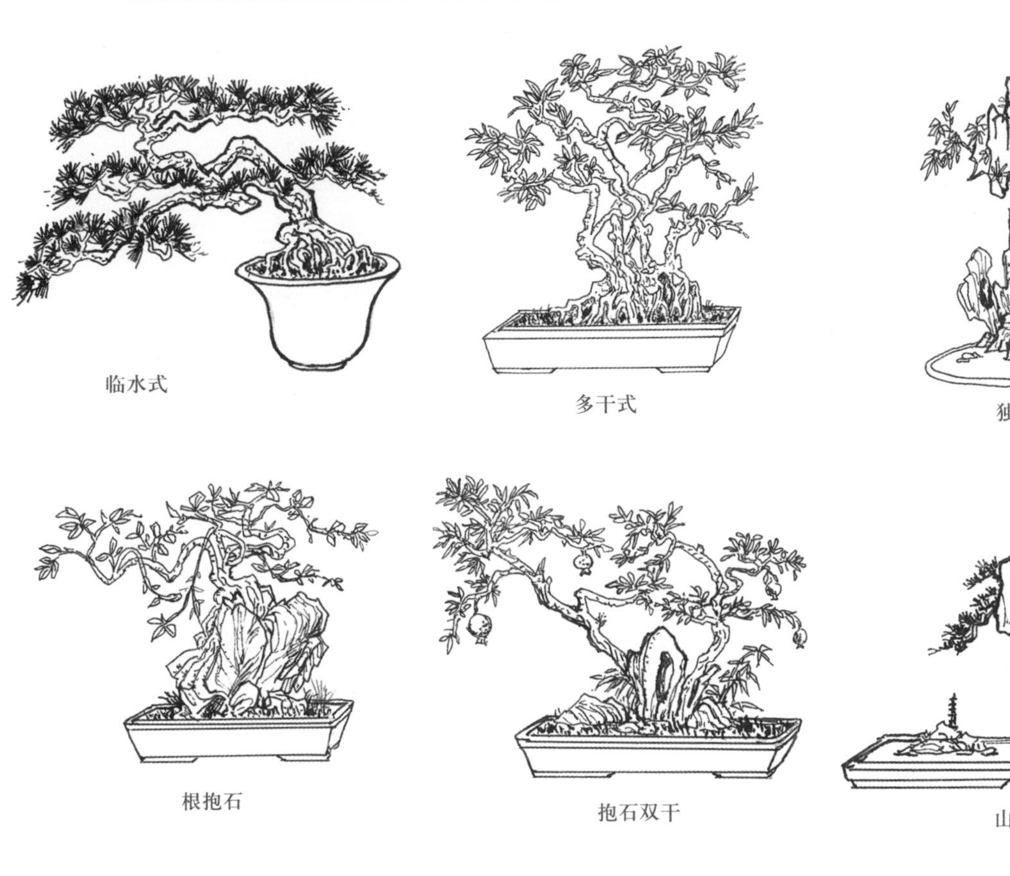

临水式

多干式

根抱石

抱石双干

独峰种植

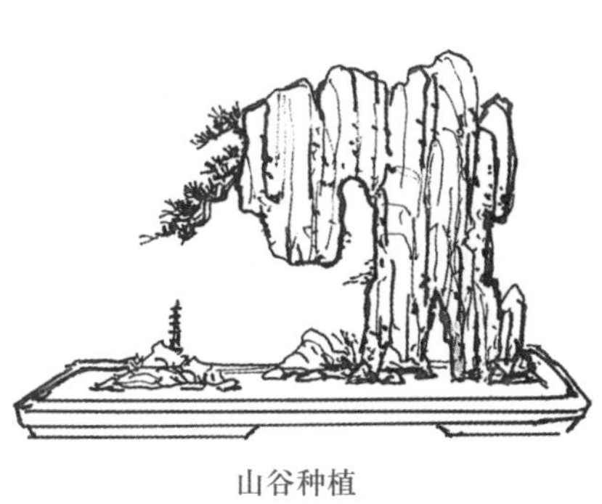

山谷种植

山水景种植

临水式

双干式

枯根式

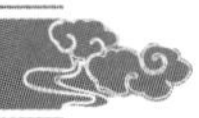

悬崖式

垂枝式

枯干式

根抱石

立峰种植

临水式

露根式

万年青种植

垂枝式

露根式　立干式　临水式

双峰种植　双干式　斜干式

露根式　仿画丛林式　意景丛林式

曲干式　临水式　露根式

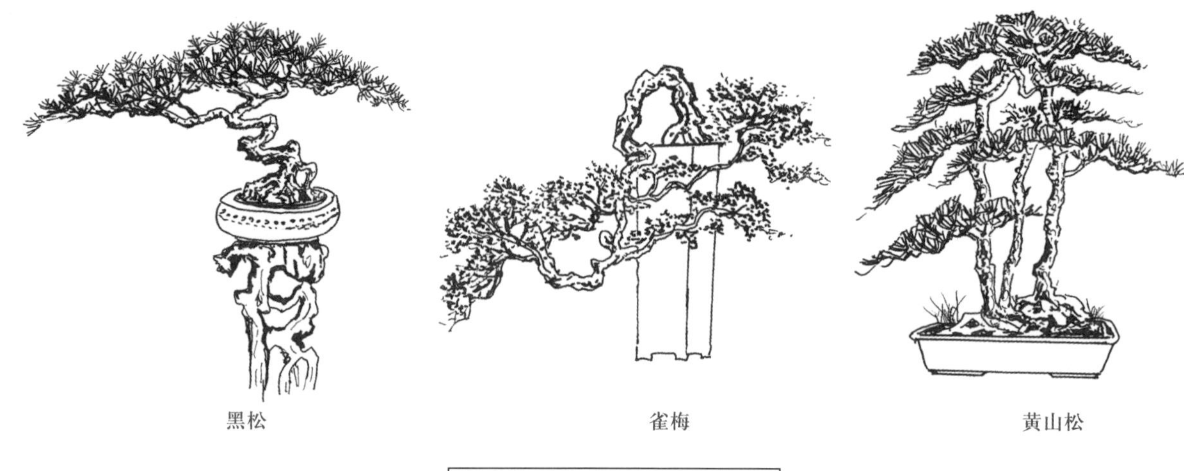

黑松　　雀梅　　黄山松

抱石盆景

树桩盆景中的抱石盆景又称为附石盆景，它主要将植物依植在石缝中间，这是在大自然中经常见到的自然现象。它以不同的树和石相互组合起来，形成具有特色的风景。在绝壁巨岩的隔缝里，突然长出一棵奇树，在崖壑中探出一棵怪木，挂在绝壁上。以此方法表现树的顽强生命，在盆石中更显示了优美风光。

榆树　　雀梅　　榆树　　榆树

水旱盆景

水旱盆景是树桩盆景中最有看点的展示形式，也可作为山石盆景中的“特写”镜头，是最可表达诗情画意的形式，它水陆交接，构图可参考中国山水画画理进行配景。植物安置大小，以远与近透视来进行安排，还可根据主题思想的需要配点桥、塔、亭、屋、舟、人物、动物等点缀，来吸引观者的眼球，饶有趣味。

待渡（榆树）

浦江源头（真柏）

春归（黄杨）

红叶知秋寒（枫树）

夏日夕阳斜（雀梅）

湖边一览（黄杨）

题意盆景

一盆完整的树桩或山水盆景都要给它取一个名字，盆景界称为命题，它要表达作者构思的主题思想，倾吐感情，同时也帮助欣赏者了解作品的特点，起到画龙点睛作用。延伸盆景的观赏境界，中国盆景应提升到民族文化这一层次。在制作前就应该考虑周全，作者不但要有制作的技艺，更需要有较高的文学、艺术修养。

绿野（榆树）　旱雨（雀梅）　秋淘江天（三角枫）

共享自然（榆树）　幽居图（对节白蜡）

九贞晨曲（榆树）　枫林晚情（三角枫）　风从东来（对节白蜡）

小桥流水人家（对节白蜡）　消夏图（刺柏）　老家（对节白蜡）

松林图（松树）

矶石幽赏（银杏）

夏日雨雾（榆树）

向阳秀茂（柏树）

春风又一年（榆树）

劲节高风（雀梅）

飘然欲仙（雀梅）

青松颂（五针松）

平步青云（大阪松）

碧海云天（黑松）

刻骨柔情（刺柏）

峥嵘（黑松）

蟠明神龙（雀梅）

迎宾（赤松）

松涧通幽（松）

疏影横斜（雀梅）

连理（白蜡）

一枝春（水芫花）

游弋（水芫花）

古木英姿（福建茶）

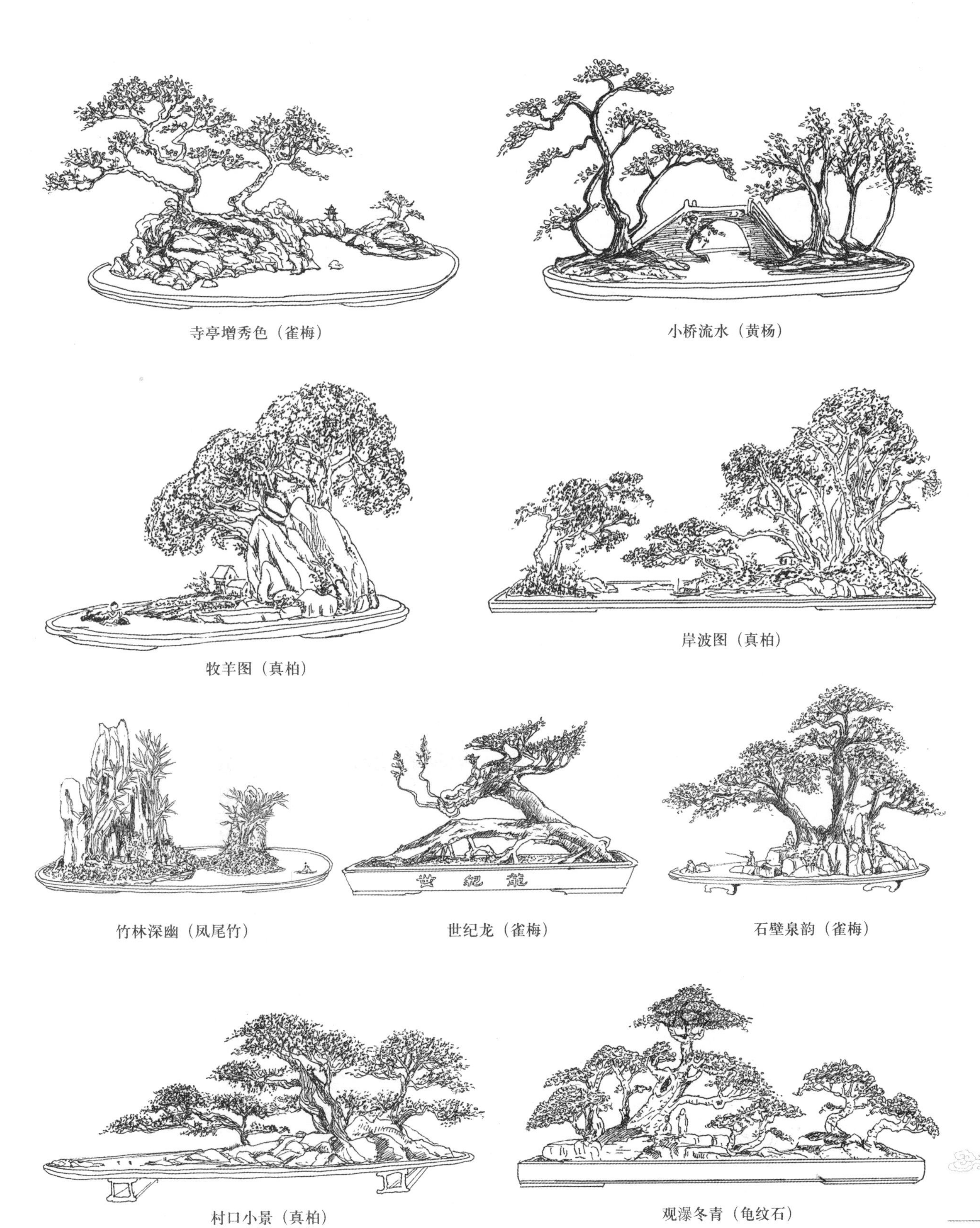

寺亭增秀色（雀梅）

小桥流水（黄杨）

牧羊图（真柏）

岸波图（真柏）

竹林深幽（凤尾竹）

世纪龙（雀梅）

石壁泉韵（雀梅）

村口小景（真柏）

观瀑冬青（龟纹石）

风帆（五针松）

塑风吹（对节白蜡）

松籁（黑松）

盘柯弄势（刺柏）

听松（马尾松）

奔腾（雀梅）

古松树边合（刺柏）

松下论古今（大阪松、大化石）

雄风飘逸（山松）

苍龙卧岭（黄杨）

苍龙回首（雀梅）　崖上风云（黑松）　铁干雄风（大阪松）

龙吟（罗汉松）　窥谷（刺柏）　古桩呈秀（松）

朽木雄姿（雀梅）　古木长青（五针松）　孤松盘桓（黑松）

立马挥戈 （大阪松）　高风亮节 （黑松）　探幽 （罗汉松）

黄山松韵（赤松）

龙骨（番石榴）

临风古柏（刺柏）

龙游云海（罗汉松）

觅风（雀梅）

鱼跃（榆树）

卷龙风骨（大阪松）

奔涛（九里香）

细腻风光我自知（榕树）

劲风疾枝（对节白蜡）

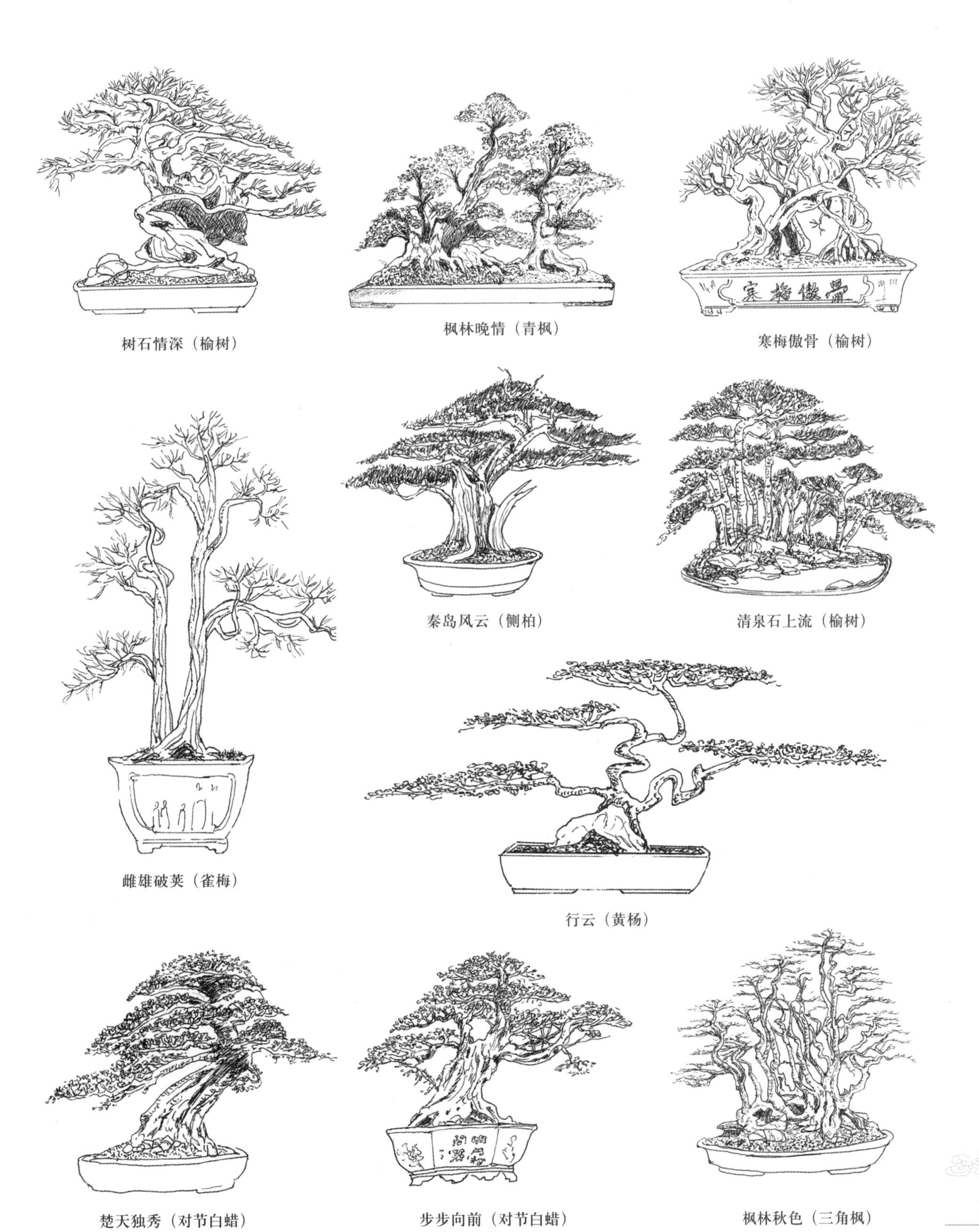

树石情深（榆树）

枫林晚情（青枫）

寒梅傲骨（榆树）

雌雄破荚（雀梅）

秦岛风云（侧柏）

清泉石上流（榆树）

行云（黄杨）

楚天独秀（对节白蜡）

步步向前（对节白蜡）

枫林秋色（三角枫）

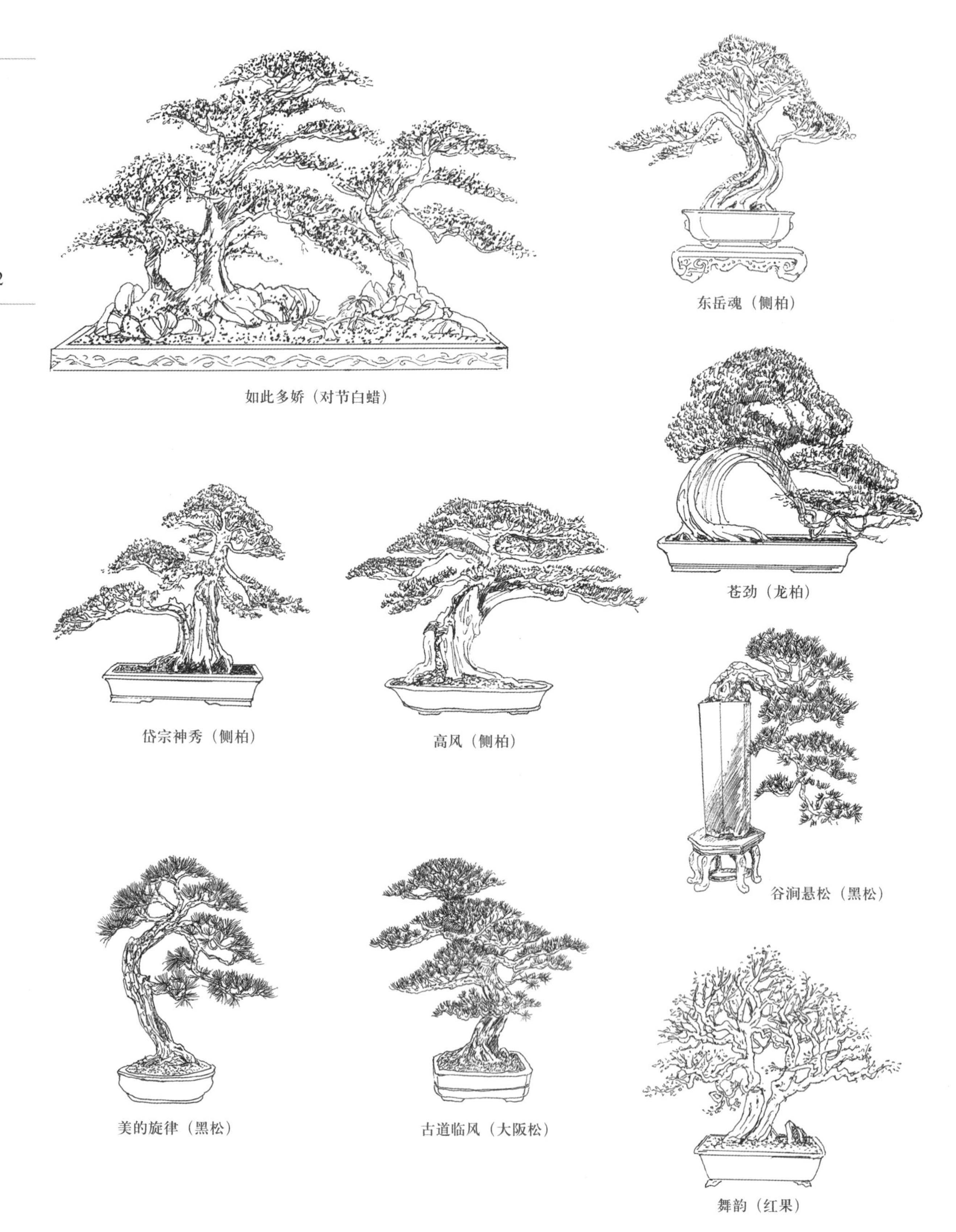

如此多娇（对节白蜡）

东岳魂（侧柏）

苍劲（龙柏）

岱宗神秀（侧柏）

高风（侧柏）

谷涧悬松（黑松）

美的旋律（黑松）

古道临风（大阪松）

舞韵（红果）

凌空出世（真柏）

罗汉悟禅（罗汉松）

一柱擎天（柏树）

风云录（刺柏）

松云韵（大阪松）

虚怀若谷（对节白蜡）

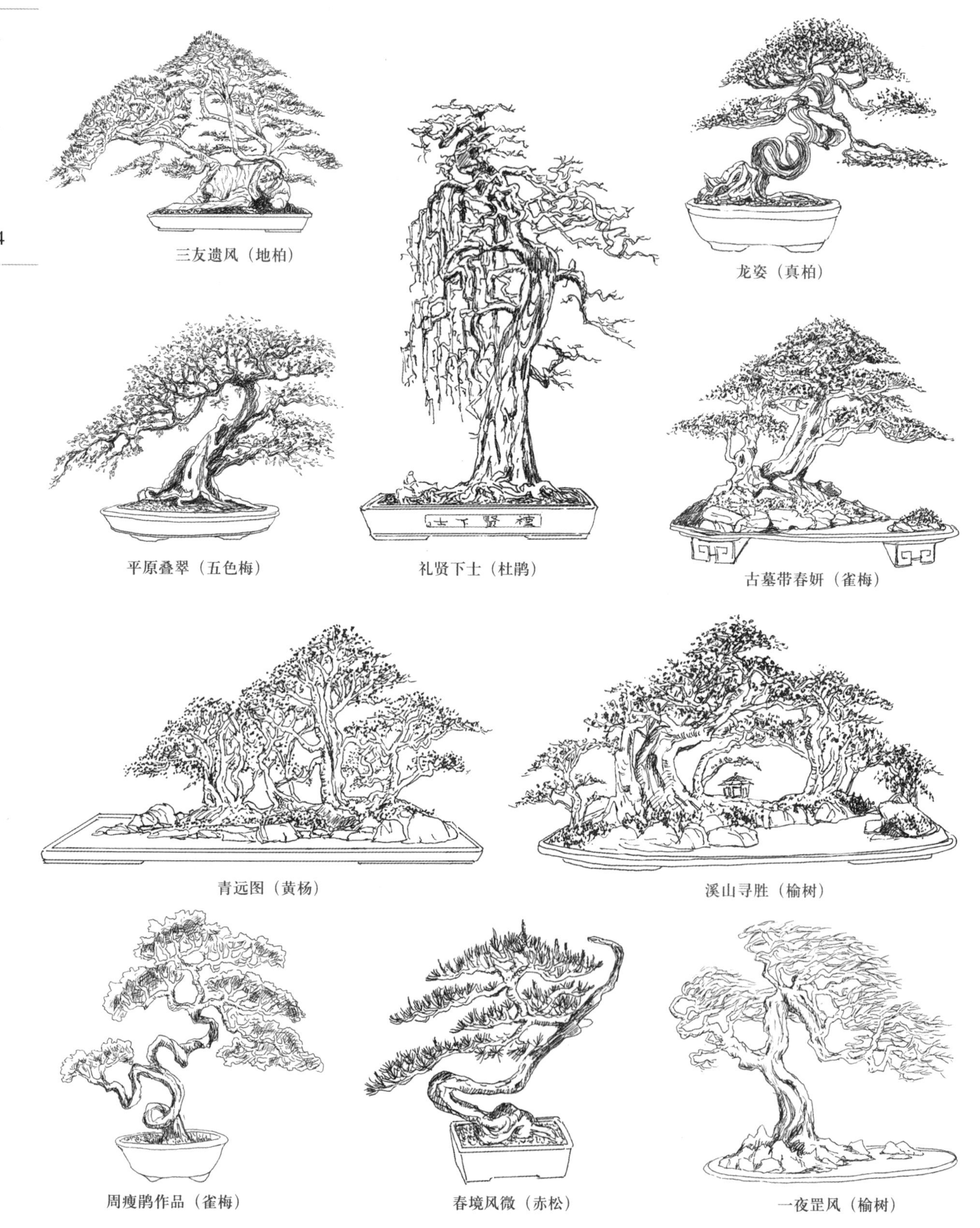

三友遗风（地柏）

龙姿（真柏）

平原叠翠（五色梅）

礼贤下士（杜鹃）

古墓带春妍（雀梅）

青远图（黄杨）

溪山寻胜（榆树）

周瘦鹃作品（雀梅）

春境风微（赤松）

一夜罡风（榆树）

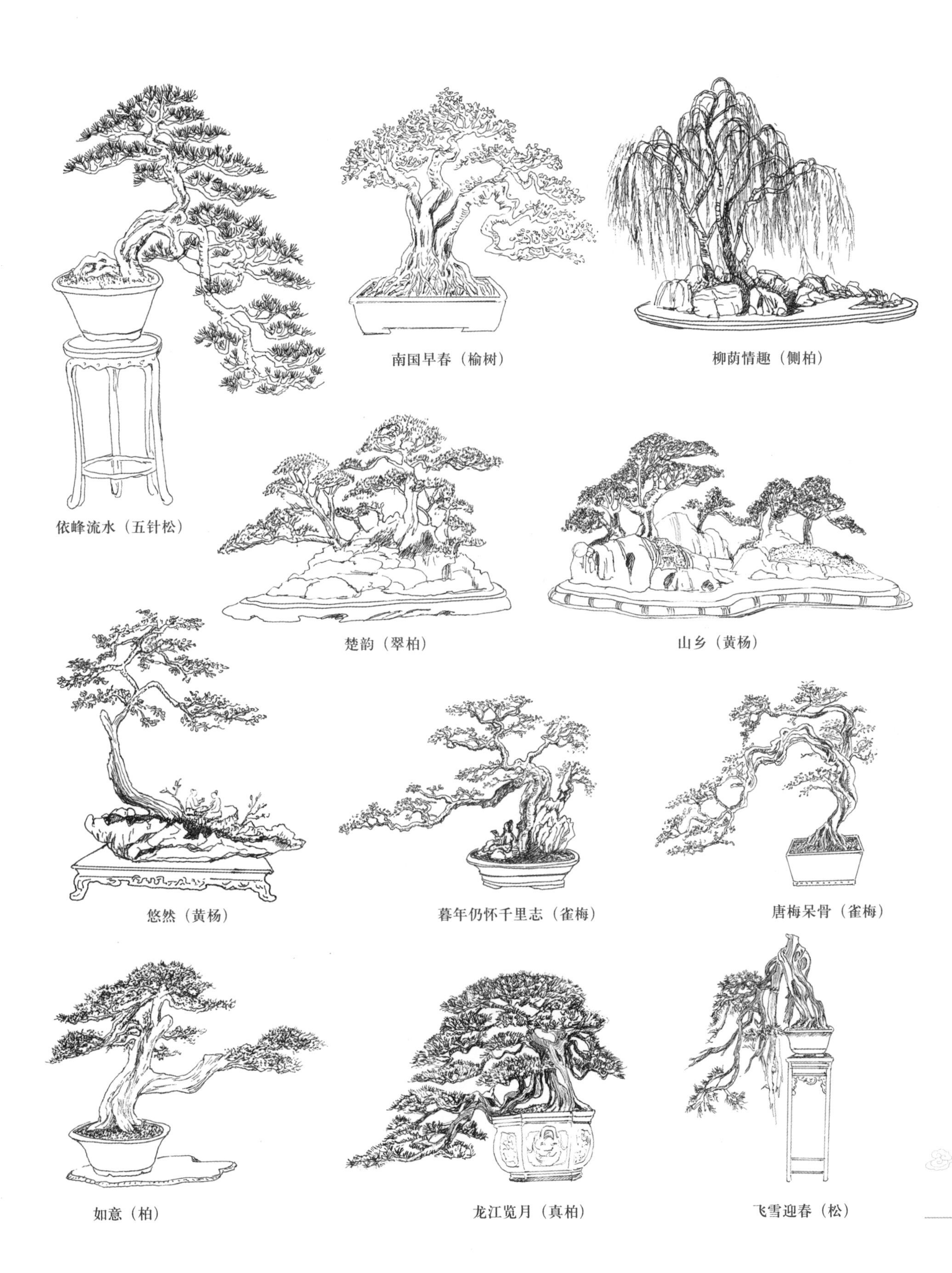

依峰流水（五针松）

南国早春（榆树）

柳荫情趣（侧柏）

楚韵（翠柏）

山乡（黄杨）

悠然（黄杨）

暮年仍怀千里志（雀梅）

唐梅呆骨（雀梅）

如意（柏）

龙江览月（真柏）

飞雪迎春（松）

铁骨凝翠（榕树）

九龙神韵（榕树）

行云流水（小叶蚊母、龟纹石）

太白诗意（榆树）

泰然（榆树、斧劈石）

幽幽湖畔（白蜡、龟纹石）

飞天（黑松）

笑迎天下客（黄山松）

凌云（五针松）

嘶风啸月（黑松）

花团锦簇（紫薇）

绝代双骄（冬青）

阅尽沧桑（石松）

争春（山茶）

菩提树

枫林映翠（三角枫）

根蟠瓮蔚（小叶榕）

腾飞（刺柏）

蜷曲（真柏）

砚式盆景

砚式盆景是在水旱盆景基础发展而来，其特点是选用不规则的大理石为底盘，突出树石与水面关系，“明月下，影疏疏，江石倚浮在水中”。景色如在画中之感觉。书法家在途中得到一块“云溪石”后，赋诗曰“造物成形好画工，地形咫尺远连空，……诸山落木萧萧夜，醉梦江湖一叶中。”砚式盆景的表现手法可以达到一个相当高的水平。

闲云任卷舒（榆树）

一曲悠云（红枫）

松下论古今（大阪松）

玉树临立（真柏）

吴地记（古杉）

一曲悠云（红枫）

拜石图

古渡（雀梅）

一片闲云任卷舒（榆树）

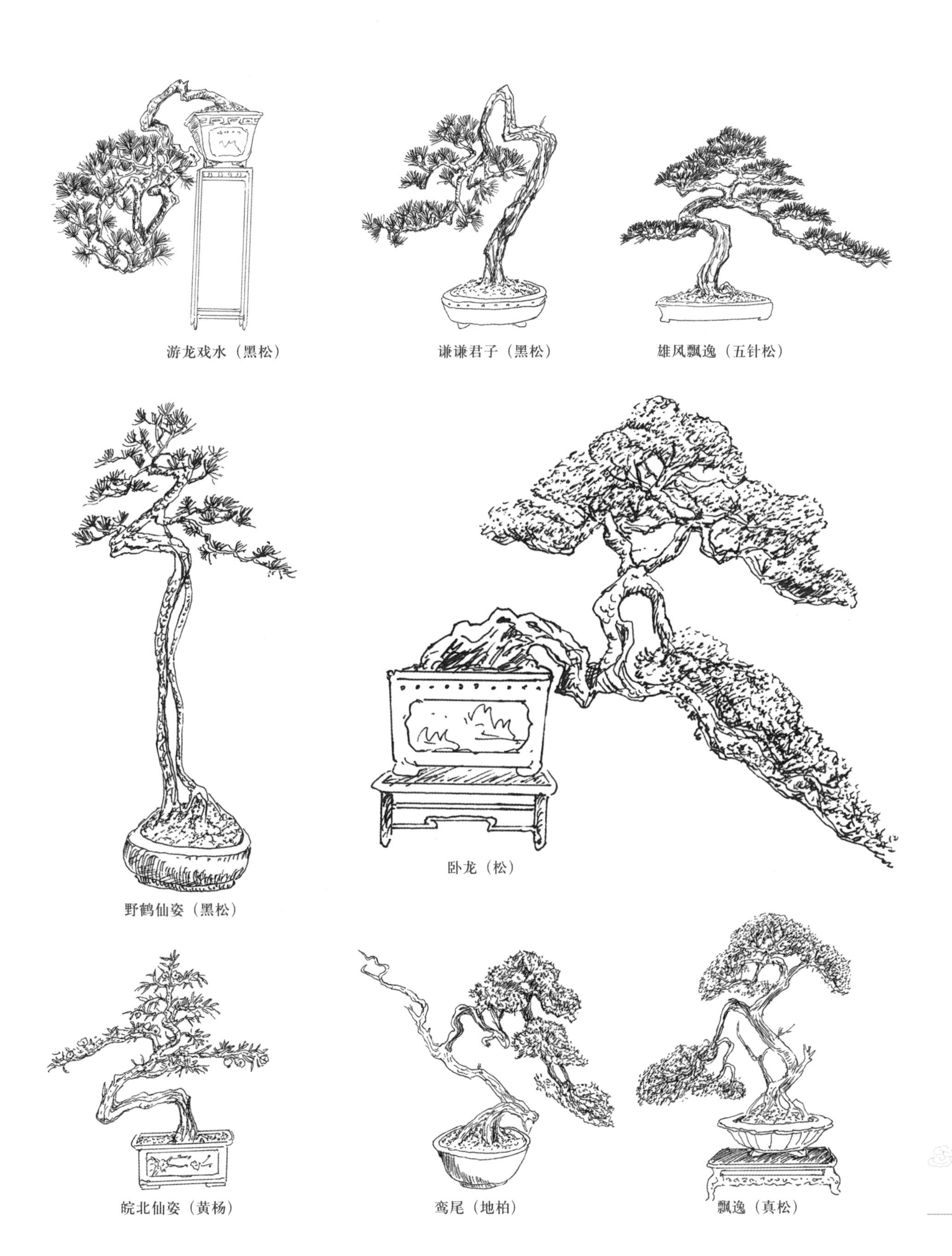

游龙戏水（黑松）

谦谦君子（黑松）

雄风飘逸（五针松）

野鹤仙姿（黑松）

卧龙（松）

皖北仙姿（黄杨）

鸾尾（地柏）

飘逸（真松）

一边倒（真柏）

泰岱风骨（真柏）

远上寒山（榆树）

行云流水（榔榆）

雨中行（榆树）

青云出岫（地柏）

回首（五针松）

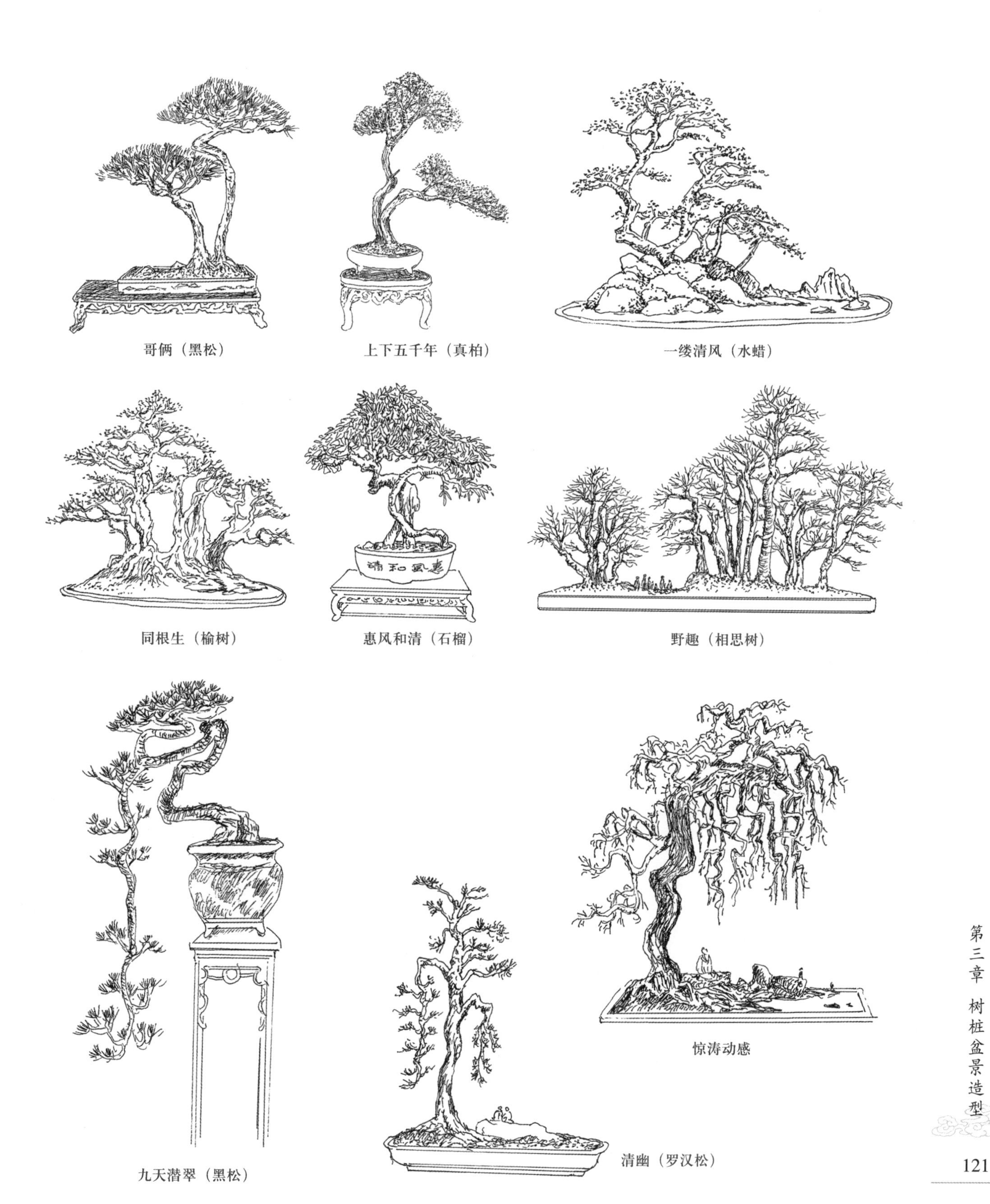

哥俩（黑松）　上下五千年（真柏）　一缕清风（水蜡）

同根生（榆树）　惠风和清（石榴）　野趣（相思树）

九天潜翠（黑松）　清幽（罗汉松）　惊涛动感

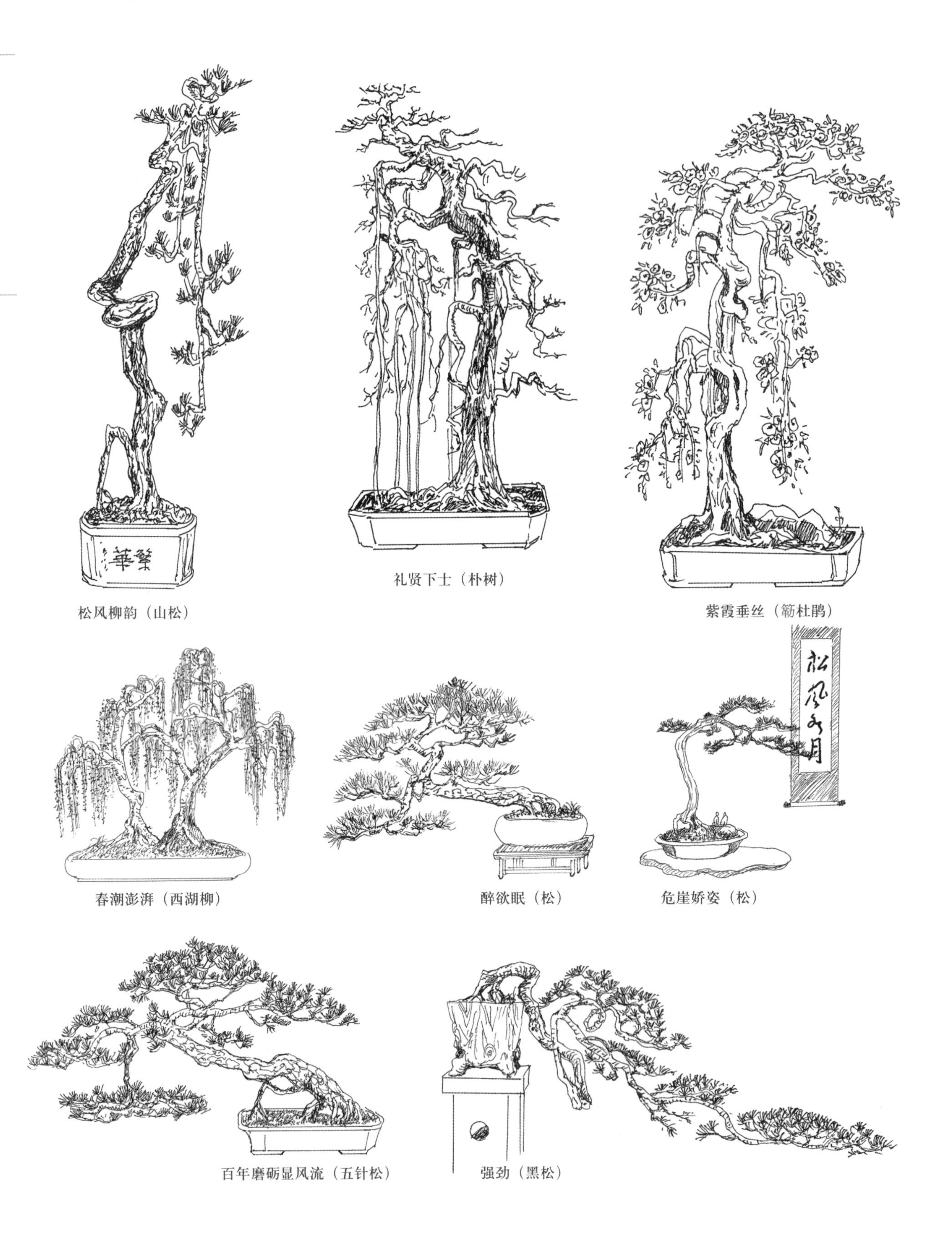

松风柳韵（山松）

礼贤下士（朴树）

紫霞垂丝（簕杜鹃）

春潮澎湃（西湖柳）

醉欲眠（松）

危崖娇姿（松）

百年磨砺显风流（五针松）

强劲（黑松）

文人树盆景

文人树盆景应该是受文人画启发而来。文人画产生于宋代，苏东坡、米芾等一些文人，他们有一些内心的感情要表达，但不采用习惯的方式来绘画，他们用诗画结合的观点，用文学的思维，把诗意放到画里，追求画中的意境。虽然文人画和文人树二者不相同，但都被文人用来表达情绪和感悟，来表现独特的审美观及其艺术风格。

文人画在精神上强调清高风骨，君子之气质，文人树也与文人画一样将树木用心造景，抒发怀古思归之幽情，表现内涵上具有文学性和飘洒自由流动的形式。

文人树与文人画一样可以概括为“文”学的修养、高尚的“人”格、“树”作者的技巧，因此“文人树”不只是一种陈设或特种造型而是能给欢赏者以教益或思索的一种形式。

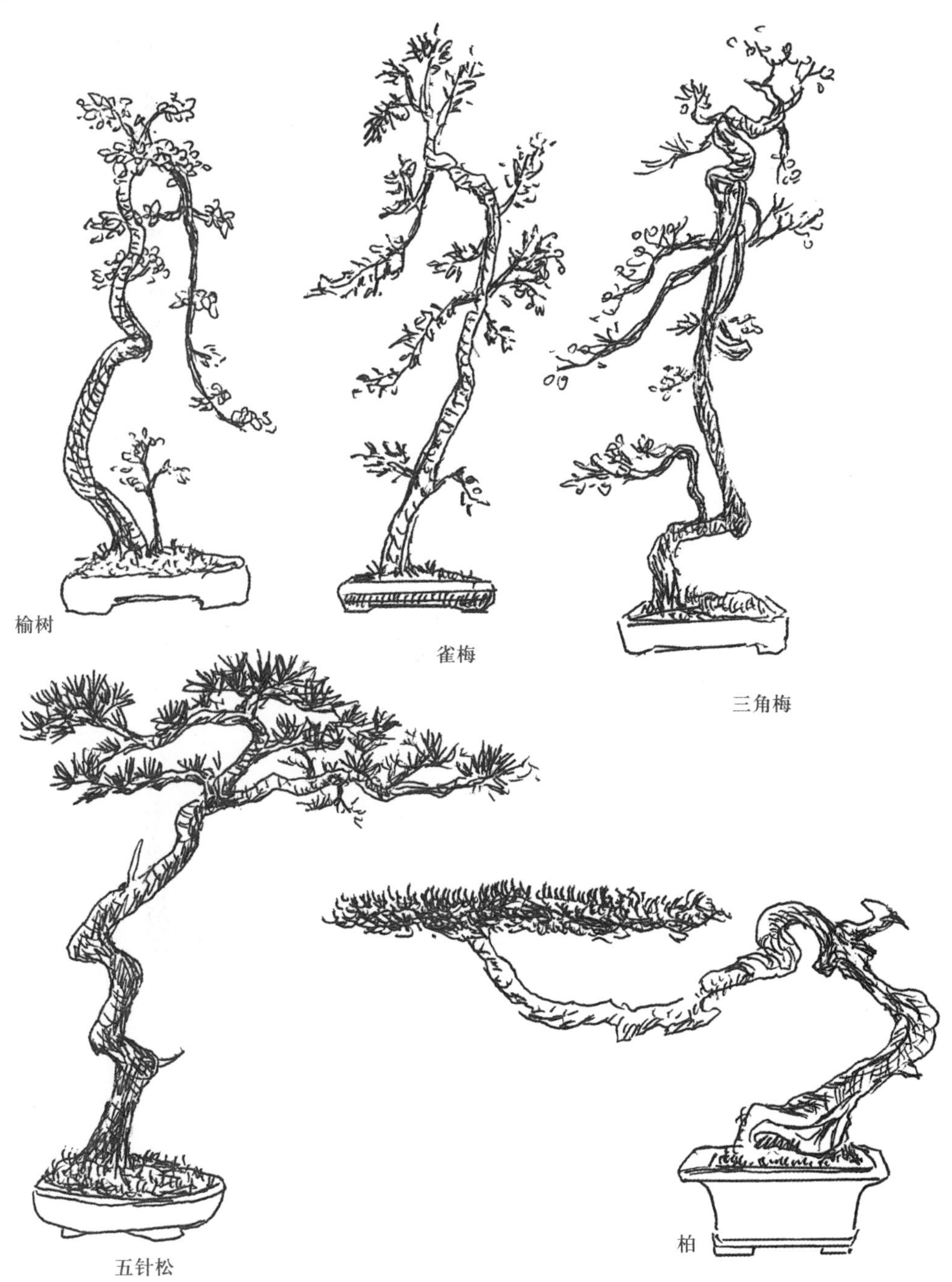

榆树

雀梅

三角梅

五针松

柏

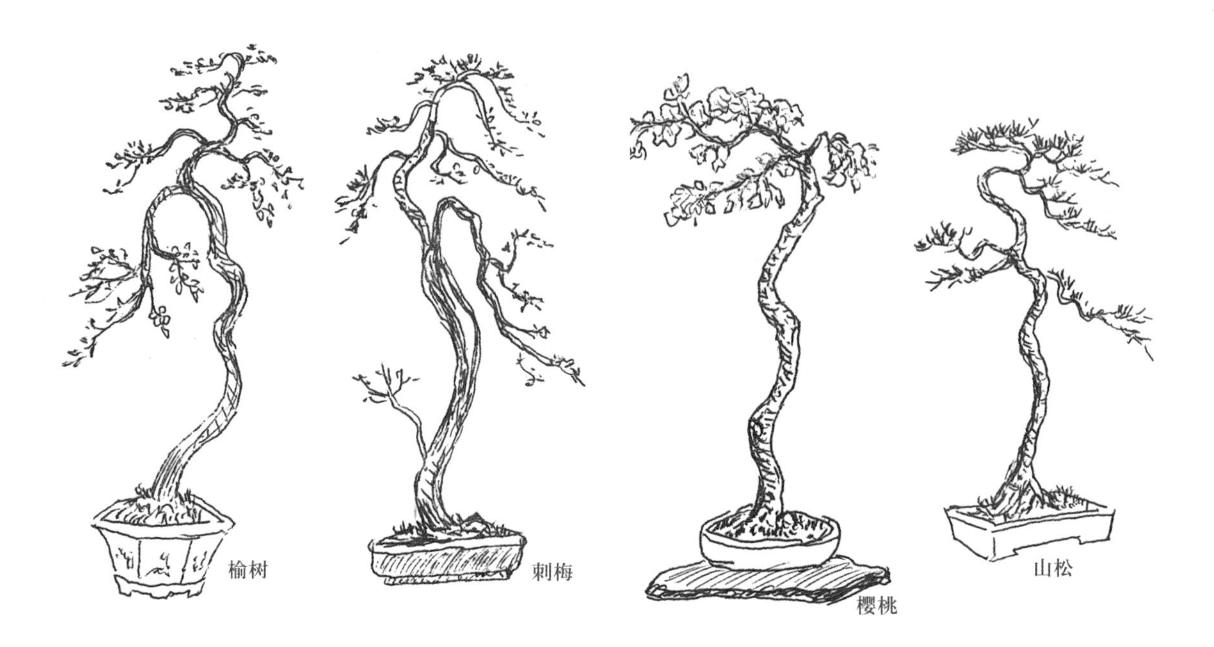
榆树
刺梅
樱桃
山松

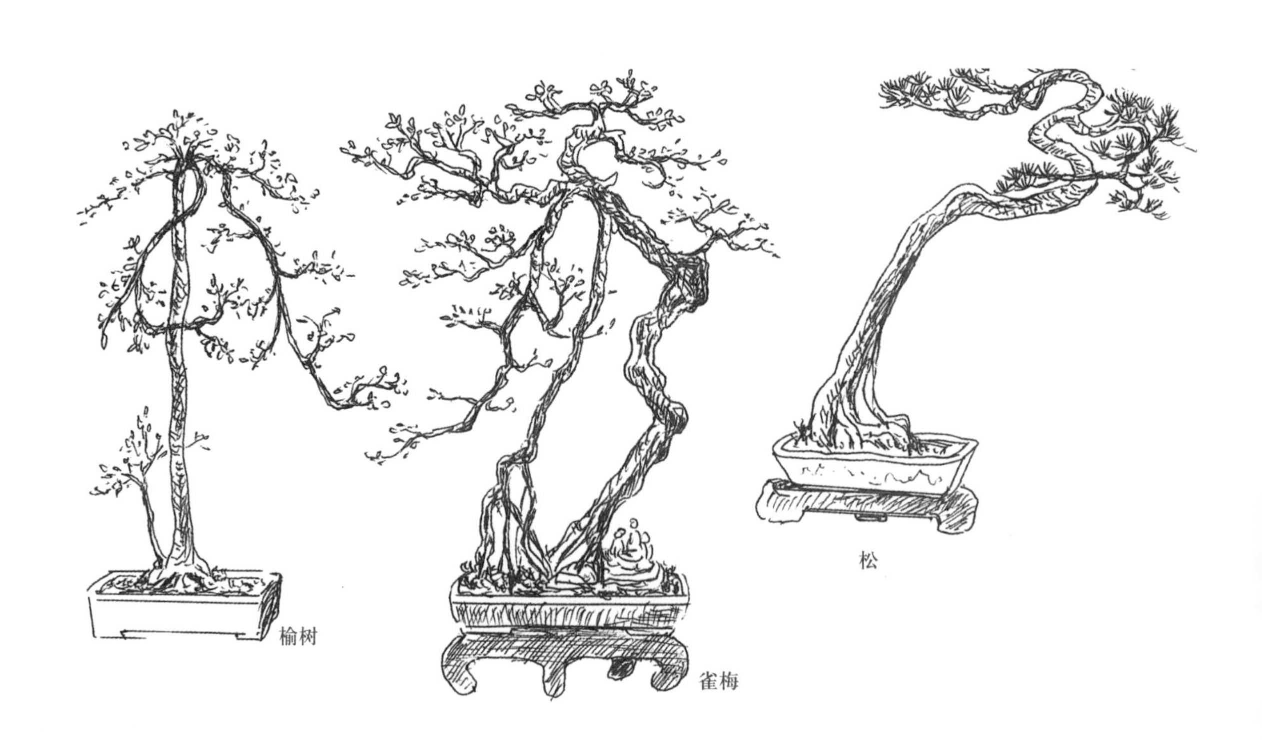
榆树
雀梅
松

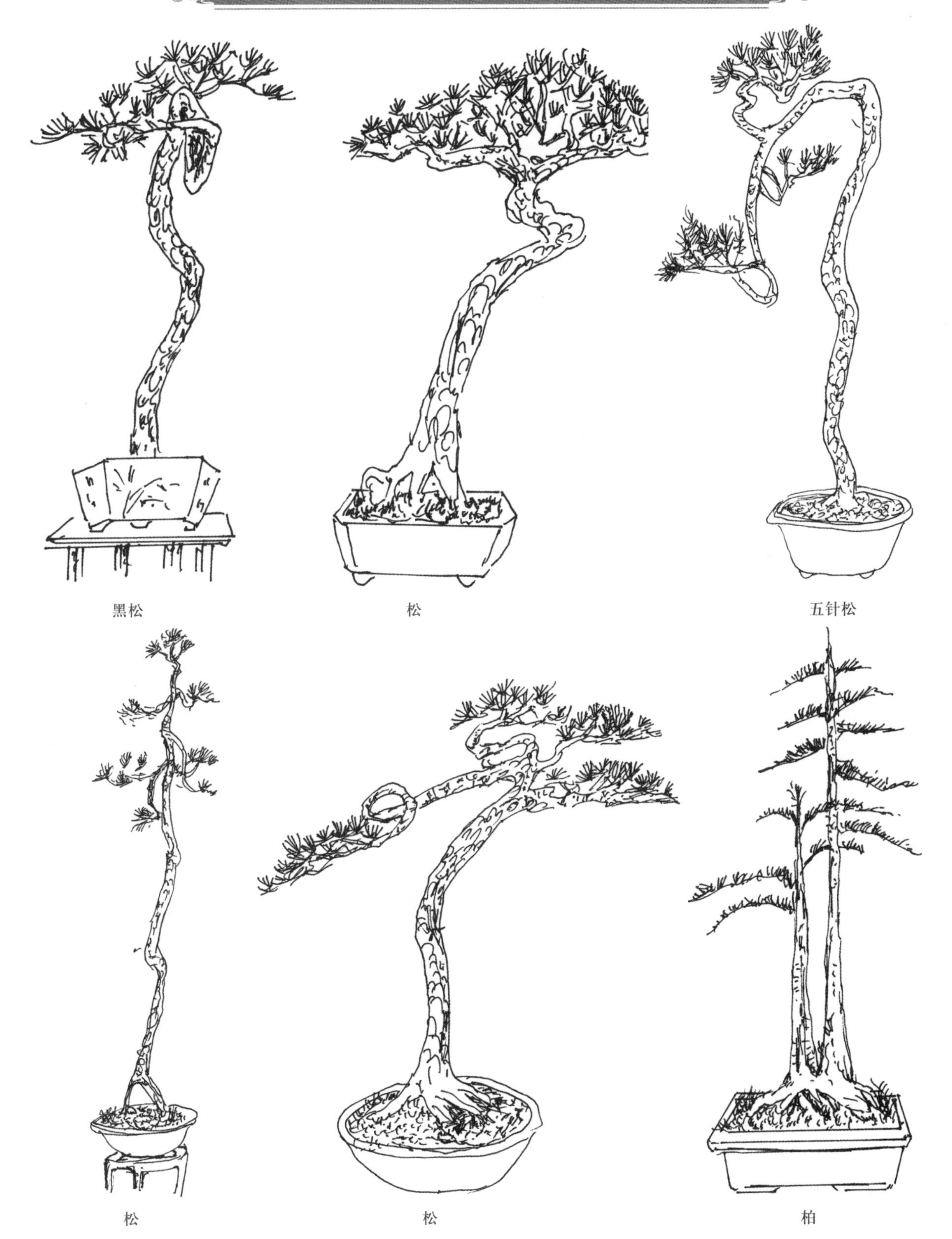

黑松　　松　　五针松

松　　松　　柏

岭南松韵（黑松）

志在千里（榆树）

顽强（黑松）

潜海吟云（松）

古松吟风（五针松）

松劲千秋（黑松）

莺歌（福建茶）

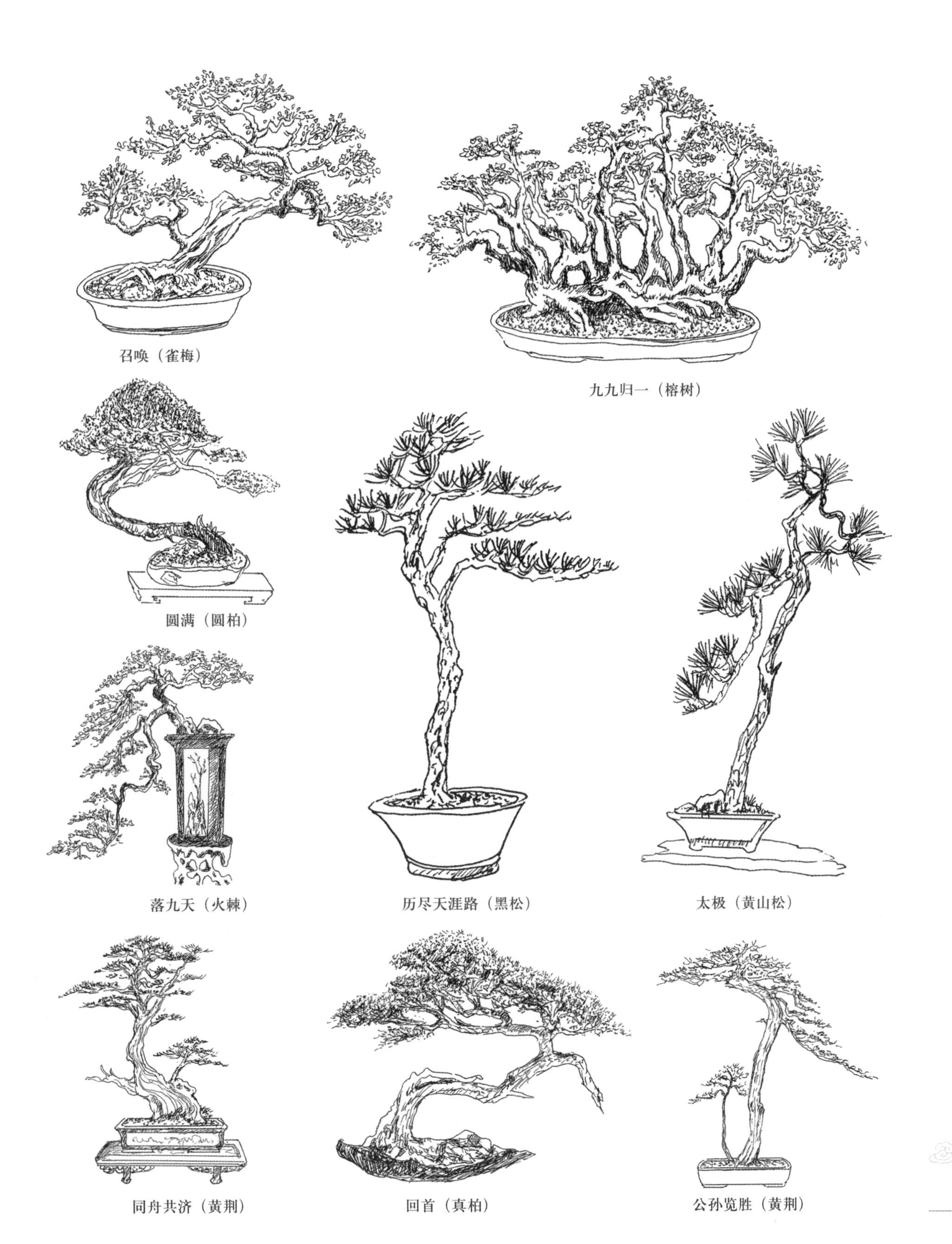

召唤（雀梅）

九九归一（榕树）

圆满（圆柏）

落九天（火棘）

历尽天涯路（黑松）

太极（黄山松）

同舟共济（黄荆）

回首（真柏）

公孙览胜（黄荆）

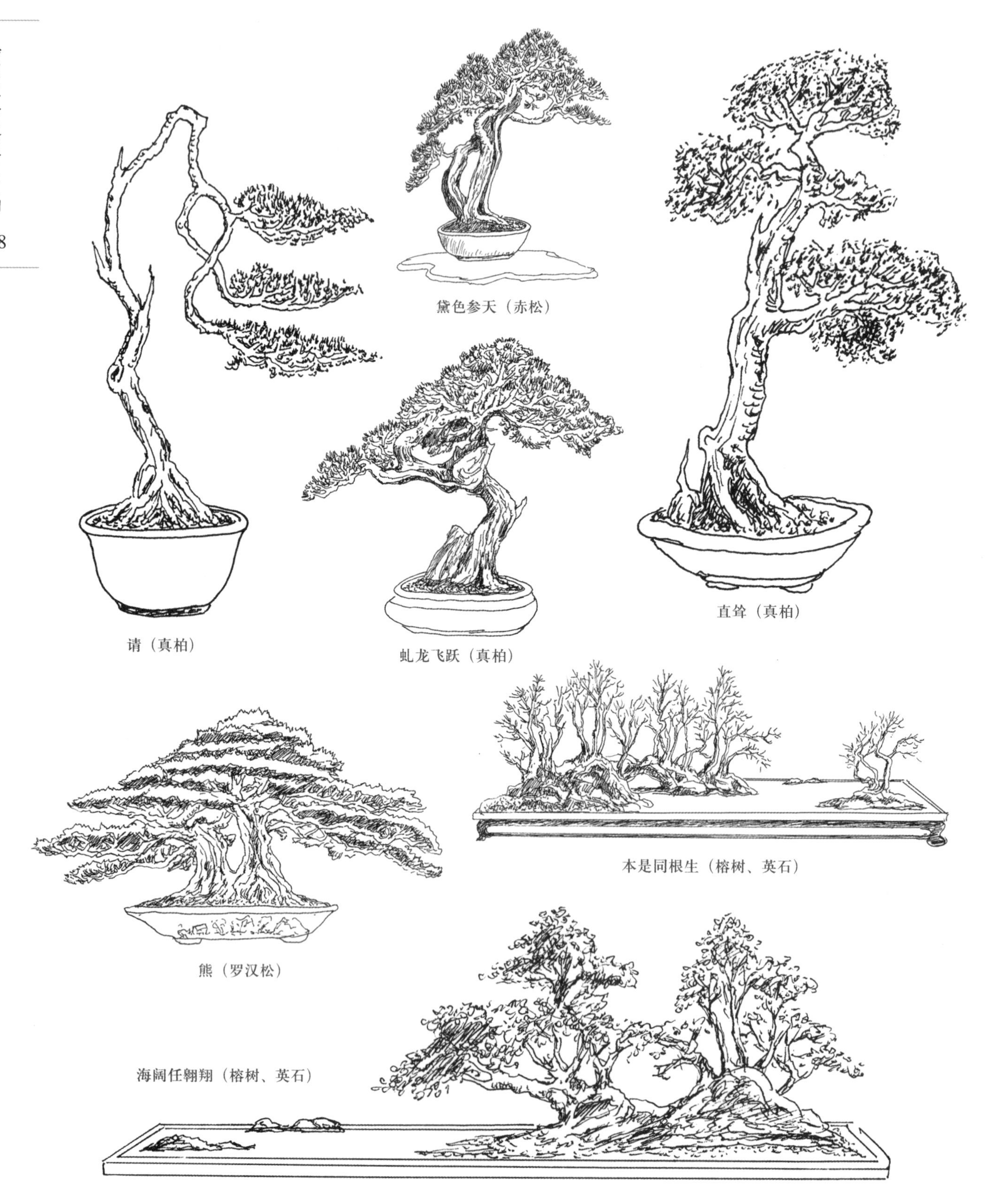

黛色参天（赤松）

请（真柏）

虬龙飞跃（真柏）

直耸（真柏）

本是同根生（榕树、英石）

熊（罗汉松）

海阔任翱翔（榕树、英石）

龙松鹤骨（山橘）

破壳而出（雀梅）

孤峰闲云（地柏）

微微林中（山松）

一意孤行（古柏）

与石共舞（对节白蜡）

丰收在即（柽柳）

山居图（水蜡）

甘为孺子牛（榕树）

起步（真柏）

村居古柏（真柏）

探索（榆）

侠骨柔枝（桧柏）

谐韵（桧柏）

探归（榆树）

峥嵘岁月（桧柏）

卧龙（临水式盆景）

田间（垂枝式盆景）

临水式盆景

哥俩（旱式连桩盆景）

高干式枯木盆景

多干式盆景

用海螺作盆的盆景

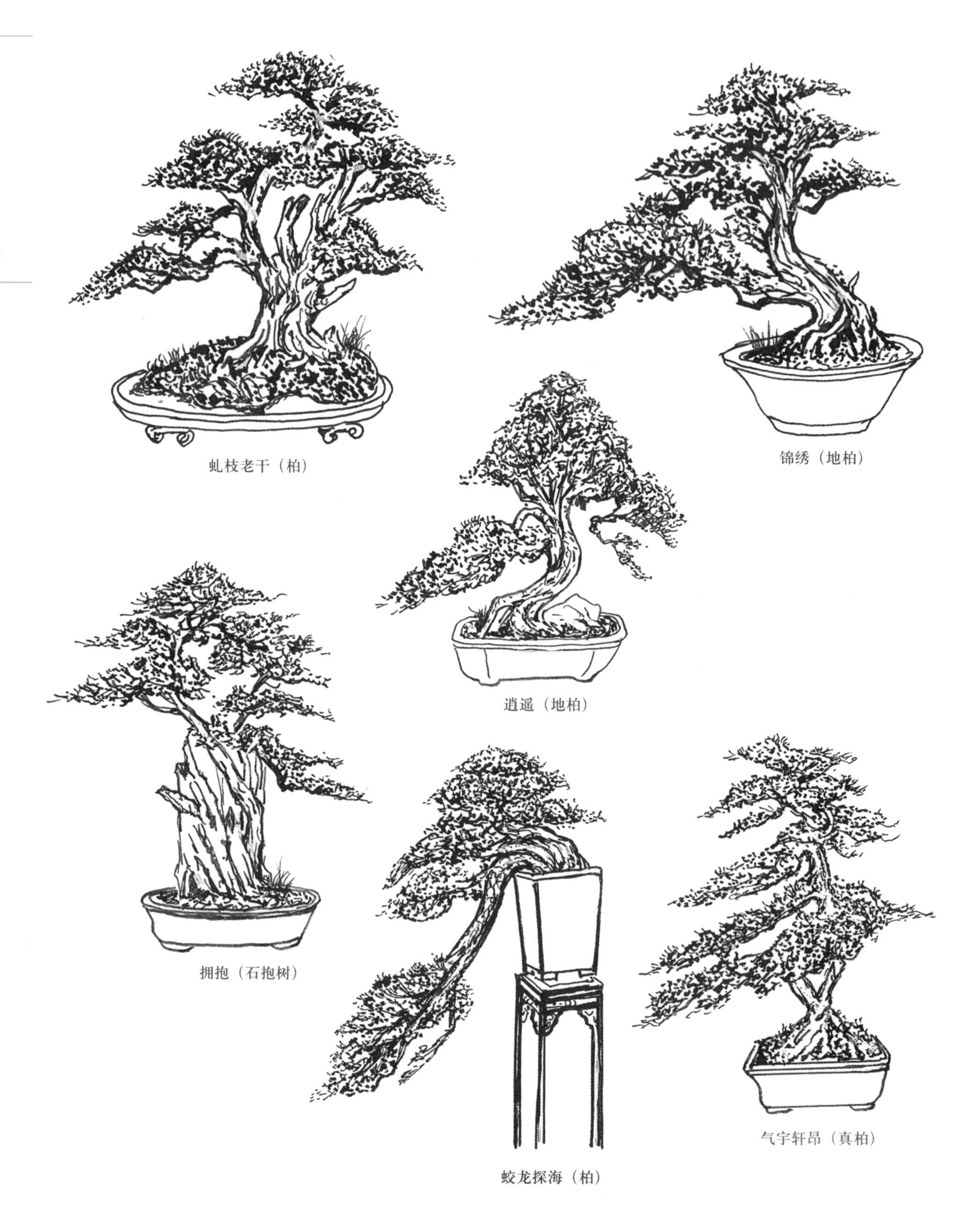

虬枝老干（柏）

锦绣（地柏）

逍遥（地柏）

拥抱（石抱树）

气宇轩昂（真柏）

蛟龙探海（柏）

第四章

中国山水盆景

耐人寻味的山水盆景

祖国山河，幅员广阔，山川壮丽，文化古老，历史悠久，名胜古迹，美不胜收。

祖国的山山水水河山之美，是作为中国人民一种自豪感，诗人臧克家写过一首诗曰："生平足迹半神州，晚来犹思作壮游；锦绣河山明老眼，登临莫笑我白头。"陆放翁诗句："三万里河东入海，五千仞岳上摩天。"祖国的江海、河湖、山冈、雄伟的长城、缤纷的田野、柔美的竹楼、欢笑的小溪和常青的绿荫，自然景观和人文景观那么丰富多彩，诗人和画家均为祖国河山立传，而作为喜爱盆景艺术的同行，更应该制作出气象万千的有质感和美感的立体山水，将祖国大自然的风光进行缩影，通过文学、绘画等艺术感受来布局山水盆景的意境。中国盆景艺术讲究"小中见大"不仅将祖国山河浓缩于方寸盘中，使从小空间进入到大空间，突破有限，通向无限。通过盆景艺术将中国山河意境缔构于人们的想望中，要制作出佳作必须要深入自然到祖国山河去感受去领悟，理解历史和民族知识与特定的盆景艺术创作联系起来，丰富盆景之景，站在美学的制高点上观望历史，融入古今，勾勒一副"祖国山河"的美妙蓝图。

中国山水盆景的形成和分类

山水盆景是以大自然山水风光为缩影。形成迢迢山、粼粼湖水的盆中山川，具有意境深远、气象万千的立体山水的质感和美感。如神游其间，恍似置身在各山大川的图画之中。

山水盆景是以山石为主料，经过人工截锯、雕琢、胶合等艺术手法，叠砌成峰峦起伏的崇山峻岭、浩瀚苍茫的江河大海等景色，再配制比例相等的亭台楼阁、小桥流水、风帆人物的摆件，更能勾起人们对大自然的追忆，使人产生无限的联想，激发艺术的感受。运用诗情画意的艺术加工布置于山水意境，使人如登山临水接近自然，开拓视野。通过视觉的感受，激励人们对祖国壮丽山河美好的向往。

制作成咫尺千里、气势磅礴的山水意境，可形成一种令人游目骋怀的盆中景式，陶冶情操。

山水盆景总的划分为三景：远景、中景、近景。远景宜选用狭长盆，山头不宜过高、山脚要有长滩，以示景的遥远。中景山形变化多，脉络曲折，左右四周能达到完美为佳品。近景可选用软石或青田石来带雕琢山丘、山坡、滩脚，可选用塔、亭、桥、舍、船进行点缀。

山水盆景石材选择大致分硬石和软石两大类：软石如浮石、砂积石、海母石、芦管石。硬石有英德石、斧劈石、木化石、风砺石等。整个山头要做到山石统一、色彩统一、皱法统一，真正的爱好者，需多阅读盆景艺术书籍，并进行实践。

山水盆景形式

山水盆景形式多样，造型优美。因不同外貌和不同材料处理方法有所区别，一般分为水石盆景、水旱盆景、旱石盆景、壁挂盆景4类。水石盆景表现太湖风光、江南山色、海岛、三峡等。水旱盆景以山石、植物、土、水合成的表现形式。旱石盆景是将山石和植物组合，浅盆薄土造景方法，可表现孤树或群体，构成山丘、片林、绿洲等地貌。孤树要配石布山，按大自然景色要求。挂壁盆景有大理石、瓷盆、板盆均可作底座。

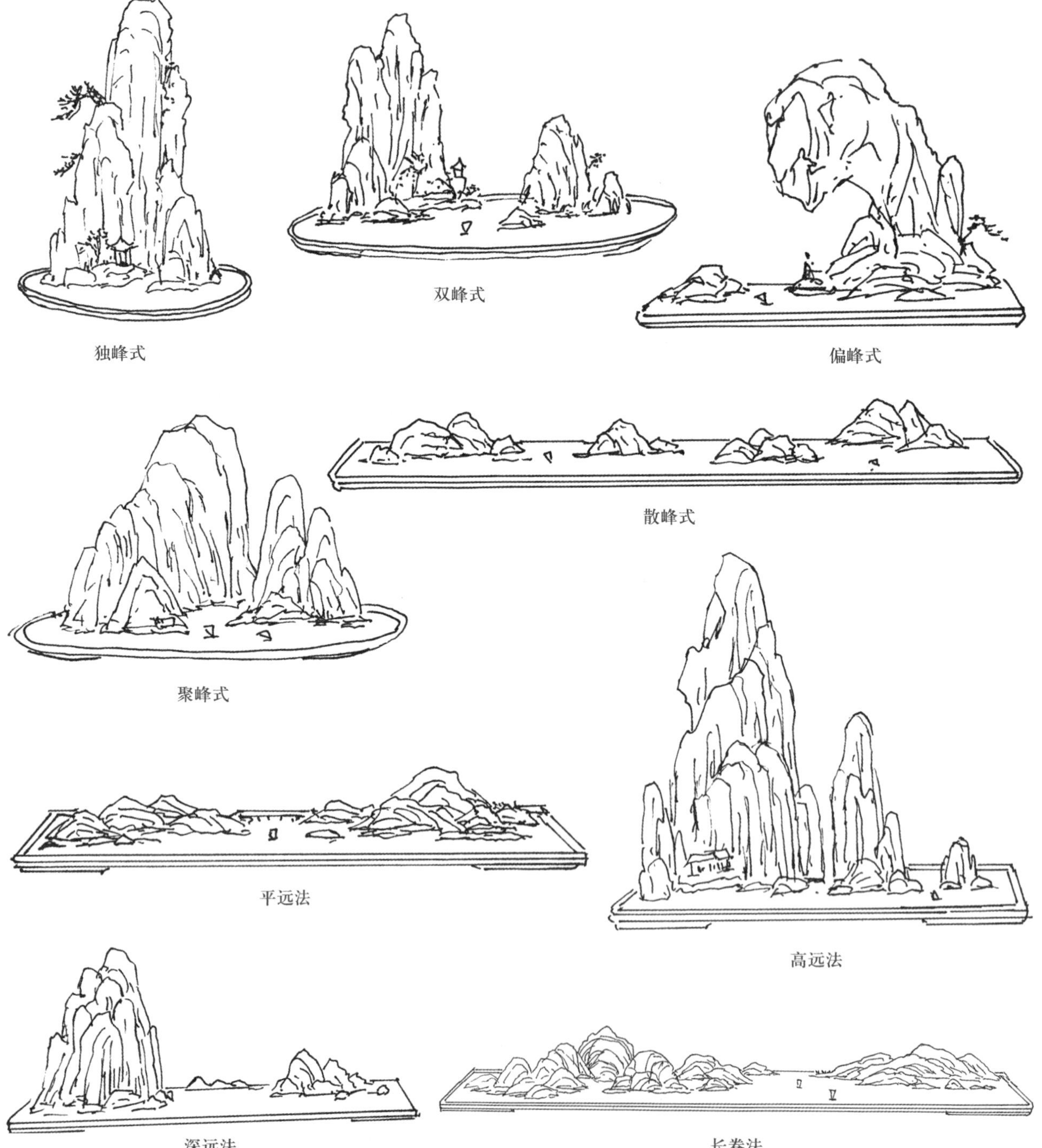

独峰式

双峰式

偏峰式

散峰式

聚峰式

平远法

高远法

深远法

长卷法

软石类山水盆景

制作山水盆景，首先要挑选好合适石料，一盆中如果有同一种石料，同种石料要颜色一致、形状协调、纹理相通。初学者用软石做适宜，刻锯方便，易雕凿加工出各种纹理。常用的软石有浮石、砂积石、海母石等，具体造型请见图。

独峰型 高低错落（浮石）

群峰型 深远式（砂积石）

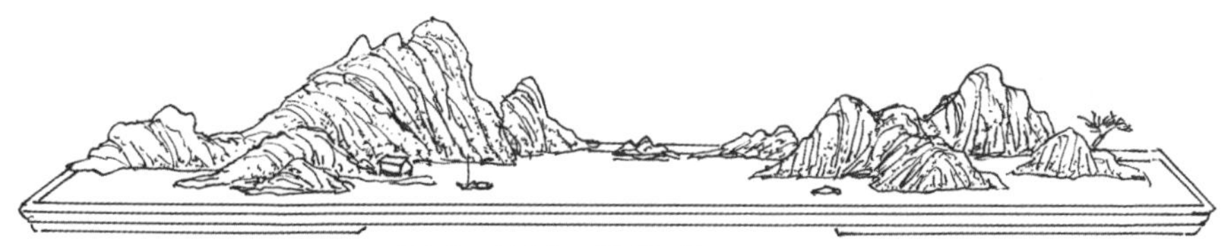

平原型 平原式（海母石）

群峰型 平原式（海母石）

第一峰与第二峰要灵活多变（砂积石）

主峰挑选要统率全面纹理跟随主峰（海母石）

主峰与配峰高矮、宽窄、厚薄要认真推敲灵活多变、调整盆内空间比例（浮石）

砂积石

海母石

砂积石

硬石类山水盆景

我国大地布满各类石资源，不同地区其石质、形态、纹理、色彩都不同。硬石头具有表面嶙峋、美观的体态，可利用天然形态模拟山体，但因质地硬、难锯难雕凿，就要依靠电动切割机进行，切割时用水喷灌，防止石灰吸入人体，影响健康。过厚石块需正反两面切割，切割要稳、准、速度不能过快。常见硬石类有：龟纹石、灵璧石、英石、斧劈石、内蒙石等，具体造型见图。

曲线条石种 纹理优美（龟纹石）

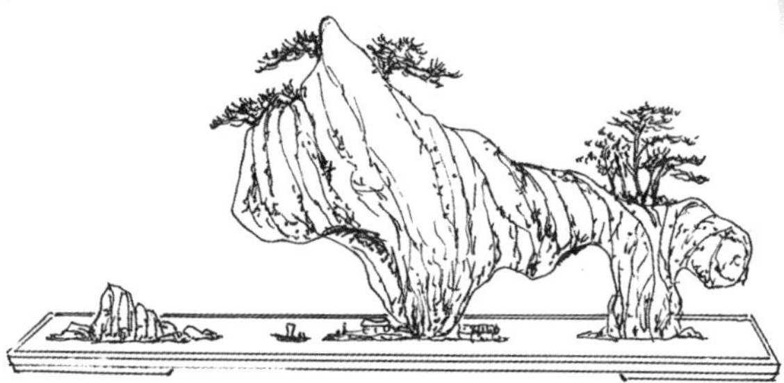

直线条石种 独石型（灵璧石）

直线条石种 悬崖型（斧劈石）

生动构图反映自然的景物（英石）

有全局到局部配件与石刻细部逐步完善（内蒙石）

盆前必须留有宽阔空间有回旋余地（龟纹石）

中国山水画与盆景

中国山水画在魏晋时期已单独成为绘画的主题，并出现了大批以山水画著称的画家。中国山水画不但表现丰富多彩的自然美，更集中体现了中国人的自然观与社会审美意识。天人之间的灵犀相通，被视为创作的最高境界。

中国山水画在长期的发展过程中，创造了一系列完整的构图规律和法则，喜爱制作中国山水盆景的人，应该先从观摩传统的绘画着手，借鉴历代名作，研究各家的构图形式，技法演变，掌握山水画中的树木、山石结构及勾、皴、染、点等方法。我们虽然有机会外出旅游，感受大自然的真山真水，但远远不及历代名家以高深文化素养和独特艺术技法为我们留下宝贵遗产来得直接有效。

当然，各个时代的作品都是与当时的历史背景与艺术思潮及不同时期的风格，有着密切联系，但在大自然中总的格局是不会改变的。盆景艺术比绘山水画更难，因为在一个小小的盆中要反映万里江山，极不容易，这就需要采取繁中求简，小中见大的技法，需要根据画面构图来调节简与繁。在画中用淡淡几笔表达千里之外、连绵不断的崇山峻岭。在盆景上往往采用几块重叠的石块来布局，以达到画的效果。

我们在构思盆景布局的过程中，应充分运用绘画中的疏密、虚实、露藏、呼应、刚柔、巧拙、粗细等画理关系来汲取我们需要的东西，努力学习，巧妙地利用。

中国近代盆景艺术大师周瘦鹃的至理名言“凡是制作盆景的高手，必须胸有丘壑，腹有诗书，多看古今名画，才能制成一盆诗情画意的高品”。

阅读山水画

山水盆景创作之初，都要有具体构思。阅读画家的画，探索画中动态及捕捉闪念，可以提升自己的创作内容，通过画面分析来提升盆景作品审美品位，可以作为创作的思想资料库，促使作品风格更成熟。

自然山水，形象上有引人入胜的内容，不能直接入画，画家通过加工修葺才能成风景

祖国的山川有着独特风格和趣味，“山色湖光共一楼”，“月来满地水，云起一天山”，这些美句，是朴素、淡泊、真实的自然境界的概括

大自然中的一草一木、一山一石会引起游人的形象思维到逻辑思维，“片山块石，似有野趣”、“咫尺山林”都是画家高度缩景，使你见景生情，引人追思

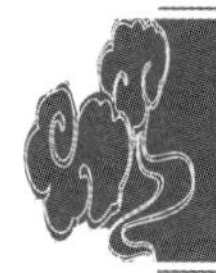

世界上最快乐的人，就是他能住在十分协调的自然环境之中，我们有责任为我们自己创造地上的“天堂”，画家们写实的美景可作为盆景创作的题材

明代文徵明“兰亭修禊”画制盆景

吴冠中“江南水乡”画制盆景

史福国水彩画“渔村”制盆景

中国山水盆景造型图赏

中国山水盆景艺术是用一些特殊的表现手法来创造画意的，具体说，在一盆山水盆景中，石头大小、高低、远近的处理，要有一定的结构，在用石的数峰群之间产生群山起伏、延绵不断之感，如在峰与峰之间安置些古塔、楼台亭角，都能表达“群峰浩瀚，白帆点点，飞阁流丹，下临无地”的画意效应，使景显得开阔和深远。这是借助自然材料本身的象征来表现意境；运用巧妙的构思用完美的构图创造意境；还借助诗词、书法、题名来突出深化作品。如在开阔水面的盆里，在空旷之处点缀红帆，那“孤帆远影碧空尽”的诗情就从中而来，如在盆景中设置一座小桥，一间茅屋，你一定会领略“枯藤老树昏鸦，小桥流水人家……”的诗情画意。

山水盆景艺术的创作者最好具有诗人一样想象力，想象力越丰富，就会使你审美意象越深刻，艺术享受就越崇高。欣赏者也是同样，要是没有一定的想象力，很难欣赏到它的韵味。因此，盆景艺术的诗情画意艺术效果乃是盆景创作者高超技艺的过硬表现，充分说明他有能力调动欣赏者的积极性来共同参与盆景艺术美的创造力，那些“意境绝佳”的盆景作品，更将此“诗情画意”缔构于向望之中。

各式山水盆景图例

山水盆景是通过自然景色的再现，表现出作者特殊绘画艺术的才华来抒发作者的思想情感。山水盆景不单是将“石块”或“山石”堆积入盆后即成了“峰峦”、“崖壑”后自称为山水盆景，这不可能成为立体山水画和立体山水盆景。

山水盆景主要表现崇山峻岭、大江大河景色，水面要开阔，画面要有内容，主要有主题、植物、生命，大自然是人类居住活动的地方，因此绝不能没有植物。假如是微型也应做假树按比例缩小，并配有人和物件加以点缀，否则变成荒山野岭，而不是优美风光。

水旱盆景，是表现小范围近距离的山水风光，是树木、山石、陆地三者结合的构图。水面比陆地更小更少，山石较小可体现树木高大，是一景一点的“特写”镜头。以石驳岸形成水岸线，景要符合主题，含有诗情画意。尤其要注重配景，如桥、塔、亭、屋、舟、动物、人物必不可少。

旱式盆景是盆面没有河流水道，均为陆地、铺土壤，竖山立石植树木、花草、苔藓、布置配景，同样也可为奇峰异壑、悬崖绝壁、崇山峻岭之景色，旱式盆景虽然没有水，那山中大小的溪涧不直接表达，但它可引起人们的想象。以下许多图例山水盆景的造型，可为你自己动手制作山水盆景时提供参考。

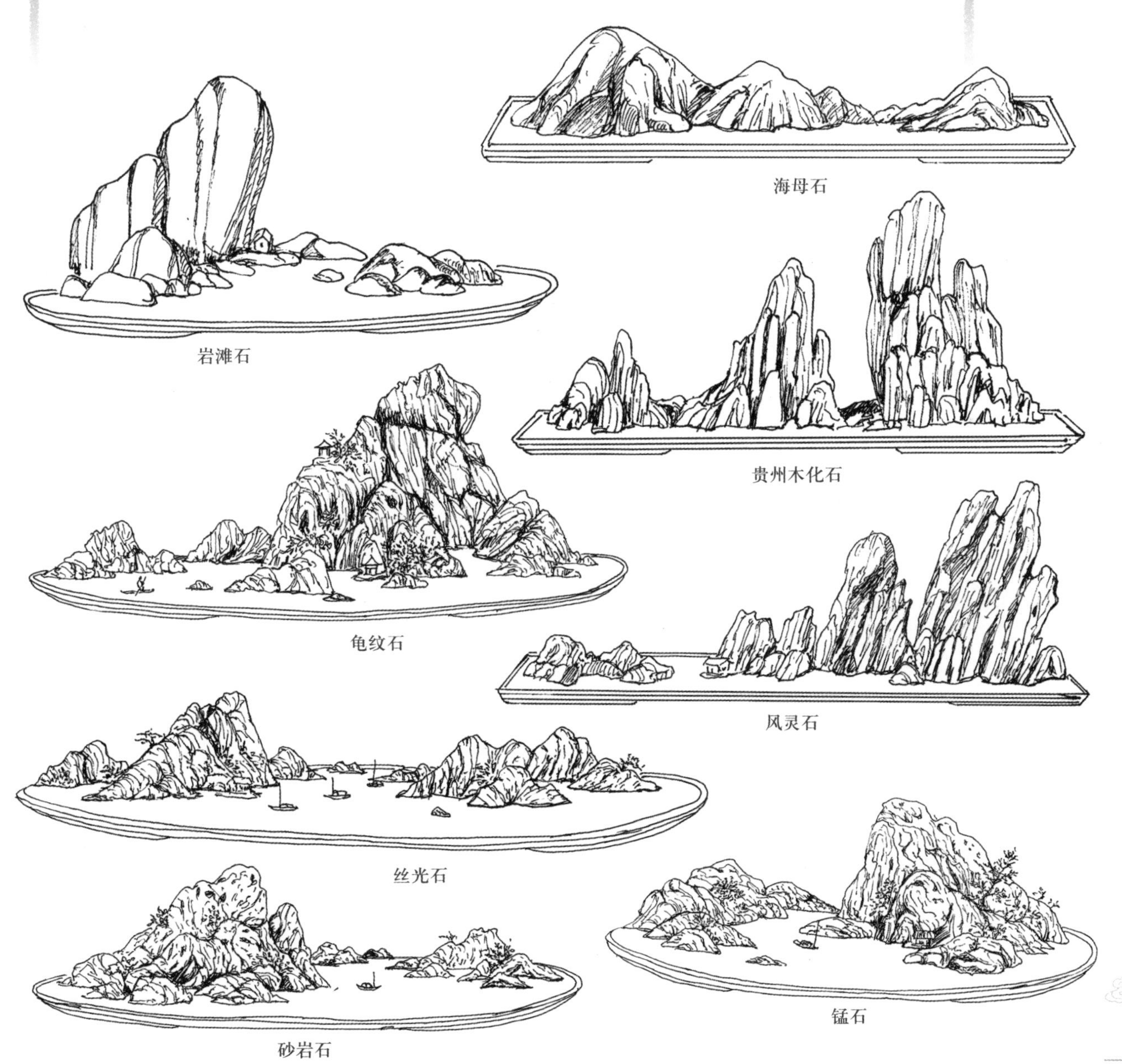

海母石

岩滩石

贵州木化石

龟纹石

风灵石

丝光石

锰石

砂岩石

山水盆景的构置要有疏有密

砂岩石

砂岩石

硬砂积石

千层石

砂积石

灵璧石

砂积石

沐河石

斧劈石

象鼻山（斧劈石）

浮石

砂积石

龟纹石

英石

秋月映明晖（木化石）

红斧劈石

山水盆景制作要有雄伟、奇特、秀丽、幽深、险峻、意想之感

烟江叠嶂（木化石）

独秀峰（龟纹石）

云归山自在（英石）

春流出峡（龟纹石）

秋山红叶（斧劈石）

群峰倒影（钟乳石）

江上风欲来（芦管石）

峡江行（斧劈石）

山水盆景构思，必须处理景中“动”与“静”的关系，树石是“静”船只、人物是表达“动”态

墨石

石笋石

钟乳石

千层石

千层石

龟纹石

斧劈石

龟纹石

砂姜石

山水盆景制作来源于自然，必须高于自然；要有敏锐的洞察力，再加以提炼

浮石

鸡骨石

龟纹石

斧劈石

白祁连（山石）

附石式（砂积石）

丛林式（水旱盆景）

水旱盆景（海滩石）

水旱盆景（湖石）

山石造型要依据原有石态进行分析，细细观察，找出“美”的一面

龟纹石

水色山光（砂积石）

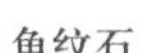

英石

小村古寺

钟乳石

砂积石

砂积石

海母石

山水盆景能达到“宛然镜游”的景界，景与空间要有艺术夸张来进行构置

龟纹石

龟纹石

龟纹石

红斧劈石

钟山石

溶岩海石

千层石

龟纹石

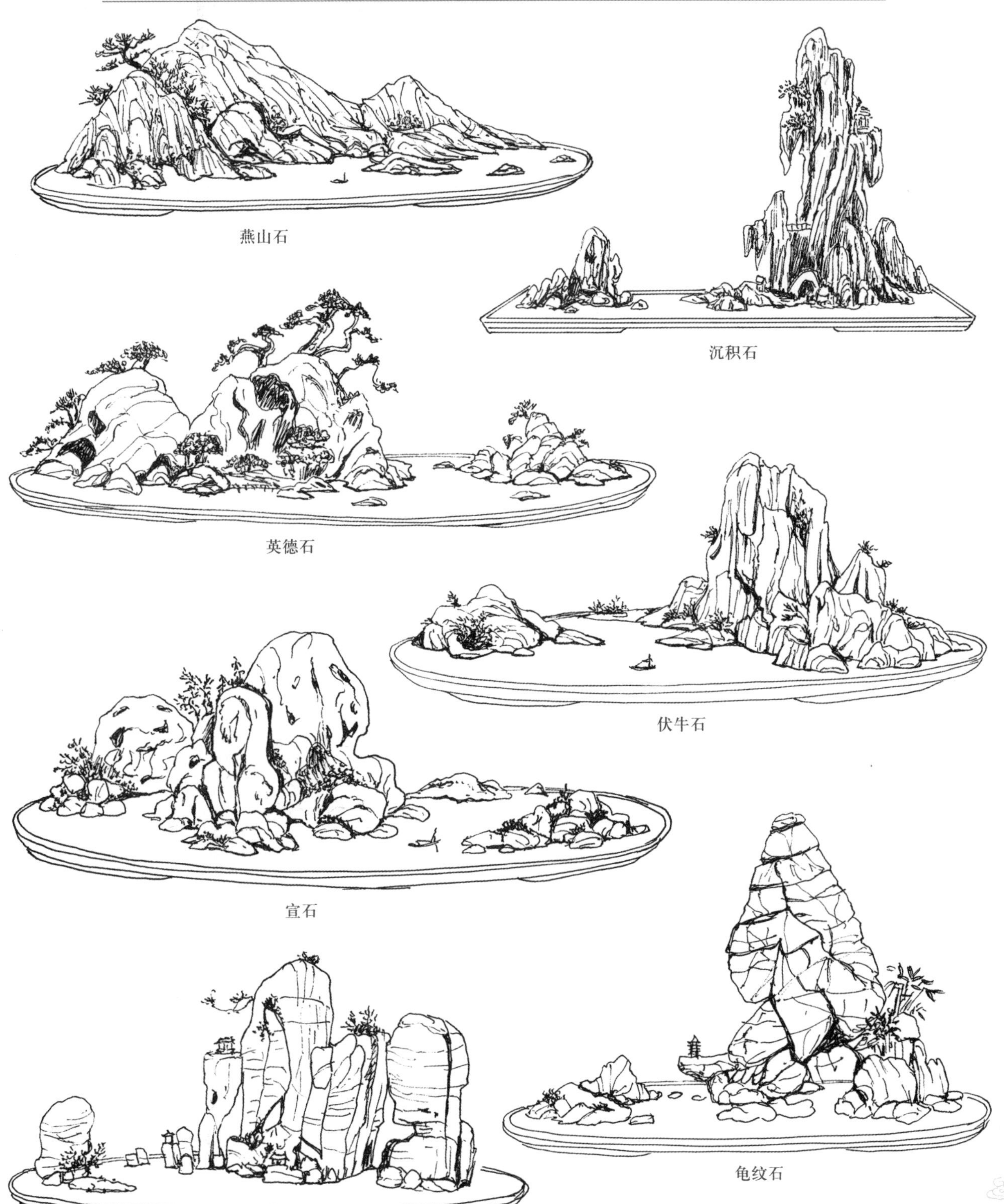

燕山石

沉积石

英德石

伏牛石

宣石

龟纹石

千层石

风灵石

木化石

英石

龟纹石

海母石

网丝石

昆山石

内蒙石

“试观烟雨三峰外，都在灵仙一掌间”诗人把江南景色入胜为掌上珍奇

燕山石

英石

千层石

龟纹石

砂积石

石笋石

砂积石

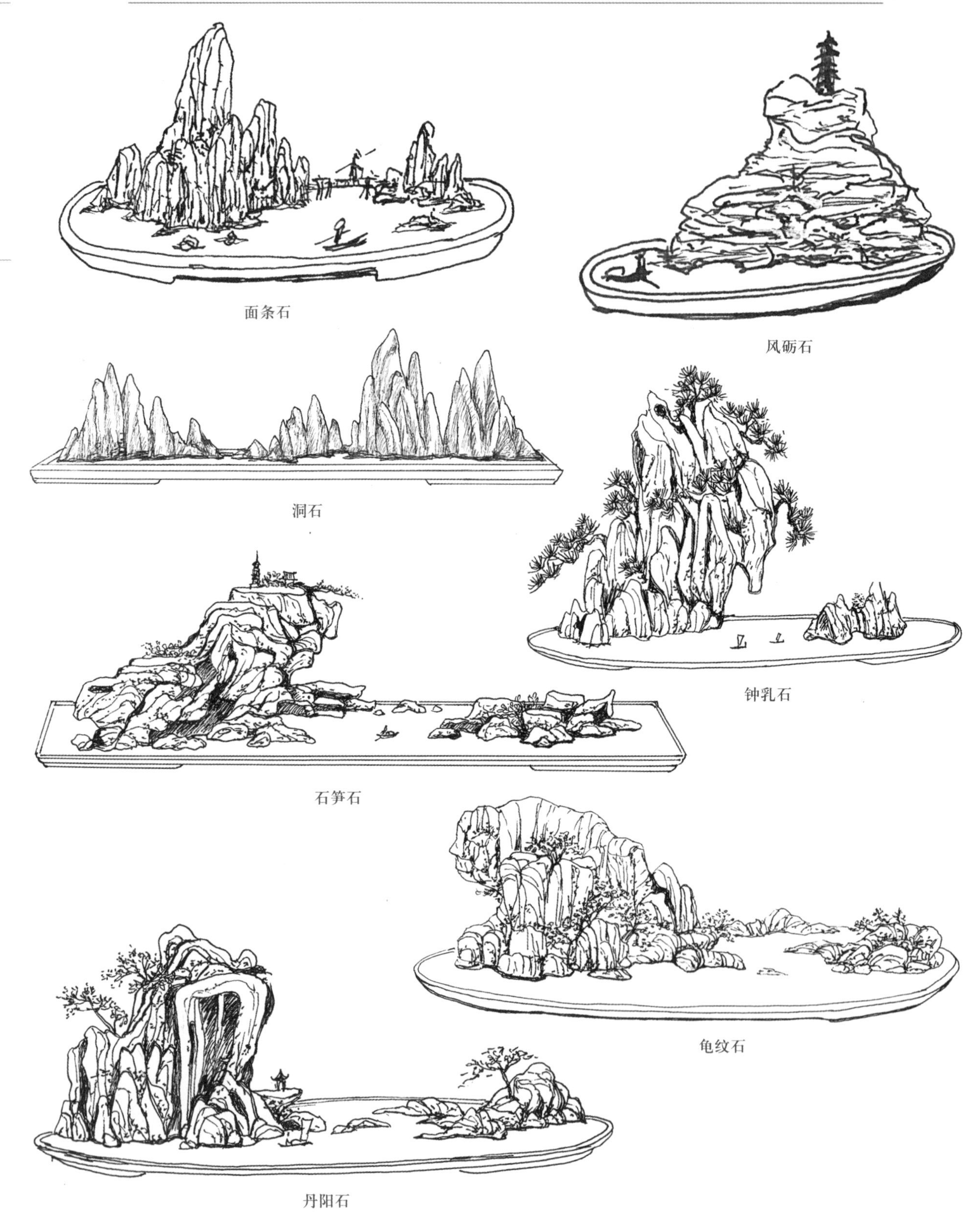

面条石

风砺石

洞石

钟乳石

石笋石

龟纹石

丹阳石

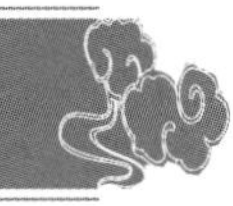

英石

钟乳石

别有天地非人间（面条石）

一山独秀（钟乳石）

青山渔（砚石）

盆景是“高雅”艺术，古代文人墨客迷恋盆景的同时，又触发了他的诗意

山高任鸟飞（木化石）

仙山梦境（羊肝石）

巫峡云帆（木化石）

峰回路千转（千层石）

清泉绕山崖（雪花石）

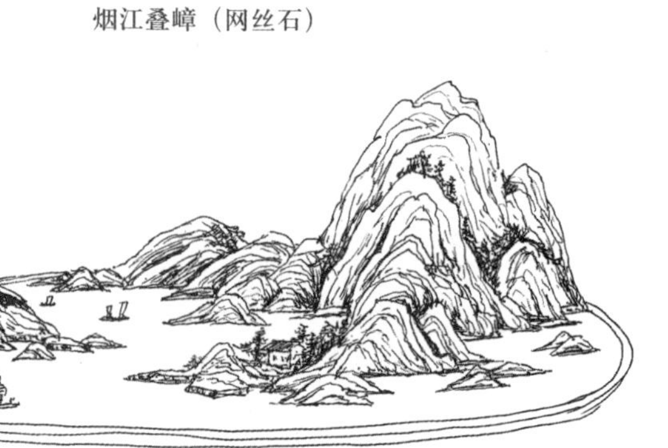
烟江叠嶂（网丝石）

秋江渔歌（五彩斧劈石）

山水盆景它具有造型艺术的特点，它是空间艺术，静的内容胜过动的内容，其山石的色彩、石纹要求一致性，给人有统一的感觉

烟林清渺（面条石）

云南森波（风砺石）

千峰竞秀（雪花石）

漓江渔歌（面条石）

山高自有客行路（宣城石）

江山美景（斧劈石）

山石的选择要求统一中有变化，变化上求统一，能做到整齐、庄严、肃穆的感觉

山雨欲来（英石）

蝶峰旷远（雪花石）

湖光山色（面条石）

夕阳西下（黄花石）

漓江牧歌（面条石）

云雾山庄（斧劈石）

淡烟疏雨间（英石）

宁静遐思（五彩斧劈石）

自然山水中，有生物也有非生物，长期中都是协调统一的，如沙漠风景、高山草原风景、沼泽风景都具有美感的统一面，丰富多彩

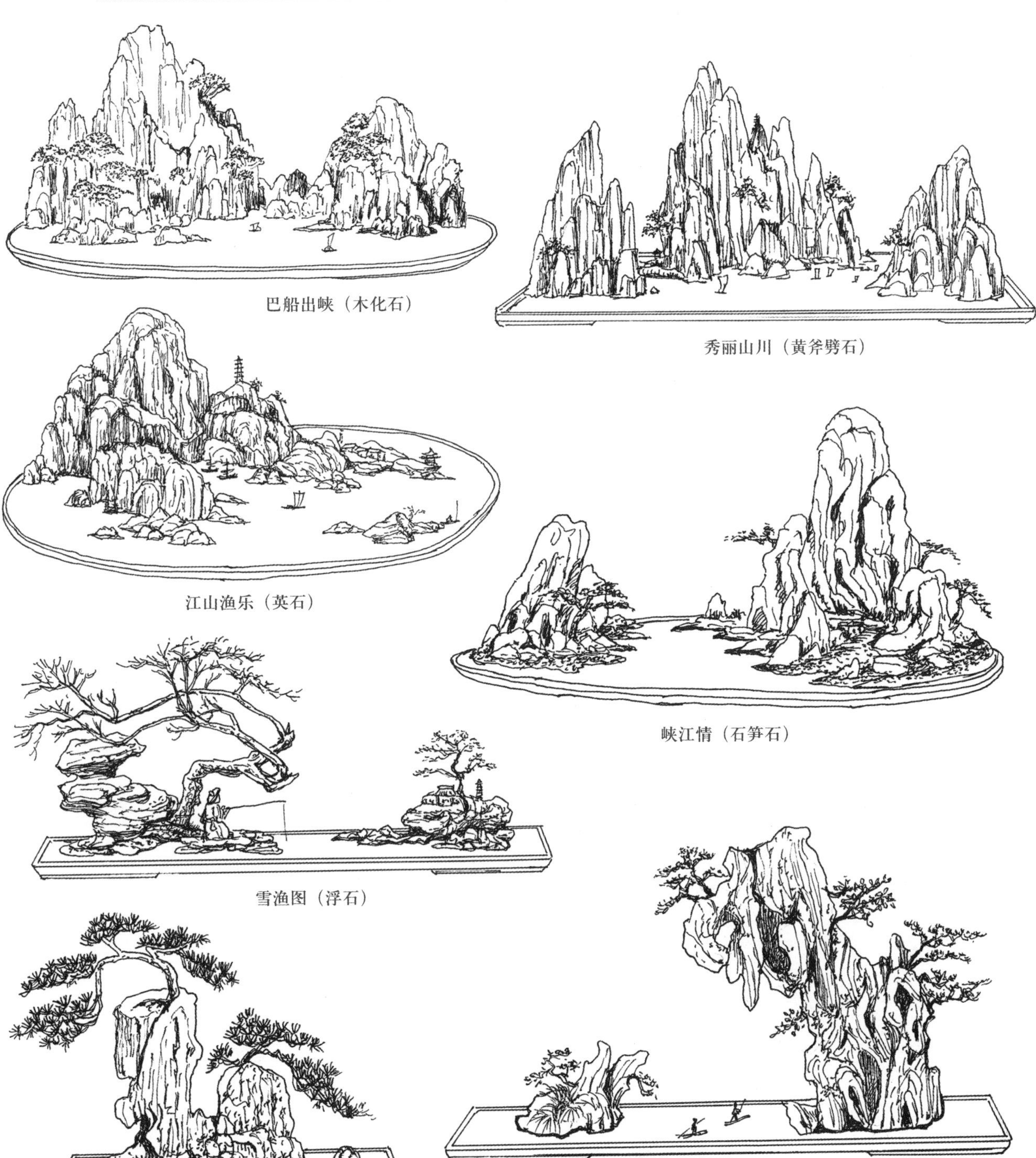

巴船出峡（木化石）

秀丽山川（黄斧劈石）

江山渔乐（英石）

峡江情（石笋石）

雪渔图（浮石）

顽石奇槎（砂积石）

秋江渔隐（砂积石）

山水盆景的植物配置是景中的主角，一方面是功能作用，又是艺术方面作用，它能保持水土，增添生气，另可利用植物遮掩山石中的丑陋

大江东去（英石）

天上人间（龟纹石）

画家随笔（千层石）

赤壁怀古（千层石）

秋江红叶（斧劈石）

渔村（浮石）

漓江印象（英石）

人工堆山也要有高低起伏而形成山峰，一组山岭能有几个山峰，每个山峰不能等高，要有主次，主峰只有一座，山峦起伏之间趋承呼应，力求美的效果

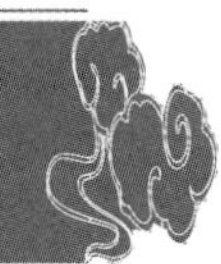

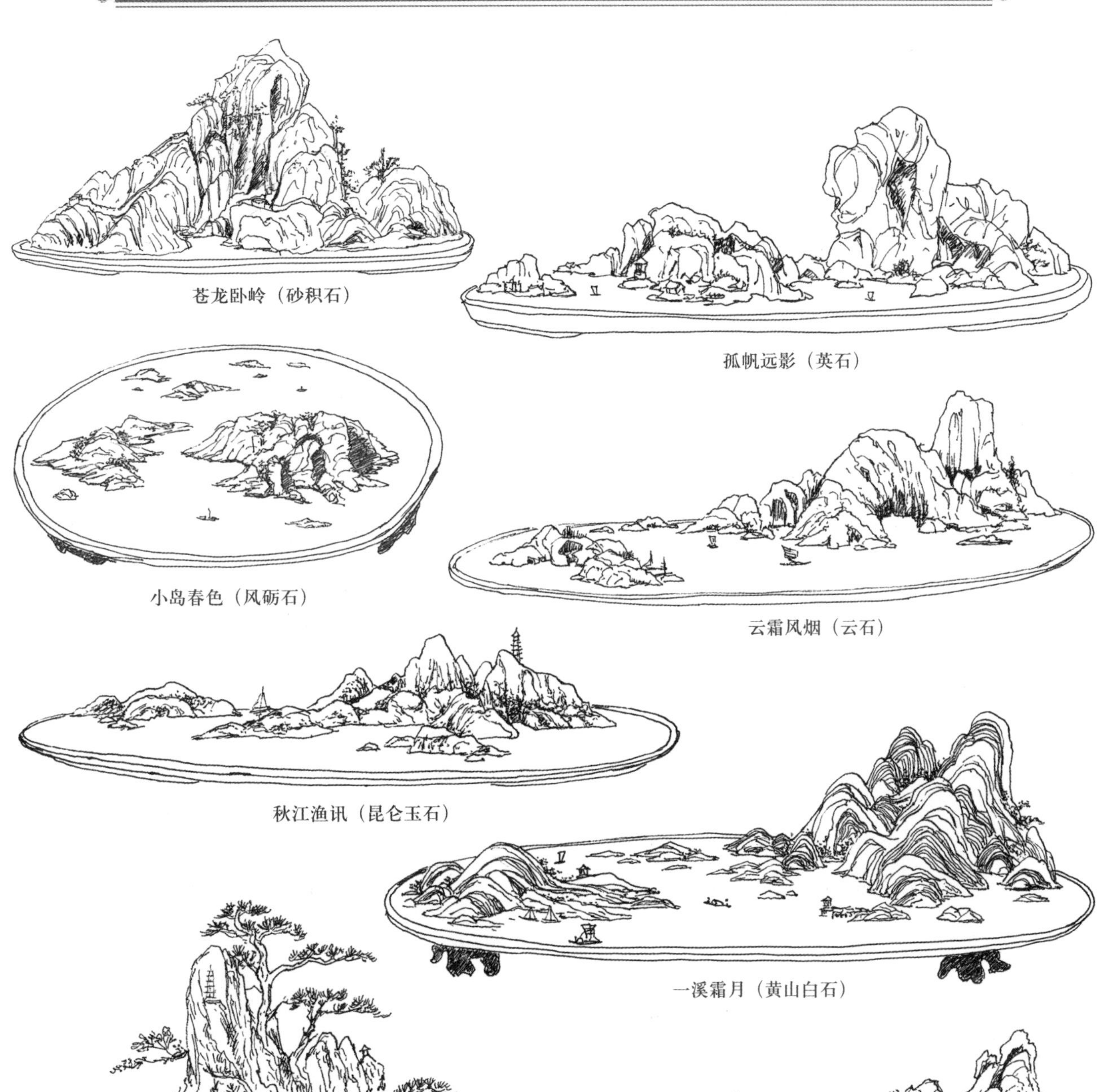

苍龙卧岭（砂积石）

孤帆远影（英石）

小岛春色（风砺石）

云霜风烟（云石）

秋江渔讯（昆仑玉石）

一溪霜月（黄山白石）

春江秀色（芦管石）

巴山蜀水（英石）

山要回抱，自然界的山岭，有曲回、有分歧、有环抱，回抱便于安排空间，便于安排溪、涧、瀑布等

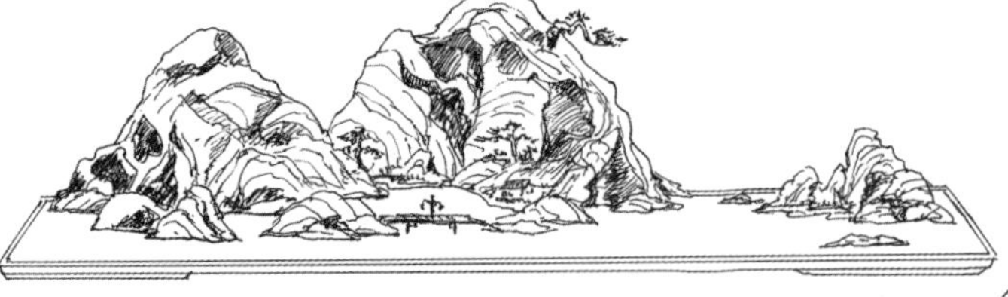

江山叠翠（英石）

太湖情深（风砺石）

千姿奇峰（斧劈石）

遥望苍山晚情黑（斧劈石）

矶石幽赏红（风砺石）

云山图黑白（斧劈石）

又逢相聚时（大花玉石）

富春山居（斧劈石）

山水盆景尽量达到四面可观效果，能变化多致，诗人苏轼有一名句“横看成岭侧成峰，远近高低各不同”的生动景观

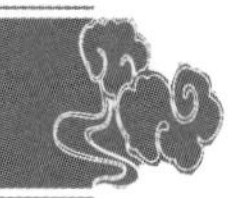

松下问古今（大化石）

观沧海（北川石）

独钓中原（千层石）

陵峡烟雨（龟纹石）

曹操观沧海（英石）

危崖行舟（石灰石）

疏影横斜（砚石）

春江水暖鸭先知（宣城石）

盆景选景要突出可取之处，自然风景是分散的，靠设计者巧妙加工安排，能做到“步移景异”，创作有观赏性的艺术品

高山流水（新疆彩玉）

独秀峰（木化石）

春风到江南（千层石）

山峡情（英石）

高山耸秀（黄风砺石）

崖上闲云（面条石）

国魂（砂积岩）

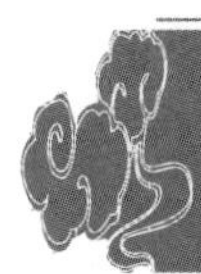

做山水盆景要做到“巧而得体”、“精而合宜”，就是要因石就势，远近结合，盆内要留有余地，三度空间与远近结合十分重要

天门洞（英石）

清溪渔语（砂积石）

蜇穴虬居（斧劈石）

山村小景（浮石）

恋故林（英石）

洞庭景色（宣石）

群峰竞秀（斧劈石）

人们在游览大自然，目的是寻求登山之乐，山水盆景要有层次感的产生，“山外有山”是在不同的山峰中形成的，使观者能高瞻远瞩，心怡愉悦

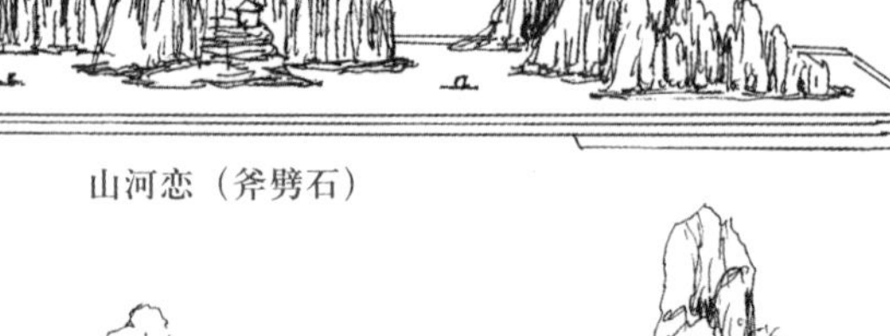

山河恋（斧劈石）

清谷荡轻歌（磷矿石）

三山岛（斧劈石）

砚式山水图例

“砚式”就是盆钵的多样化。选用多形状不规则的石板供贮土种植和布置，因石板没有边框，使景色显得无边无垠。以平坦板面代表水面形式如同水旱盆景，但其构图简洁、古朴、高逸，更入画意。砚式盆景不一定是石板，木板、青砖、瓷盆均可，但石板呈白色为最优。以下图例有很多砚式。

橘子红了（砚式盆景）

云水间（砚式盆景）

烟雨江南无暑清凉（风砺石、雀梅）

春向人间（灵璧石）

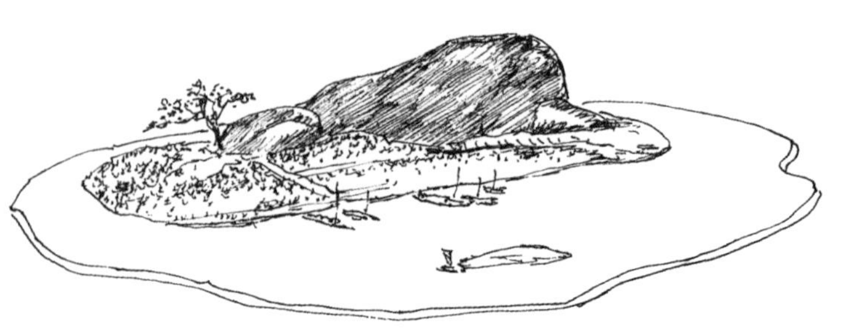

烟雨江南湖岸天光（乌江石、雀梅）

以石堆山时，向阳称阳坡，背面称阴坡，阳坡安置树木民居，背后为山阴，近景山水由此而成，制作时安排有幽趣的景物、鸡鸭、牛羊群等使作品具有画意

深涯（龟纹石）

春江曲（龟纹石）

突兀青空（矿磷石）

山谷含翠（雀梅、芦管石）

水乡船歌（水冲石）

人们欣赏山水盆景，设计者提笔勾绘理想中的山水人造风景，这是一种制作方法。从古诗句“蝉噪林愈静，鸟鸣山更幽”中产生联想和描述

烟雨江南（春石榴）

独秀峰（木化石）

月山野风（风砺石）

古刹钟声（砂积石）

山境（千层石）

俯览江河万古流（矿石）

烟雨江南村景（风砺石）

山水盆景内的植物以小叶为主，枝干不宜太粗，依盆的大小来配置，要有整体感，山间种植小草，地面铺植青苔，使景观更完美

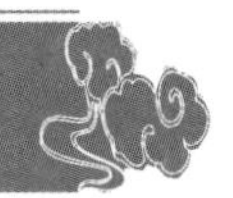

独钓寒江雪（砂积石）

烟雨江南云水间（三江石、榆树）

幽居（三江石）

锦绣山河（面条石）

洞口叙旧（千层石）

飞渡玉门关（英石）

又一春（千层石）

微型山水小景图例

山水小景即是微型山水盆景，虽然体积小，小到能安在指上，但其构图与峰峦丘壑、高山流水一样具有气势，山石的雕琢、经营布局后既细致又有画意，同时还可以随景发挥，如同绘画中的小品一样，江南丝竹、小桥流水、农田风光均可表达。但力求深化意境，注重比例安排小型的假树、亭、塔、舟、桥等摆件。但这种摆件过于微小，市上难寻觅，需自己动手刻制，也极有乐趣。只要按比例，山石盆景的造型均可作为制作“山水小景”参考。山水小景总是体现艺术家本人创作个性。是以自然美为基础，利用有生命的物质为材料或天然石材为主体形象地反映人们生活的景象。

英石

木化石

大化石

海母石

浮石

斧劈石

龟纹石

英石

千层石

盆景艺术是在祖国伟大山河人文景观激情催动下所产生构想变为翔实的画面，这便要创作者静下来，认真琢磨，创造出最美的艺术效果

砂积石

浮石

山野景观（大化石）

斧劈石

江陵一日还（砂积石）

武夷神韵（千层石）

大江东去（海母石）

山居图（海母石）

南岳其秀（千层石）

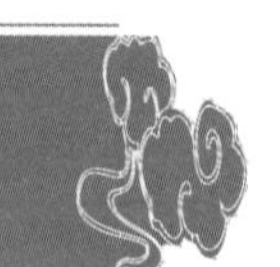

山水盆景制作过程通常分为立意、选材、布局、加工、点景，将原先获得石材进行立意，就材构思，表现主题思想的内容来进行

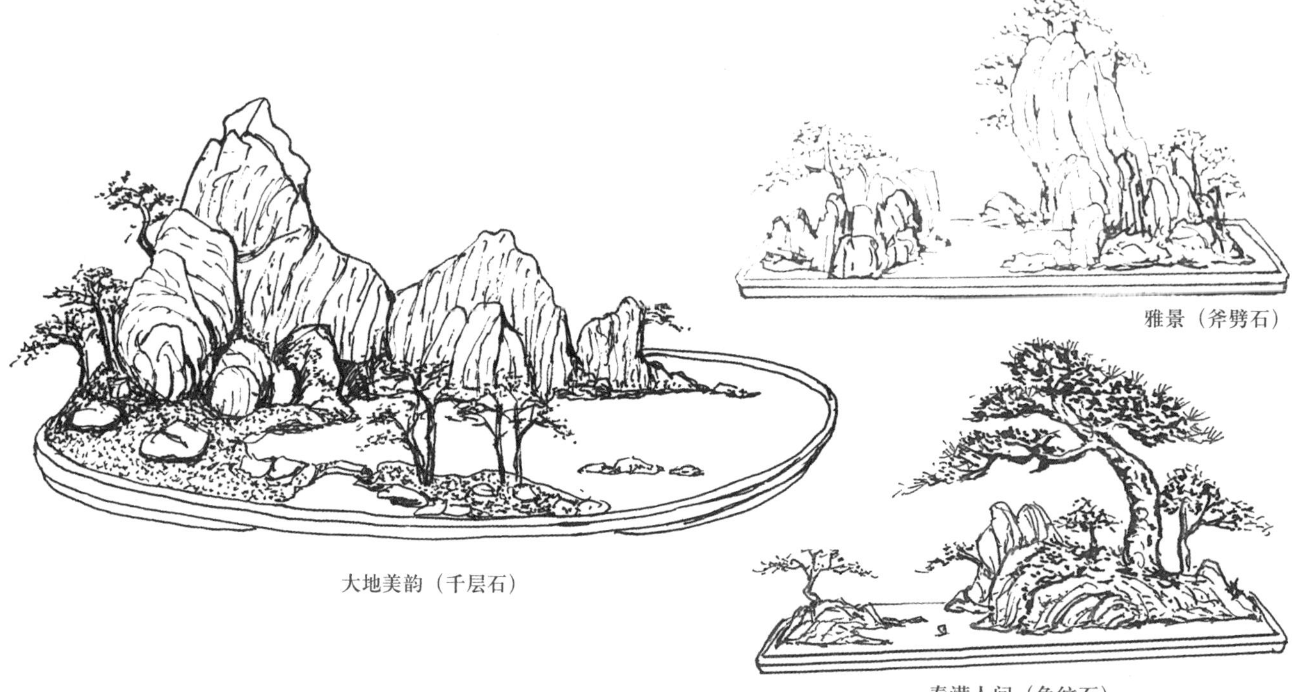

雅景（斧劈石）

大地美韵（千层石）

春满人间（龟纹石）

千山万水（海母石）

远方贵客来（龟纹石）

海阔天空（大化石）

山水盆景艺术表现的是景色秀丽的山河，气势与雄伟，奇与险，峻与幽，动与静，石材、盆钵、植物要反复思考。提高自己的艺术修养，丰富文化知识极为重要

燕山风雨惹人爱（海母石）

西岭晨霞（千层石）

妙景发天趣（钟乳石）

乌山雅韵（玲珑石）

夕阳斜峰（燕山石）

东湖万里船（燕山石）

"咫尺之内而瞻万里之遥，方寸之中乃辨千寻之峻"，盆中的每一峰、一石、一峦、一木都要认真思考，不能随意而设，绿松石表现盛夏，海母石用作雪景做到创新

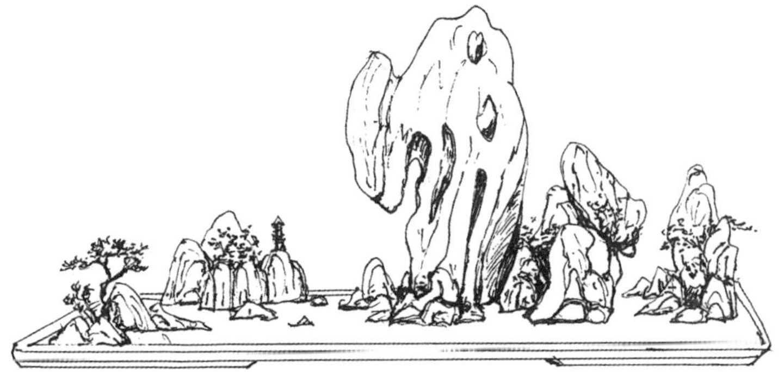

山色镜中看（云纹石）

夏云多奇峰（木纹斧劈石）

巫峡云帆（雪花石）

秋崖丹阳（斧劈石）

山明水碧（北川石）

岩峦蕴古黑（斧劈石）

梵高、毕加索的创作手记，都是意在笔先，一图有一图之名，一幅有一幅之主，创作盆景也是一样，一盆有一盆的内涵，一盆有一盆的神韵

幽山静居（砂片石）

叠峰旷远（木纹石）

江山晴空（五彩石）

清泉石上流（斧劈石）

碧树青山（千层石）

奇山秀水总是情（汉玉石）

黄河万里千古流（雪花石）

艺术是生活的反映，山水盆景也要反映生活，希望每盆之景可看、可想、可行、可游，要借大自然之美，寓意人生的道理

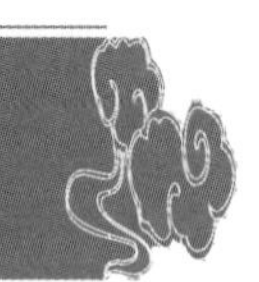

通幽（石灰岩）

引景（英石）

月色江声（常州奇石）

即景遐思（钟乳石）

奇山缘情（斧劈石）

妙景发天趣（沐河石）

薄雾弄山色（英石）

祖渡孤山（木纹石）

我们做山水盆景是抒发思想感情需要，如果将大自然美丽景色与自己的思想情感交融在作品之中，那此作品一定是优秀的

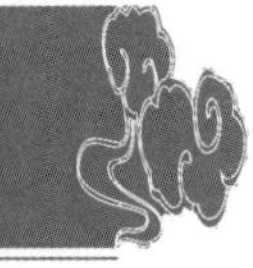

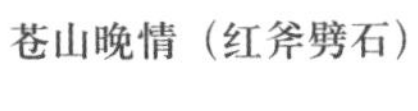

苍山晚情（红斧劈石）

关山月（千层石）

壶口飞瀑（戈壁石）

高山耸翠（英石）

清泉云雾盆景图例

清泉云雾盆景是目前市场上受大众喜爱的一种山水盆景形式，其以传统山水技法结合，选现代科技创新之作。滴水声声，清泉喷吐，草木凝露欲滴，山石雾去缭绕。加上潜水灯光的折射，虹霓彩影，若明若隐，胜似天上的仙境。安置室内装饰布置更生机勃勃，仿佛走入山川，如在流动的水中滴几滴香水，室中会芬芳清香，并可调节室内干湿度。

烟云洞（管道石）

洞天云雾（砂积石）

高山遥展（红斧劈石）

含烟风雨惹人爱（千层石）

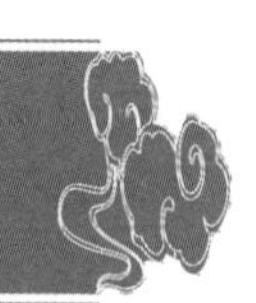

在大自然中四季之景不同，朝暮之变不同。春山淡冶而笑，夏山苍翠如滴，秋山明净如妆，冬山惨淡如睡。盆景能做到此景，是为名品也

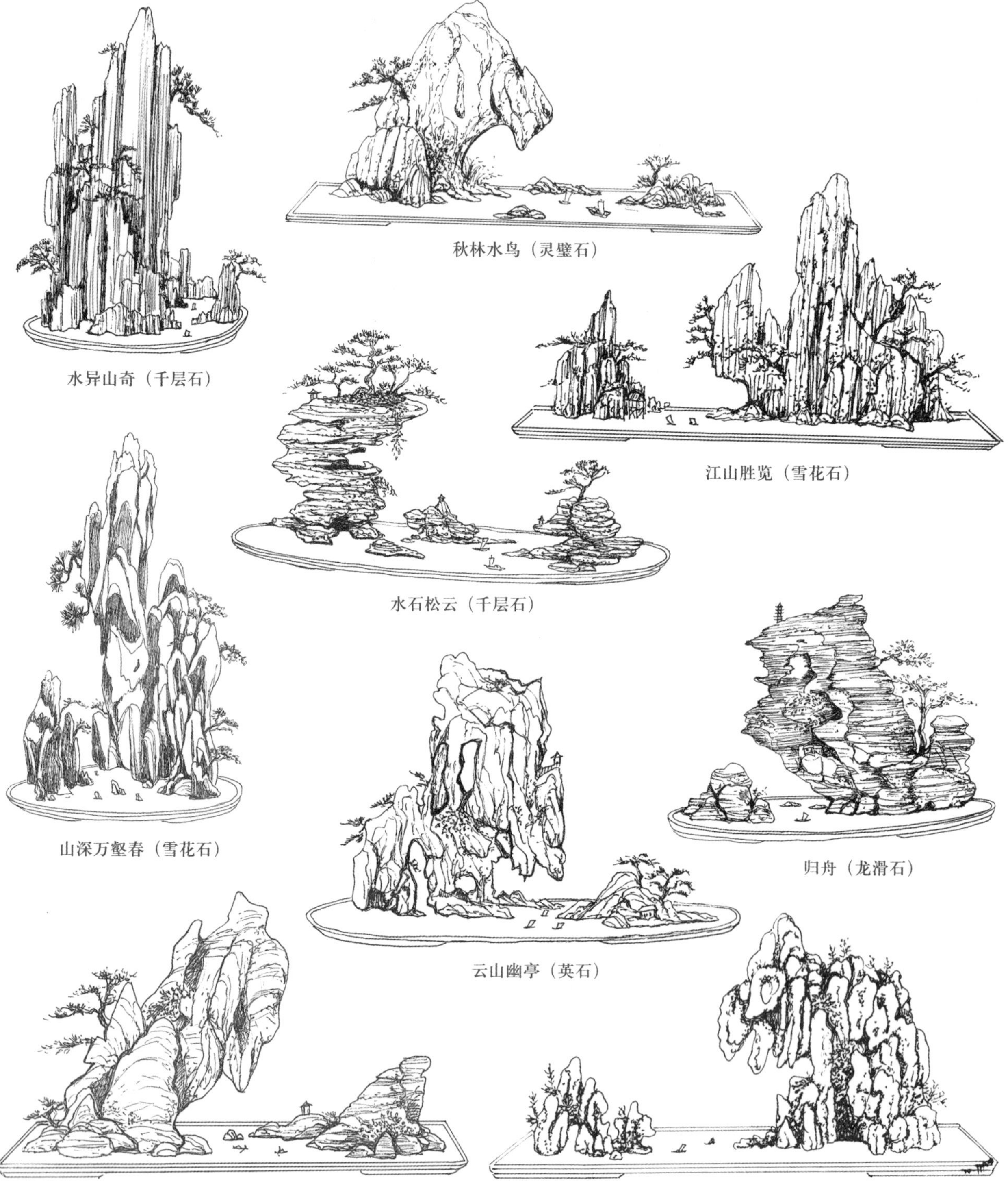

水异山奇（千层石）

秋林水鸟（灵璧石）

江山胜览（雪花石）

水石松云（千层石）

山深万壑春（雪花石）

归舟（龙滑石）

云山幽亭（英石）

秋谷清流（钟乳石）

长潭起卧龙（沐河石）

树与石是自然天趣，喜爱盆景艺术的人对这种天趣是一种强有力的吸引力，到大江河边，山谷深处拾几块石头，打造些山野本色，随着本意去玩弄喜爱的天地

秀山惹人爱（龟纹石）

独秀（芦管石）

西山渔艇（宣城石）

长江万里（龟纹石）

中流砥柱（砂片石）

峰映万里（海母石）

长潭起卧龙（海母石）

梦乡情韵（海母石）

山水盆景的摆件

“摆件”是树木盆景与山水盆景在构成画面时不可缺少的一部分，它在盆景艺术的表现主题、创造意境上起很大的作用。“摆件”是山水盆景点缀之景物。古代画家说：“村居、亭观、人物、桥梁为一篇之眼目。”所以点景处理得当，才可以达到可观、可居、可游的意境。

摆件大致分为4类：建筑类（民舍、亭台）、人物类（动作）、动物类（牛、马、驴、家禽）、舟桥类（风帆、古桥）。它主要反映人民生活，增添人民生活内容。人离不开自然，更离不开生活环境中所必需的东西。人物走兽、小桥流水、亭台楼阁、民舍等在画面上补充是不可或缺的。

摆件主要依靠平时的收集。目前市场上陶瓷的、金属的经常见到，但是制作比较粗糙，能满足入画的需要比较少，而且大小不一，尤其是微型盆景因制作难度高，细小部位极易碰碎，故生产商不愿意制作，只有依靠自己用青田石来刻雕所需求的配件，如在空余时间刻些小船、小亭、塔瓦房也是不难的。最难的是雕刻人物，因人物形象动态多，面部细部在米粒大小石上来表达是极难的，主要是花费时间，有时可借助放大镜来细刻。动物也是同样难雕的东西，四条腿一不小心就会断裂，前功后弃的情况经常发生，但只要用心刻也会成功的。完成后的摆件都呈灰白色，然后要进行着色过程，颜料一般选用常用广告色，用极细描笔描绘，着色不宜太鲜艳，要体现“古”“旧”的色彩效果，进入盆景带有古朴、清雅之感。

盆景中的人物动态

人的动态多种多样，现代人到处可见，但古代人的服饰与动态与现代人有所不同，有些年青人从未见过，尤其在服饰、饮食、屋舍、交往、行走及生活方面的活动姿态、情景对制作盆景、人物的点缀是非常实用的，另还可为在绘画山水中的人物动态的描述提供参考。

正面

行走

侧面

半侧面

行走

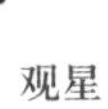
观星

背面

正面

半侧面

回头

观前

背面

赶路

携琴

行走

古代人物活动的姿态

背手

扶老

回头

行走

同路人

观物

扶杖

指路

召唤

携手

山行

观瀑

携童

休息

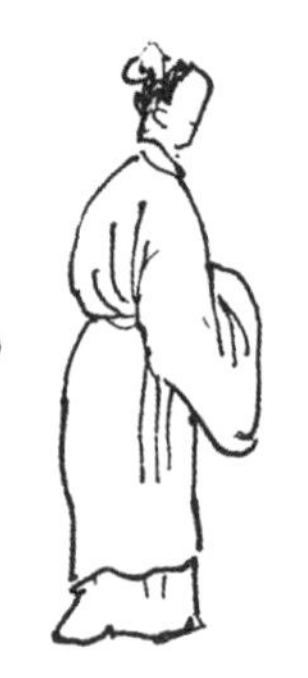

紧跟

回头

携琴

指点

人物造型可引景、点景、入胜、通幽

携琴

回头

跟随

折枝

出远门

行走

哄孩

同路

对谈

交往

相遇

烧药

上山

携壶

对坐

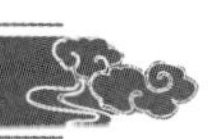

人物的造型主要欣赏其活动姿态

背囊　骑驴　挑担

跟随　推车　牧童

肩挑　独坐　对谈

坐车　休息　待友　阅卷

携琴

携琴

聚饮

品饮

携琴

烧茶

捉虫

抱膝

捧书

扫地　耕地　垂钓

荷锄　弹奏　夜钓

扒地　挑柴　休息

下山　平行　收杆

人物是山水盆景中的“趣”，可在作品中感受情趣和观趣

收渔　赶路　收网

聚饮　骑驴

过岗　童牛　赶牛

雨停　同骑　跟　指点

人物的活动是表现生命的意义，将其活动参入山水之中，让人感到真诚、亲切、温馨

落帽　进山

赶牛　赶驴

抬椅　休息　吹鼓

骑马　防晒　乘凉

点景古代船

随着时代变迁，古代船成为历史的记忆。古代船只与近代不同，是以人工为动力，借助自然风力来推进前往的一种方式。古代船只多样化，收集这些图典造型，主要便于爱好者的制作，船底选用竹、木、石刻、船篷和帆可用绢或无纺布黏合，柱脚、竹筏可用扫帚丝制作，最后涂色晾干，制作必须精细，比例恰当，进盆后更能添加动态。

古代人的交通工具，在江河上只有船只在行驶

渡船 雨渡 远渡船

钓船 游船 风帆

钓 泊船

官艇 售鱼 游船

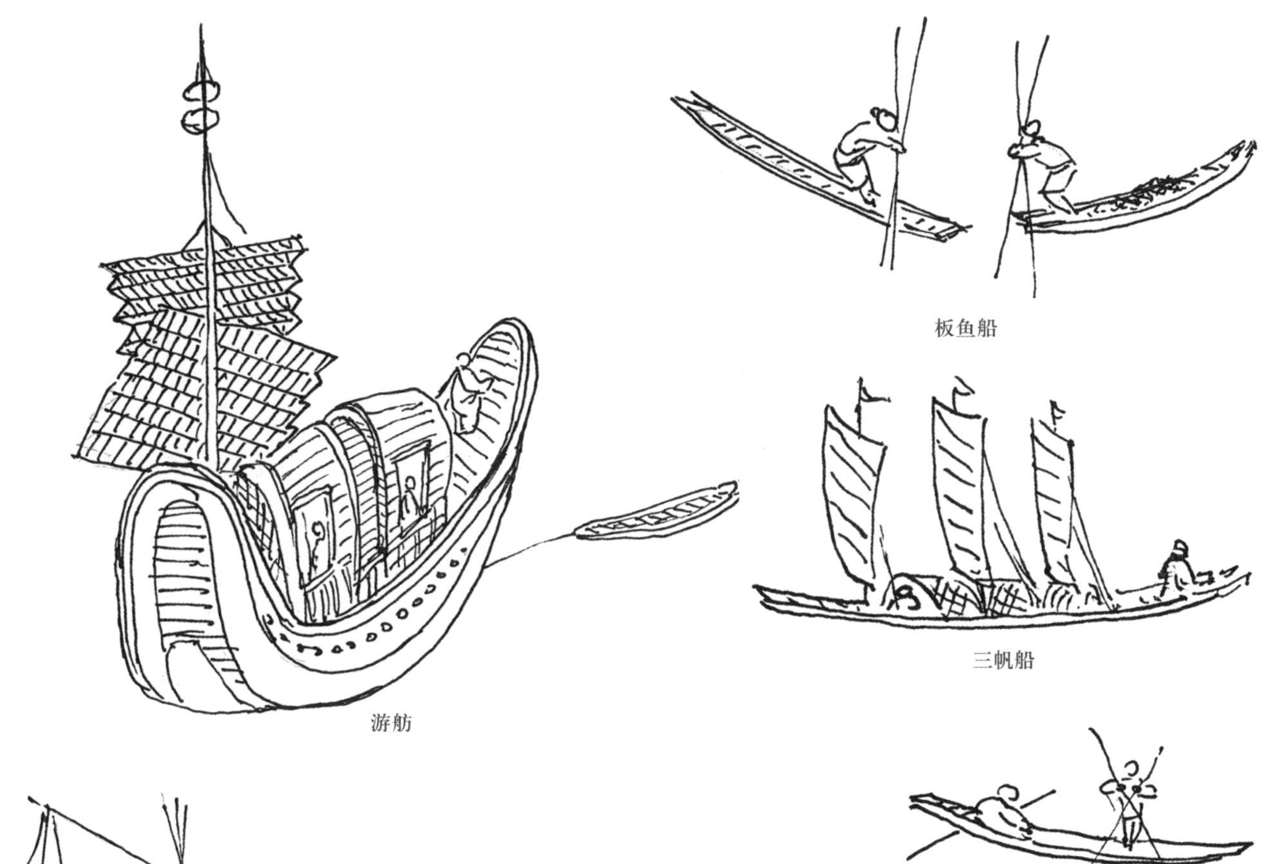

板鱼船

三帆船

游舫

支撑

双体渔船

双帆船

推谷

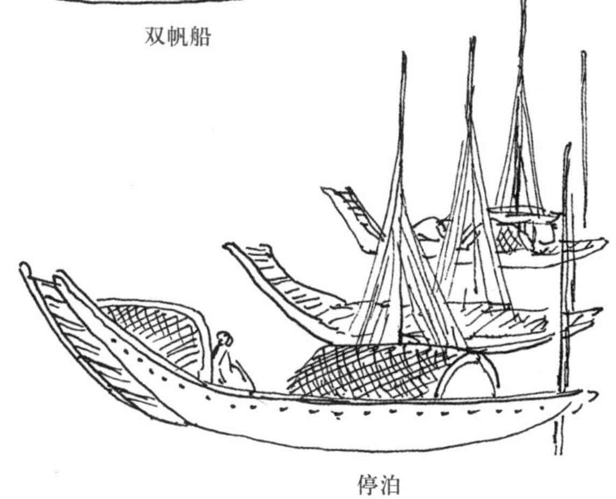

停泊

坐乘古船上往来，丰富了人们对水景富有野趣、回归自然的感觉

渡船

夹鱼

岸边捕鱼

游览

避山

遇雨

船上捕鱼

船只是山水盆景中动态之物，安置小舟，顿现生色，将观赏者引向前方，引向家庭，有将静态变为动态之功效

背纤

渡船

靠岸

观景

停帆

泊船

收帆

官船

古代的塔和亭

古代的塔与亭是在优美的风景中添置在山上与路边旁的精致建筑物。塔是安置在山中古庙之间，亭是供人歇息的地方，在自然美景中可起到画龙点睛作用。也是中国大自然中富有的一种特色。塔、亭均是从几何图形规则变形而来，从简单到复杂，款式各不相同，本书中表现少量的塔形和亭形，仅供读者选择。要表达各地方特色塔、亭内容，只有到大自然中去领略和书本上查考。古塔是山水盆景上点缀之建筑，塔形多种多样，地域不同，塔式也不同，它是自然景式中的亮点，起着画龙点睛的作用。

五重塔

元代塔

远视塔

八宝塔

雷峰塔

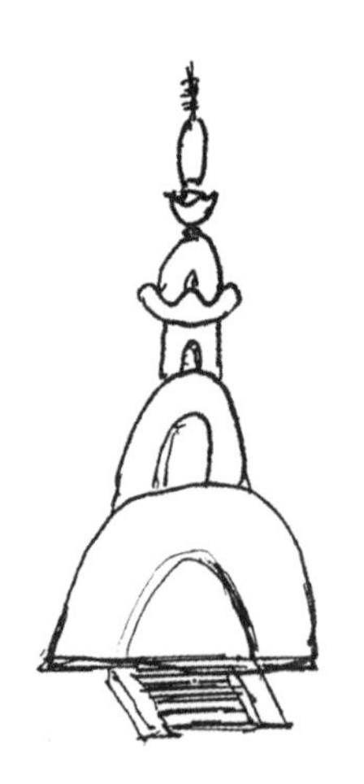

回族塔

慈恩塔

少林塔

门塔

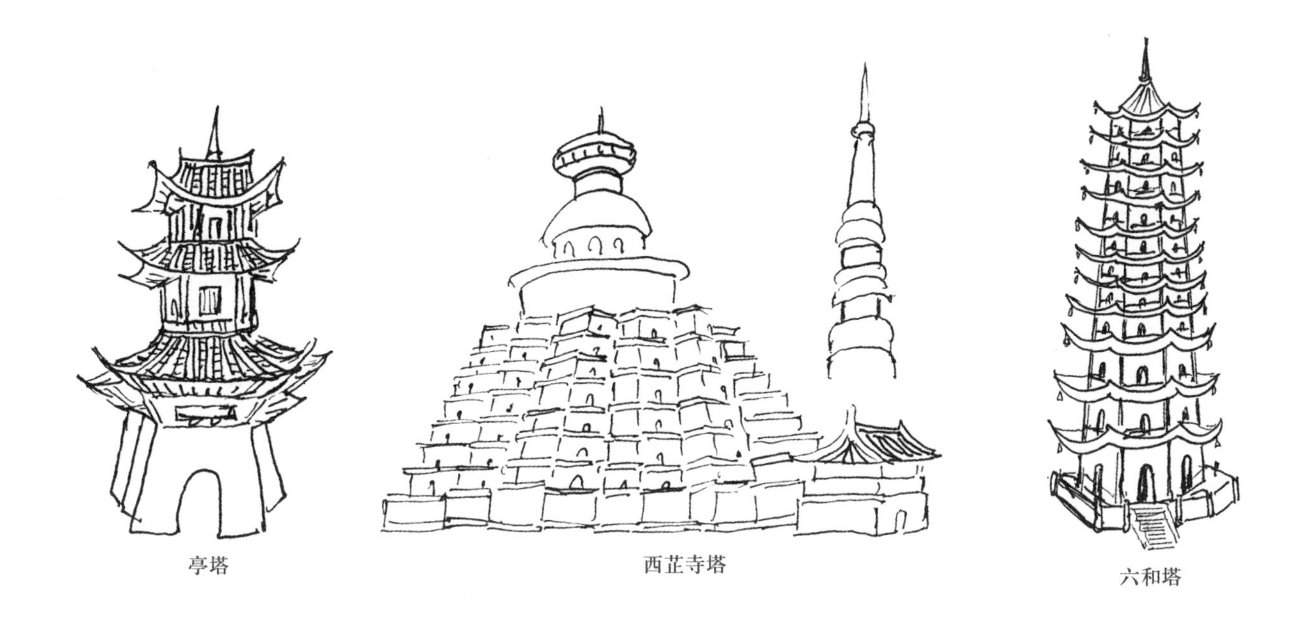
亭塔　西芷寺塔　六和塔

古代的桥

山水盆景中缺少不了桥。古代人为了要连接对岸，只有通过“桥”达到目的地。现代桥以钢筋水泥为材料，古代是以木板、毛竹、青石作桥材，故桥的形式丰富多彩，水面宽的桥一定要有孔，便于船只往来。原先只有平板桥，后发展有廊桥、绳桥、亭桥等，桥的“美”架于水面，对面的水面起到“隔而不隔”，遮而不蔽的审美效果，与四周环境和谐统一，是山水盆景中最好的装饰点。

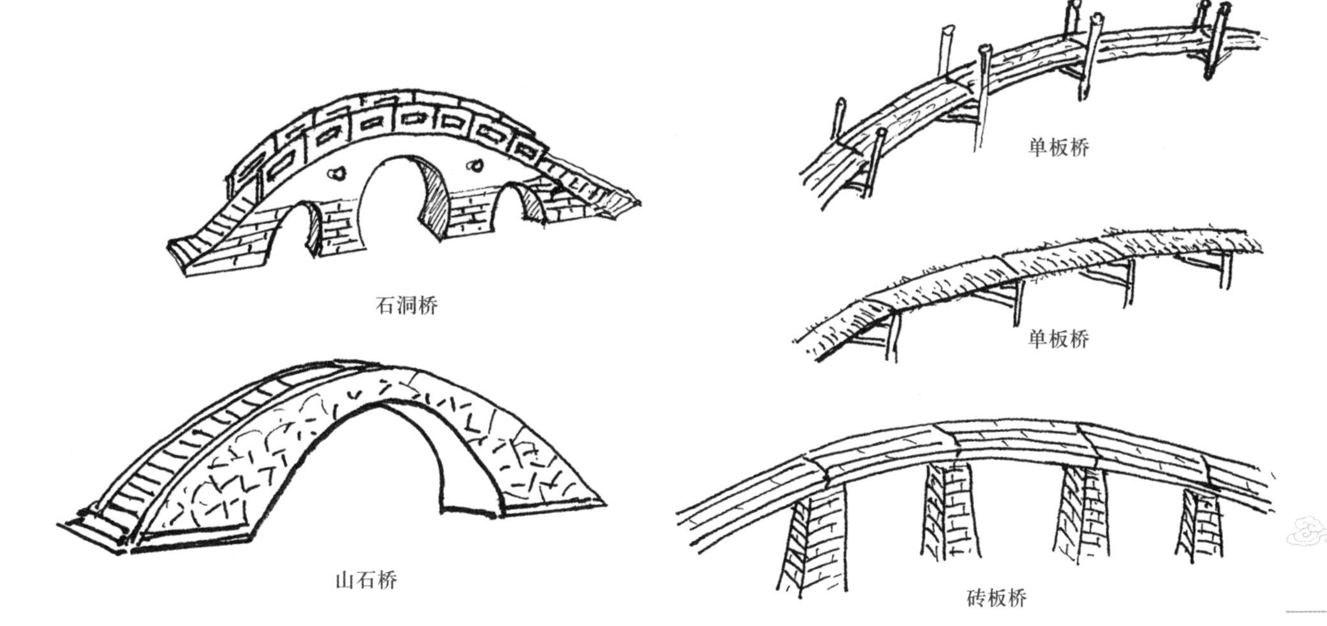
单板桥　石洞桥　单板桥　山石桥　砖板桥

桥是美的装饰物，并引导观赏者蹑步而行，站立桥上观景，看山显其高，看水似汪洋，具有凌波之意，一般在盆景上宜用石桥、竹桥、板桥

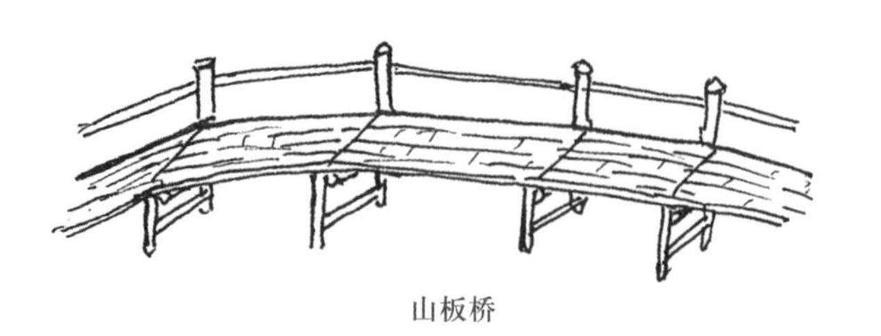

山板桥

石亭桥

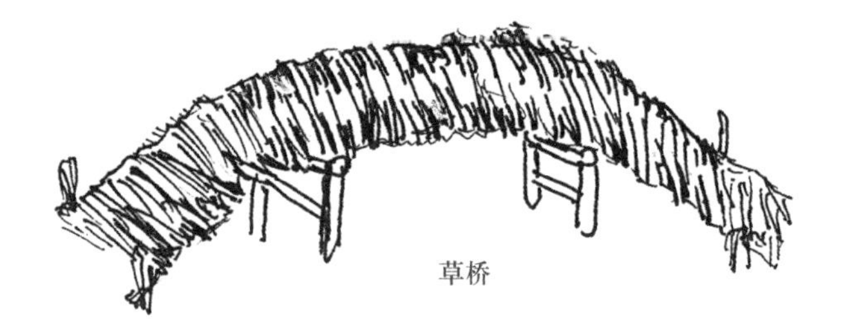

草桥

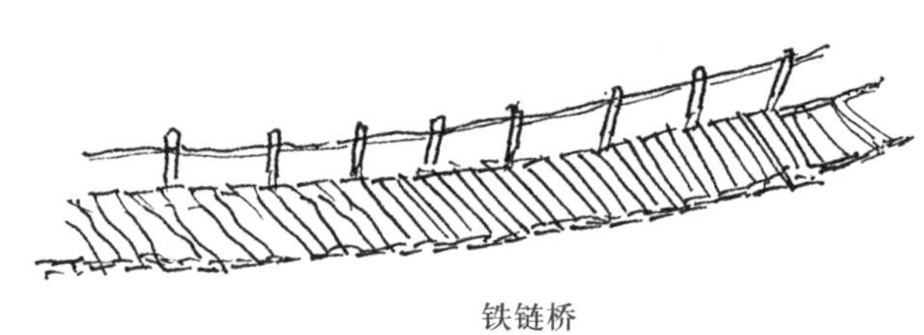

铁链桥

人行桥

亭桥

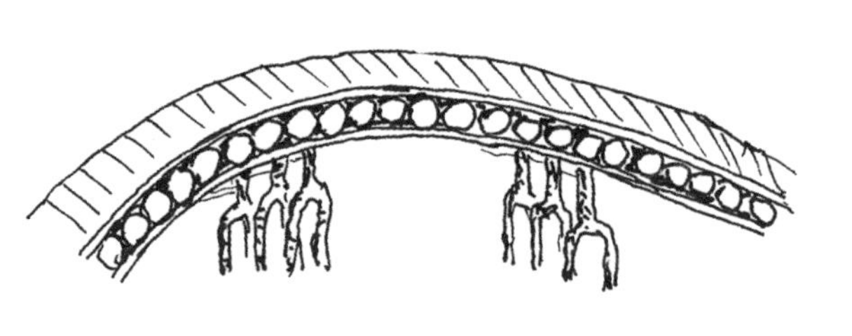

滚木桥

五亭桥

十七孔桥

南方桥

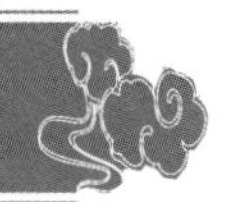

桥的美是架于水上与水面起到隔与不隔、蔽而不蔽的审美效果，盆景上的应用要达到古朴、纯正、回归自然的感觉

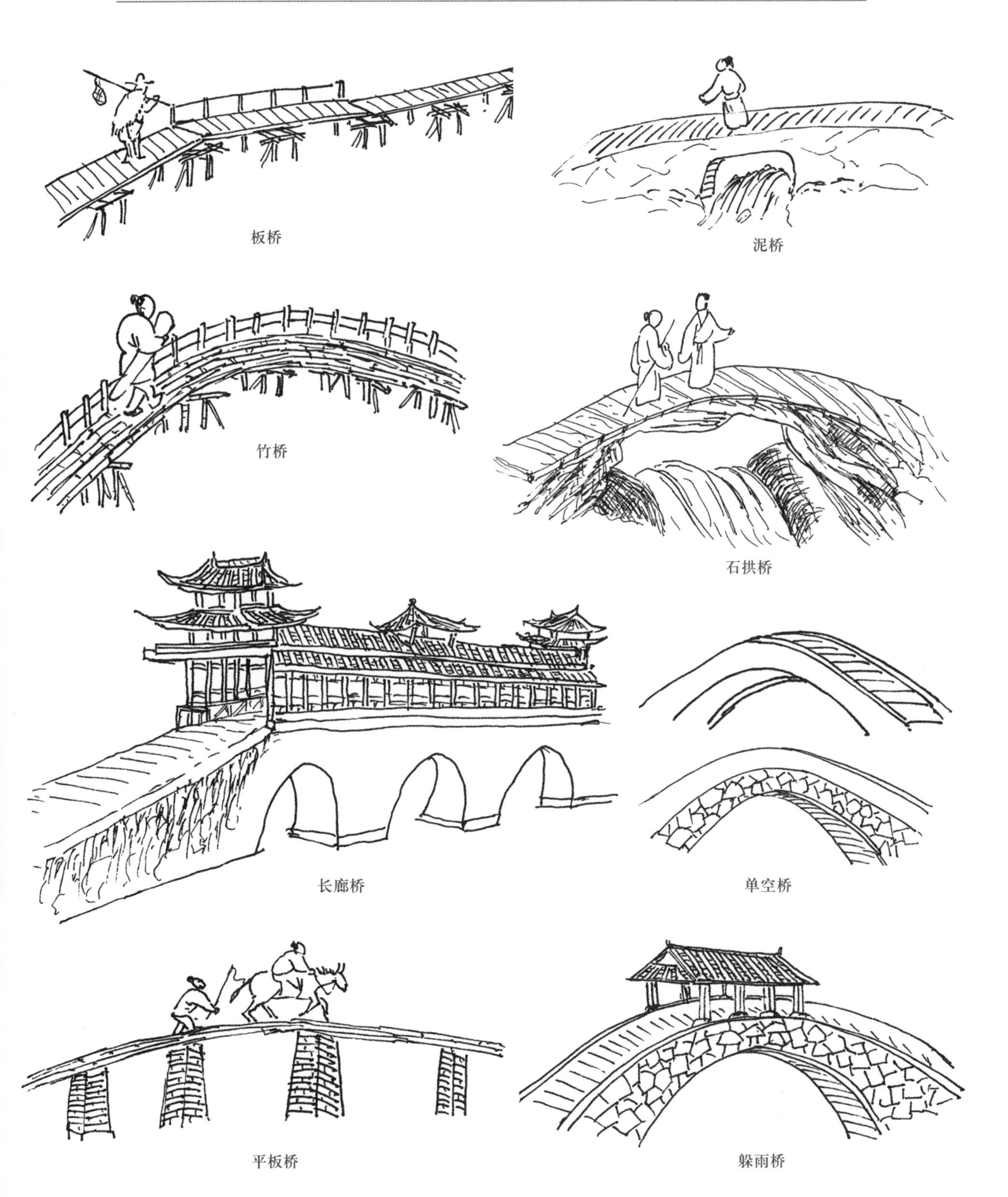

板桥　泥桥

竹桥　石拱桥

长廊桥　单空桥

平板桥　躲雨桥

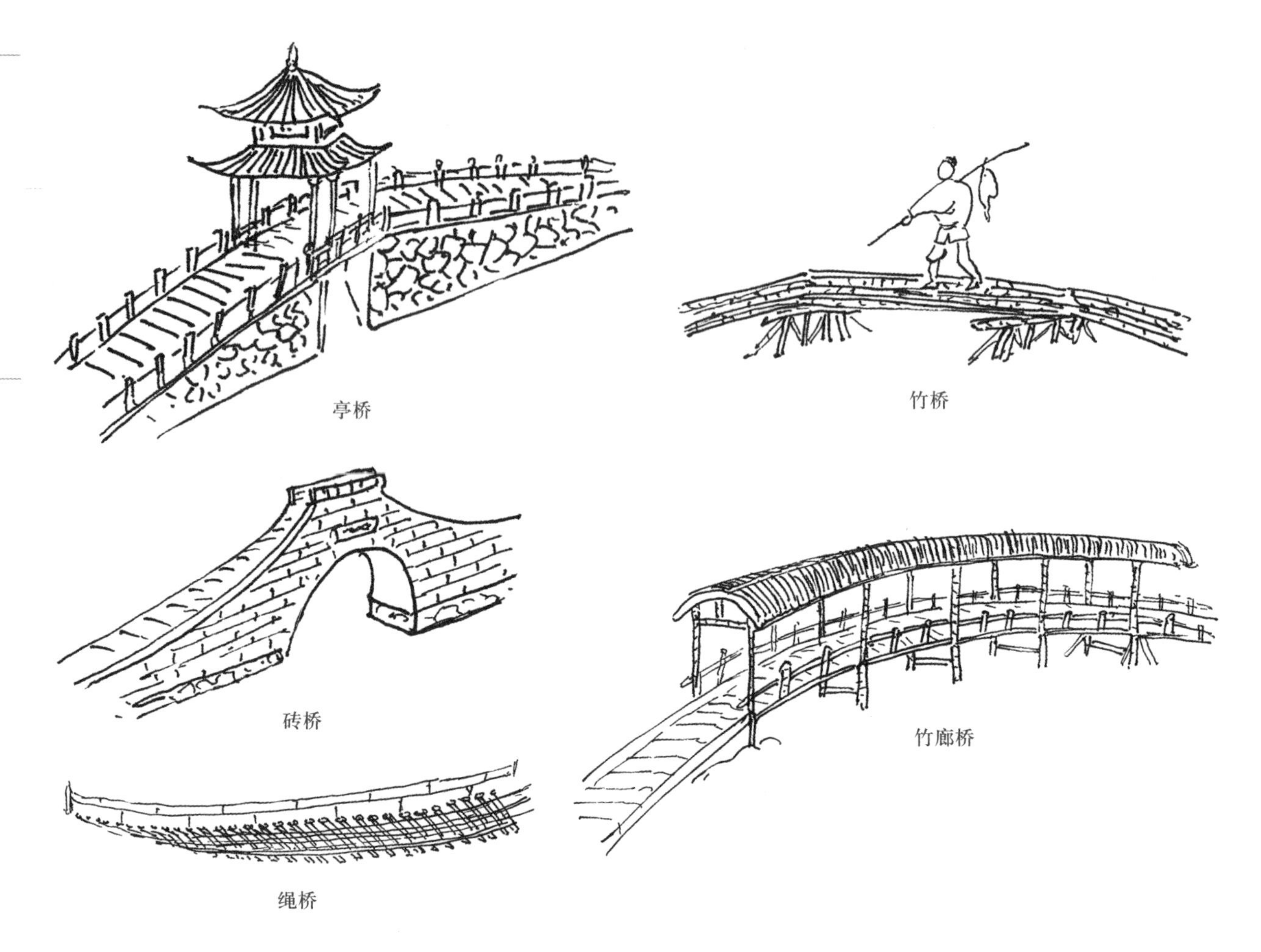

亭桥　竹桥　砖桥　竹廊桥　绳桥

中国民居

民舍是人们居住的地方，随着时代的变迁，古代民舍保存越来越少，民舍款式来源于生活，各地域都有当地的生活气息和文化气息，随着历史进程不断地变化，从简易到复杂，形象不断在前进变化。盆景中在表达主题思想、地区之间都要根据当地人们生活习惯为依据，北方与南方，陆地与近海的民舍都是不同的，在景中不能生搬硬套，否则造成不真实，贻笑大方。盆景中要达到完美度必须要观察生活、认识生活、反映生活的真实性。民舍制作可用竹、木、石刻，如能在图典中取一景点，独立成型也是非常有观赏价值和收藏价值的。

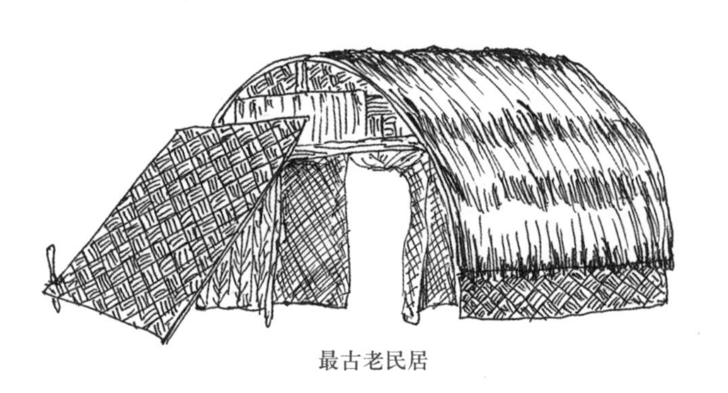

最古老民居

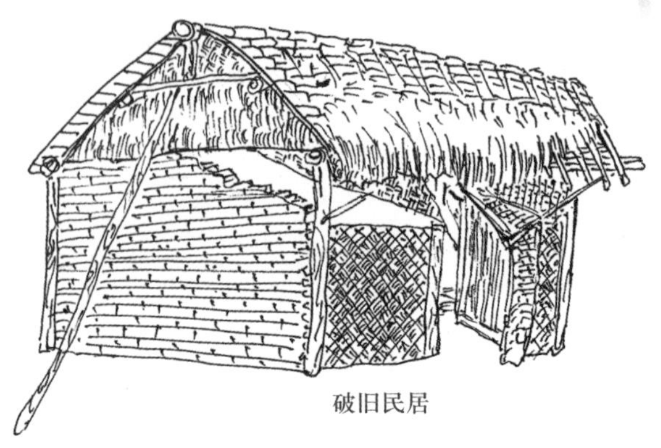

破旧民居

中国历史悠久、文化灿烂，不仅有巍峨山川、秀美的河流，而且有自然景观与文化景观交相辉映的古代建筑艺术。民舍是其中最大的一部分，本书中作者绘制了大量不同的民居，从个体到群居，增添盆景上景点风采

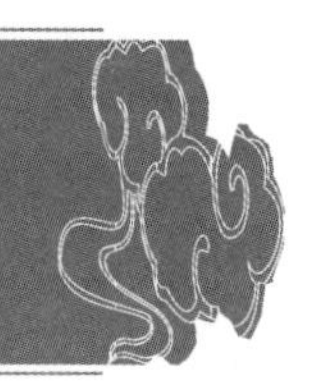

桥边房

山边民居

简单房

村落民舍

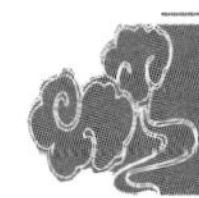

在盆景上运用最多的中国古典式建筑有楼、堂、馆、斋、榭、廊、轩、亭等

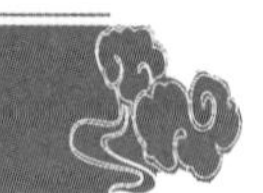

浙南民舍

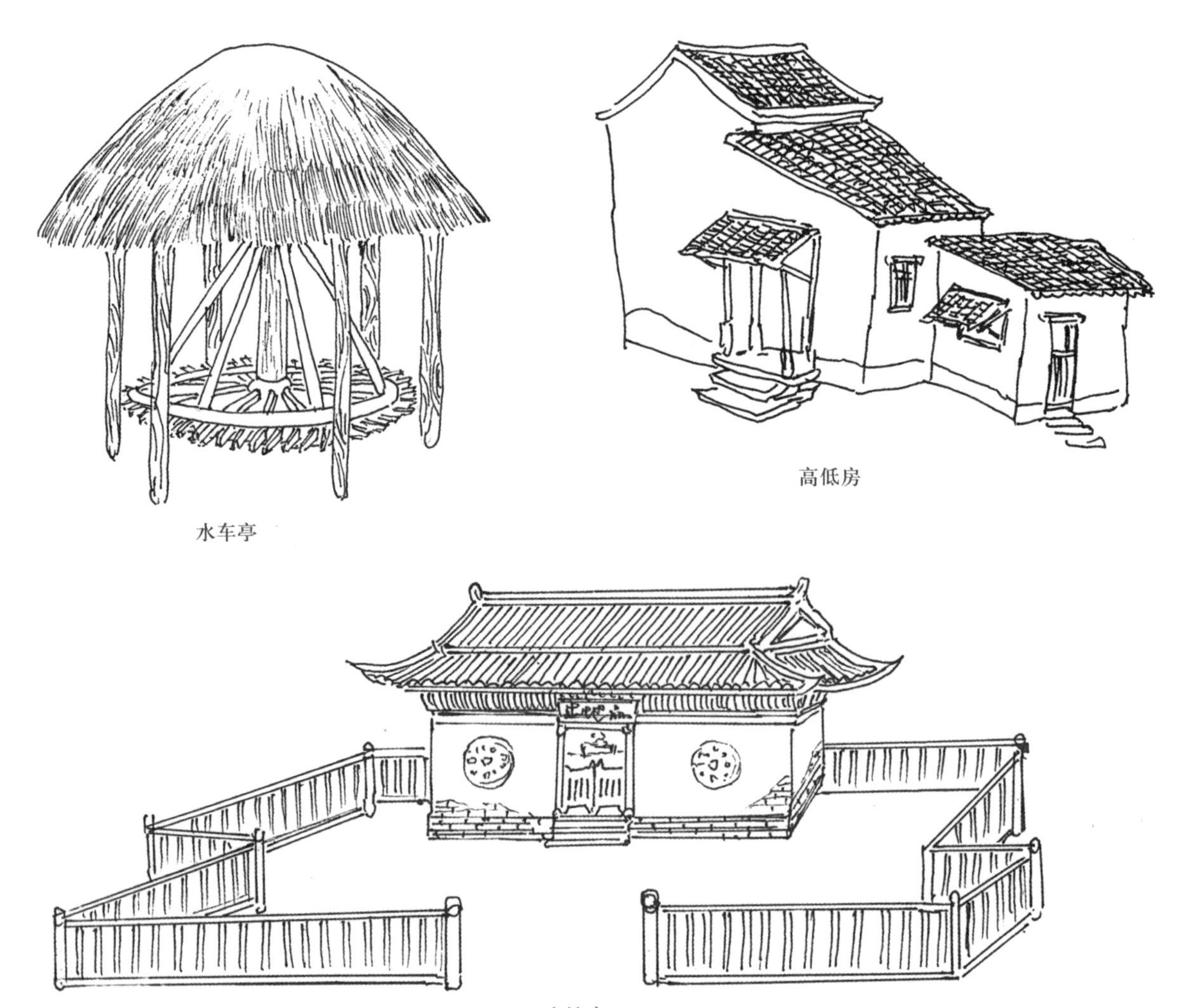

水车亭

高低房

土地庙

中国民舍类型多种多样，各有其特征，应有尽有，形式既统一而又有变化

浙江民舍

山边房

北方民房

门楼

河边房

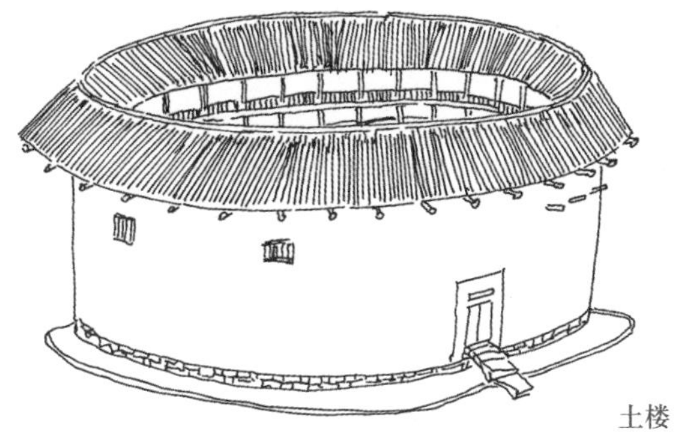

土楼

在山水盆景中安置各类建筑物，成为自然景式中的“亮点”

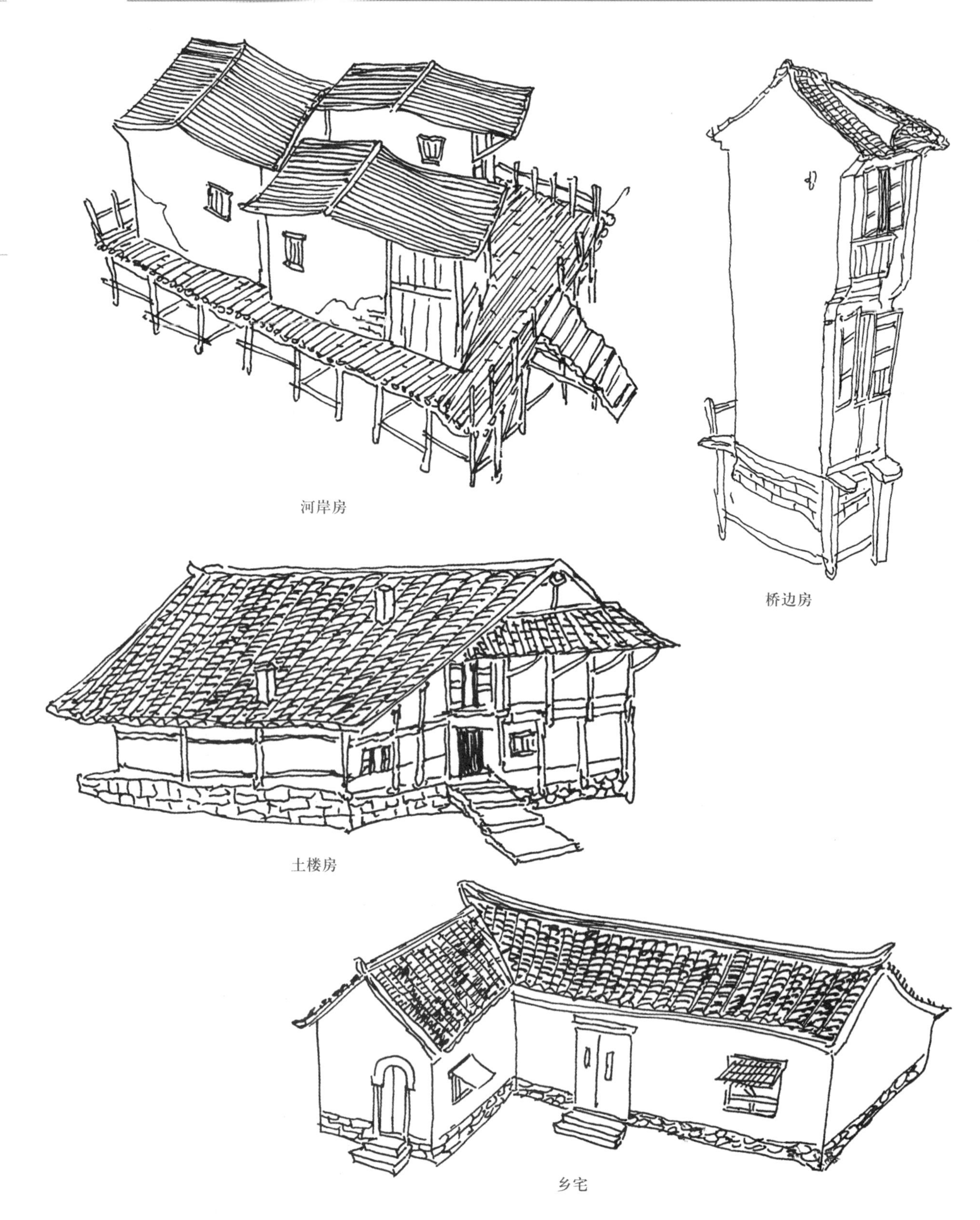

河岸房

桥边房

土楼房

乡宅

这些建筑在山水盆景中是一种点缀，有一种视觉的感染力

山村小屋

蒙古包

山间房

高山民居

柴门楼

河边房

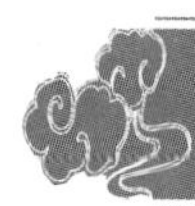
构造这些建筑，可以选用竹、木、石刻进行，其形式的变化根据盆景的需要

古宅门楼

古草房

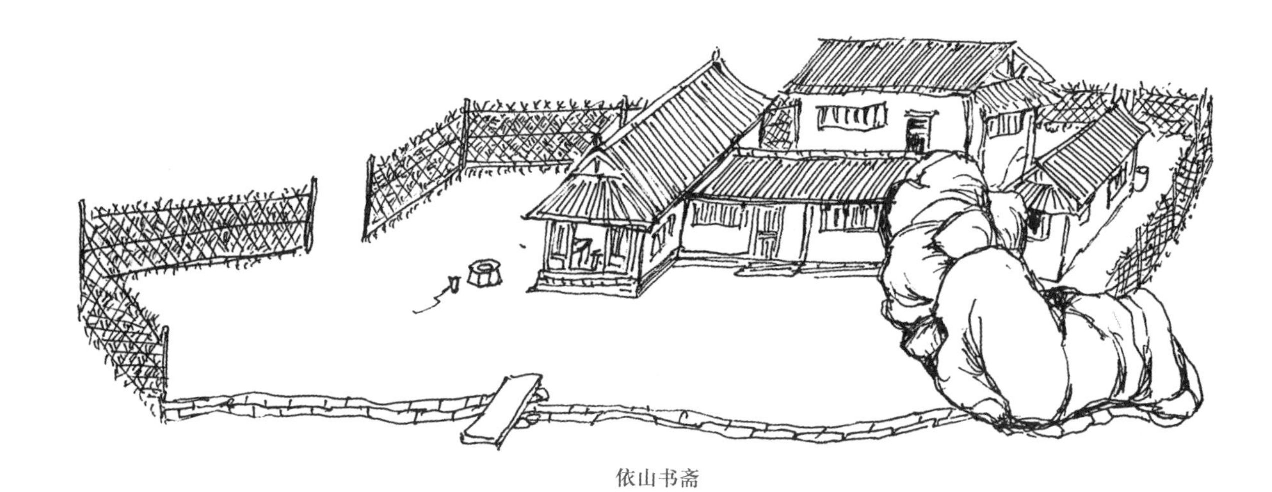
依山书斋

草席房

桥边楼

在制作中要体现素雅、古老、秀美、空灵的古建筑群，采用颜料着色方法进行

山边房

石门

门楼

古代校屋

河边商用房

酒店楼

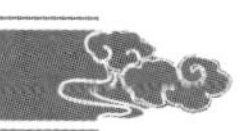

窑洞房

广西竹楼

草屋

柴门

河边民舍

水榭

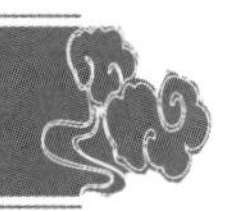

山区的建筑与江南建筑有所不同，它依山傍水，高低不平，依据地形而建，形象变化生动、别致，是劳动人民创造的美

依山楼

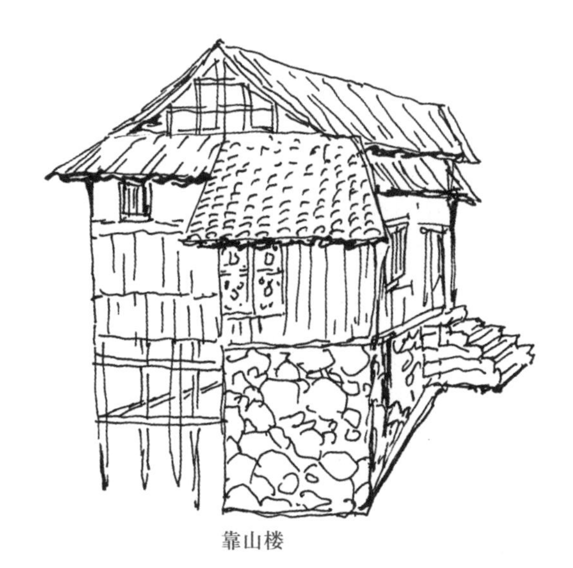

靠山楼

山居

土楼

山村民居

门楼

泥墙门

河岸屋

墓区门

柴门

羊公碑

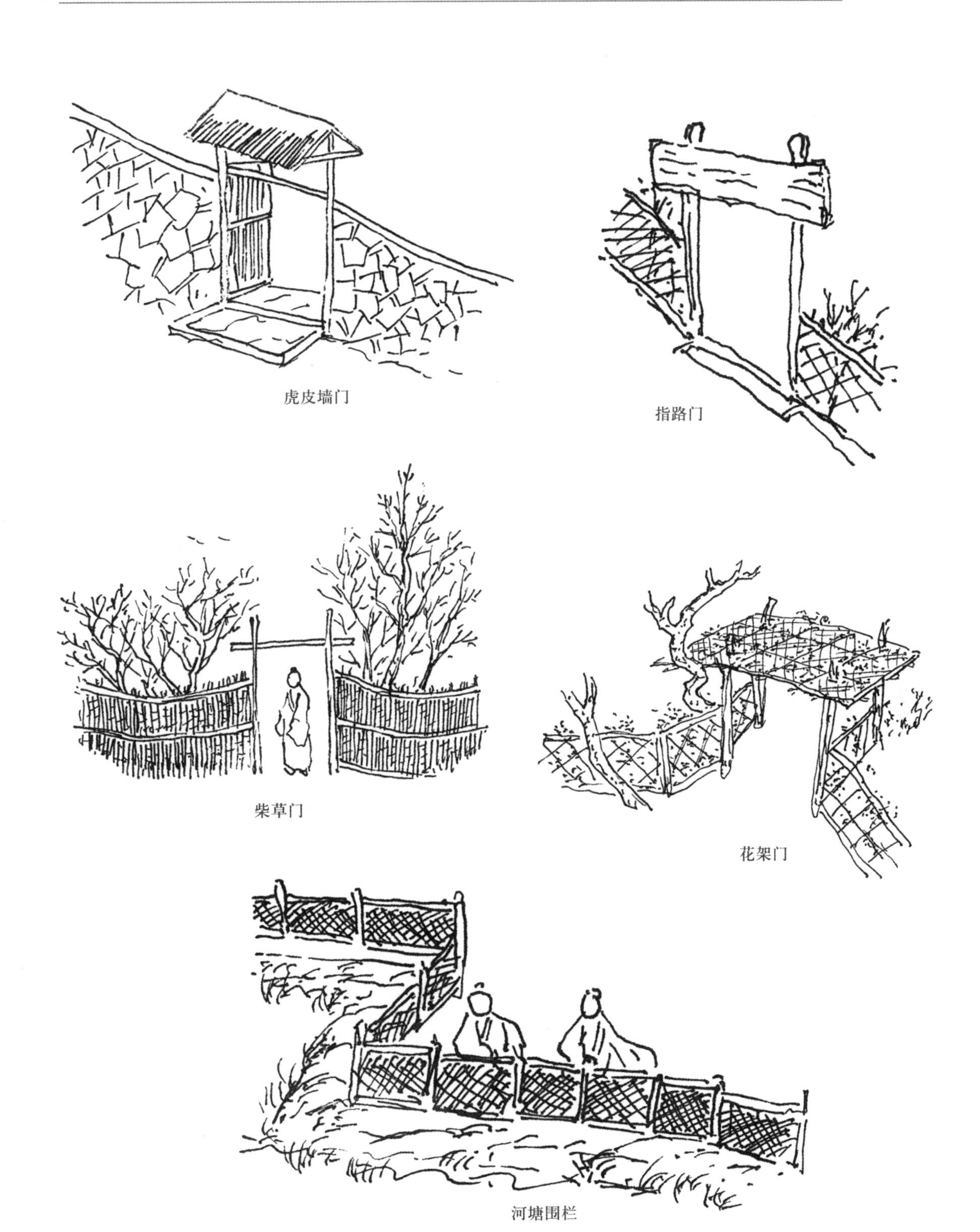

虎皮墙门

指路门

柴草门

花架门

河塘围栏

盆与几架

盆景的盆不仅是盛放山石栽培植物的工具，其本身也是观赏的艺术品。目前市场上出现多种多样工艺精致，造型美观，适合于各种不同需要的盆景盆。有的还在盆的面上表现书法、绘画、篆刻等艺术，具有更高的艺术欣赏价值。陈列在廊亭案头与盆景艺术相辅相成，更显出古朴优雅的风味，诗意盎然。自古以来许多盆景艺术爱好者，不惜工本地收藏这些自己喜爱的艺术品。

盆景除讲究用盆外，几架同样是盆景艺术的一种组成部分，优美的几架，在盆景上起锦上添花作用，好花要有绿叶衬，盆景要有几架托，自古至今就有“一景、二盆、三底座”的传统。几架也讲究艺术性，用材多种多样，用竹子、树根、红木、紫檀木制成几架做工极为精致，显得盆景艺术更为高雅夺目，有极美的观赏效果，下面介绍部分盆和几架给读者参考。

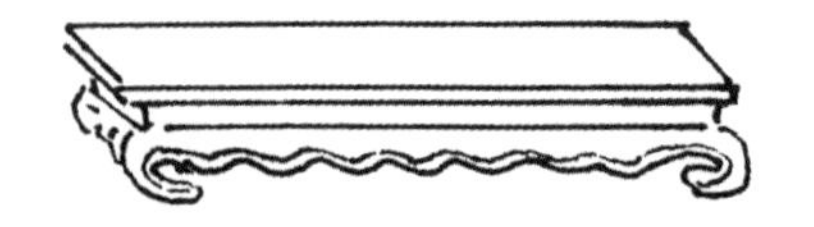

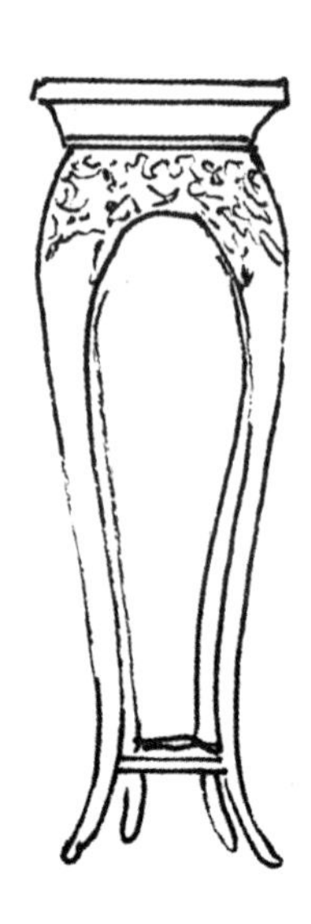

常见盆与花式盆

我国的盆景用盆，是非常讲究的。自古以来，中国许多技术精湛的制盆家，对盆钵外形、尺寸、色彩、质地、图案等方面甚有研究，式样变化繁多、造型优美、色泽丰富、经久耐用的盆钵具有一定的艺术价值、鉴赏价值及收藏价值。这充分证明中国盆景的产生与盆钵工艺配置是同步的。平时一般用泥盆，其透气性好，后为增加美观，出现了瓷盆及紫砂盆，这些高档盆钵，更显得气派豪华，许多造型优美的树木，配上质地、造型优良的盆钵更具有古朴和优雅的气势。

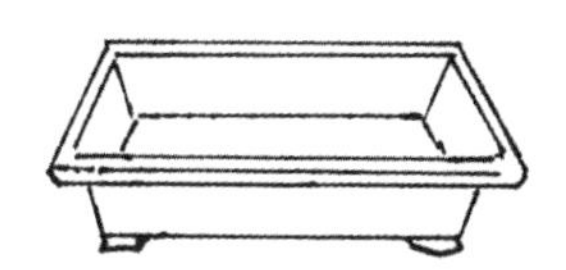
扁长方盆

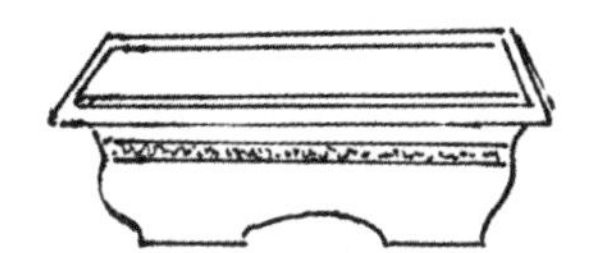
高长方盆

腰形盆

无边水石盆

椭圆花边盆

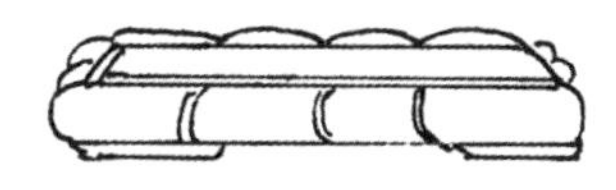
竹节花式盆

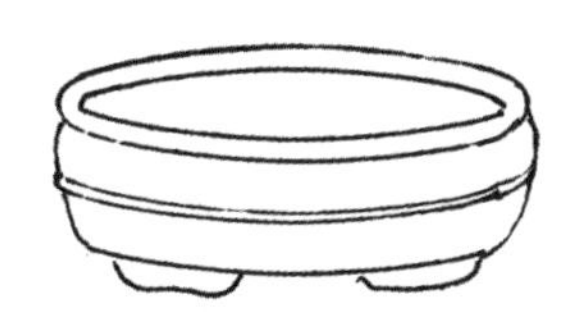
腰圆花式盆

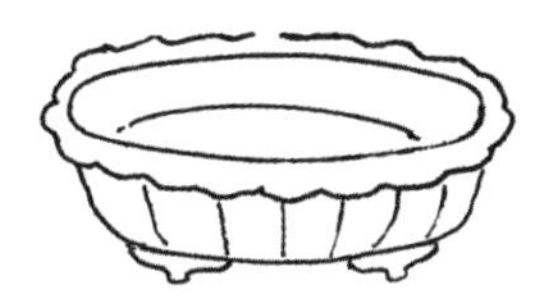
花边圆盆

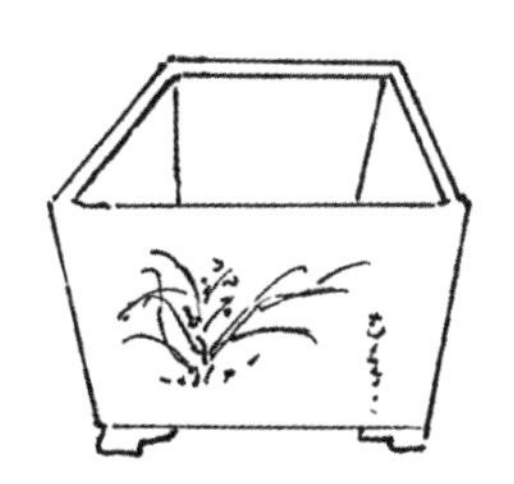
方形刻花盆

五角形装饰盆

福禄寿盆

高脚方盆

刻花腰圆盆

有底脚艺术盆

竹节形方盆

六角形盆

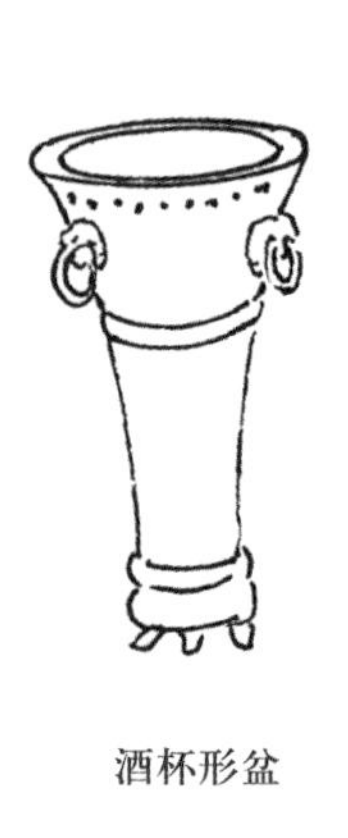
酒杯形盆

刻花签筒盆

杯形签筒盆

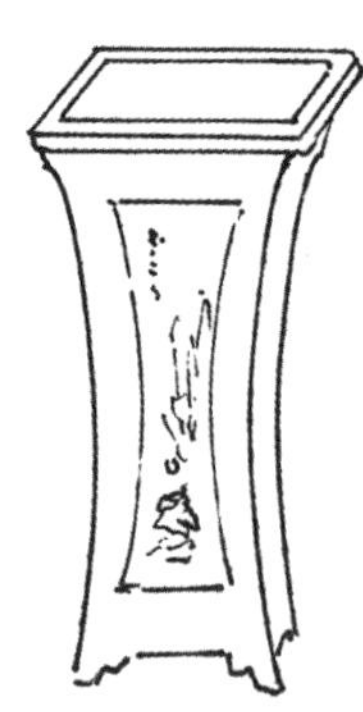
方形签筒盆

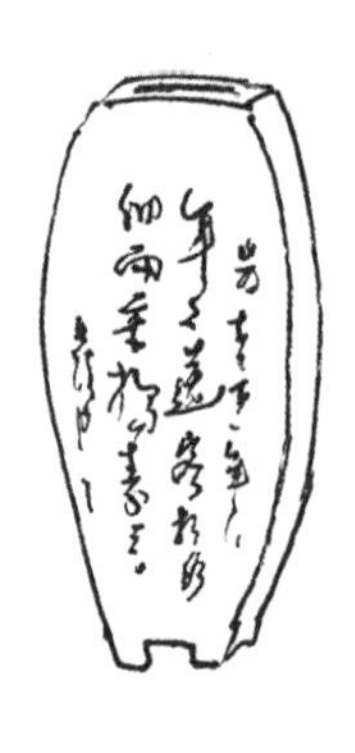
腰圆签筒盆

微型圆盆

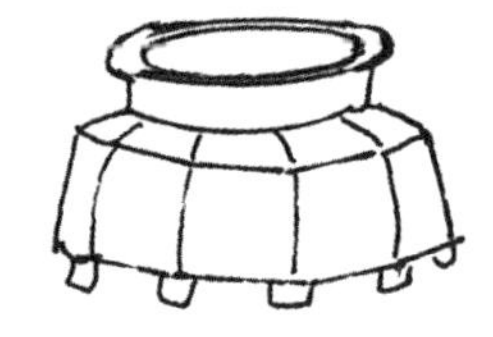
微型多边形盆

微型香炉盆

微型高盆

微型花兰盆

微型笔筒盆

腰圆山水盆

长方山水盆

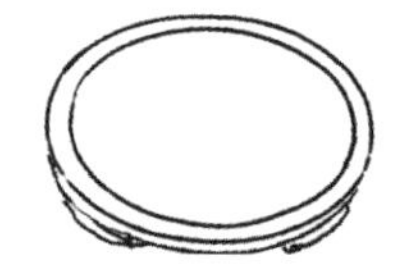
底座盆

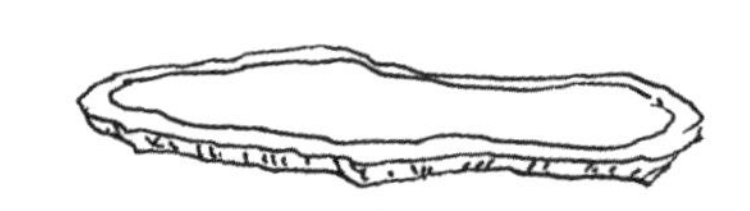
石刻山水盆

常见几架与花式几架

盆景的几架与提高盆景的观赏价值关系很大，几架的配置无论在居室陈列和展览中欣赏，都是不可缺少的，所以几架配置也可看成盆景创作的一部分。无论树桩盆景或山水盆景配置相应特色的几架，会使盆景更有观赏面，更能引人入胜，作为盆景爱好者平时要关心收集一些几架。有的自己动手制作“千奇百怪”的艺术造型几架，加上好的木材，如红木、紫檀木制作，其色泽紫亮光洁、质地细腻，紫砂盆相配，能达到非常高雅的艺术效果。

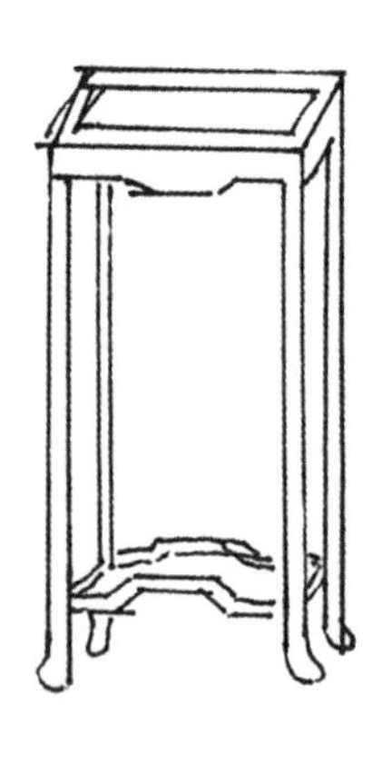
长方形

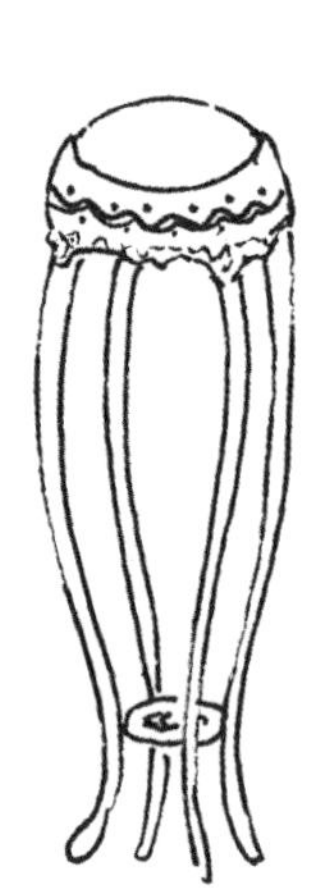
圆形

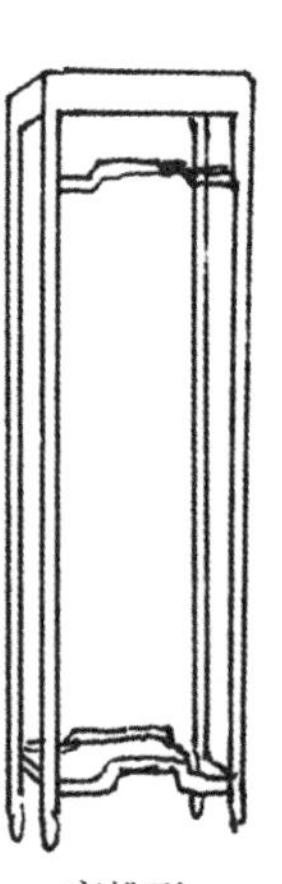
高挑形

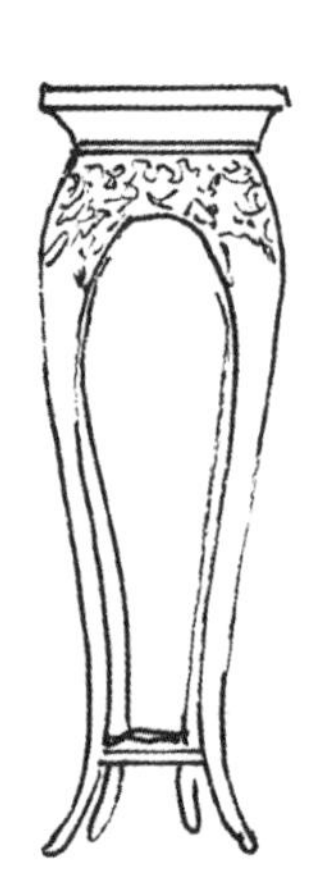
上方下圆形

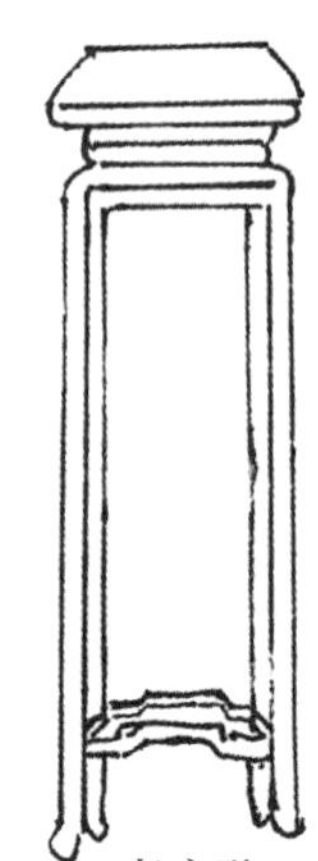
长方形

悬崖式几架

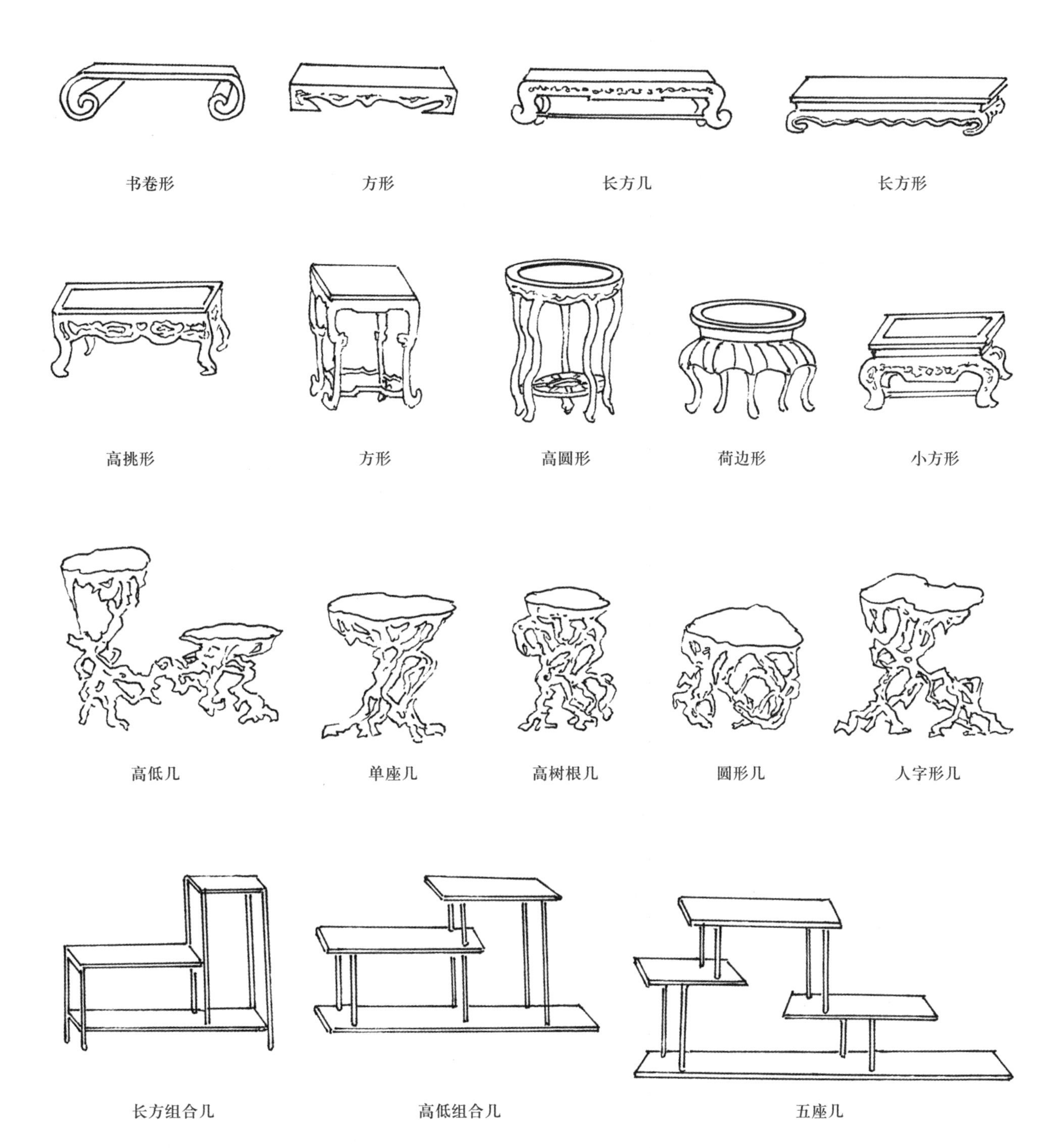
书卷形　方形　长方几　长方形

高挑形　方形　高圆形　荷边形　小方形

高低几　单座几　高树根几　圆形几　人字形几

长方组合几　高低组合几　五座几

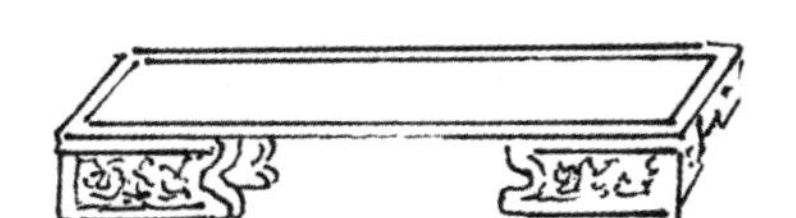
四座托盘几

底板山水几

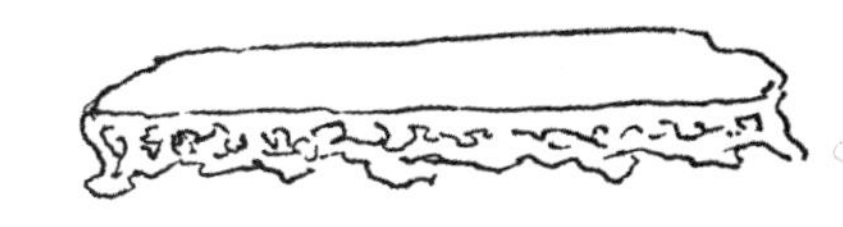
花形山水几

第五章

微型盆景鉴赏

微观与雅致的微型盆景

大型盆景虽然好看，但对普通百姓，因养护没有条件，只能看却不能制作收藏。而微型盆景的特点是小巧优美，这是在上海特定的环境条件下造就的。

早在1962年元旦上海举办全国盆景展览时出现了微型盆景，置放在博古架上。展现后收到盆景界一致赞许。1979年又在北京展出后，首都人民和领导对此大感兴趣。邓颖超在微型架前拍了照，西哈努克亲王和夫人在参观时也禁不住请管理人员把微型盆景取下，放在手掌中观赏等。这足够说明微型盆景的文静，生气盎然，微中见伟，充分体现了它的自然美和艺术美。

微型盆景能有如此隽秀的艺术魅力，因它能与时俱进。当今在住房条件改善之下，居住环境更好了，在人民的文化素质提高同时，人们当然要欣赏有高雅的艺术品。微型盆景就可以使你不出家门，享受休闲生活。尤其是微型山水盆景，见后如身在其中，可谓卧游之。同时对它的制作、养护、欣赏成为生活中的一大乐趣，会使你轻松愉快，自我陶醉。可谓“盆小意境深，景微情趣浓”。

微型盆景的博古架赏

微型盆景中常见到的一种陈列形式——博古架。一盆二景三架是中国传统盆景的一种“程式”。它展示作品的个体美与整体美的统一体，都是为了达到欣赏效果。从目前展览会上所展出的博古几架中花式繁多，各具特色，而选用的材料越来越名贵，从一般的花梨木到老红木、紫檀木、黄花梨都有，而且雕刻工艺越来越精细，配备这些高档几架，来显示盆景的身价。

在微型盆景的展示中，框架式的博古架能起到一定的装饰作用，可争夺观赏者的视线。如古色古香的钱币架、扇型架、梅花架、蝴蝶架、象鼻架、船型架等都可作为展示的楼台，使盆景与山石组合在展示后达到庄重而统一。博古架已近五十年历史，目前玩赏微型盆景的人越来越多，并发展到日本、东南亚、欧洲等地。目前已经跳出框架式，以主景空间夺目点设置，使景与景的空间距离扩大，让人在欣赏作为三维空间的盆景在欣赏时懂得视觉关系，跳出传统的框架式，让人看得更舒畅，将生活中自然美表现令人爱慕和喜悦的效果。

微型盆景和博古架

博古，这要从北宋的宋徽宗皇帝雅好书画古玩为起源，他将自己宫内收藏的历代钟鼎彝器，请专人依样画了出来，编辑了三十卷《宣和博古图》，使这些古器物有了"博古"这个总名称。将各种鼎、炉、壶定做了各种陈列架子，称为博古架。微型盆景就是将古器物变为活的有生命的玩物，陈列在博古架上更能发挥其独特的艺术感染力，透露出一股古气能聊发思古之幽情。

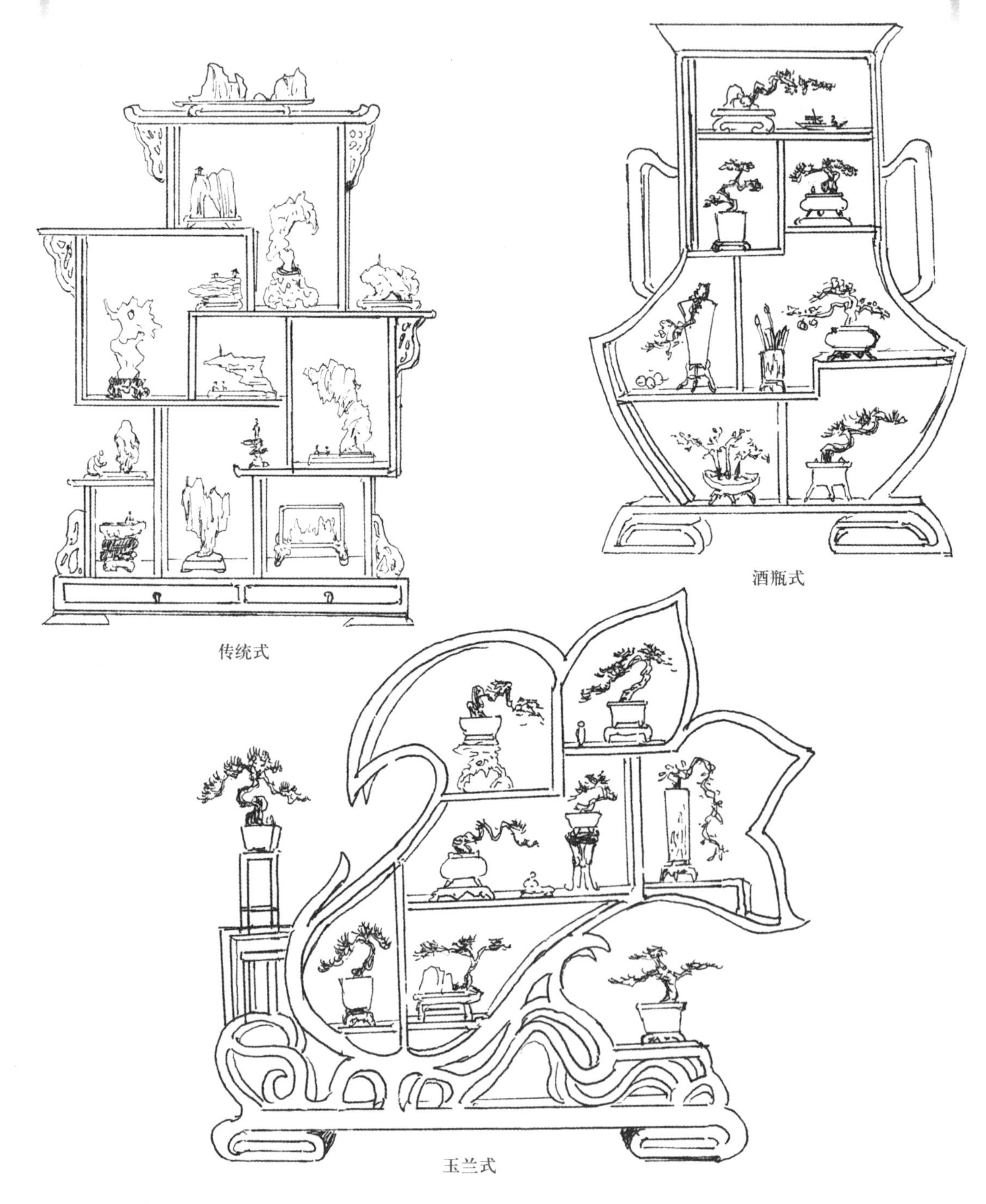

传统式

酒瓶式

玉兰式

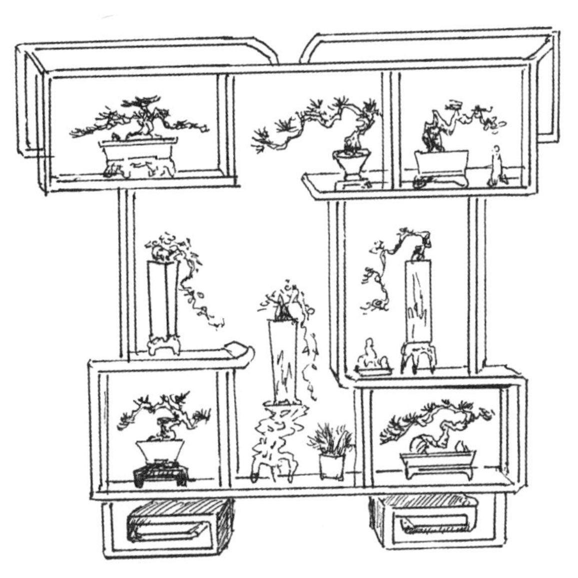

蝶形式

月塘春秋（圆型架组合）

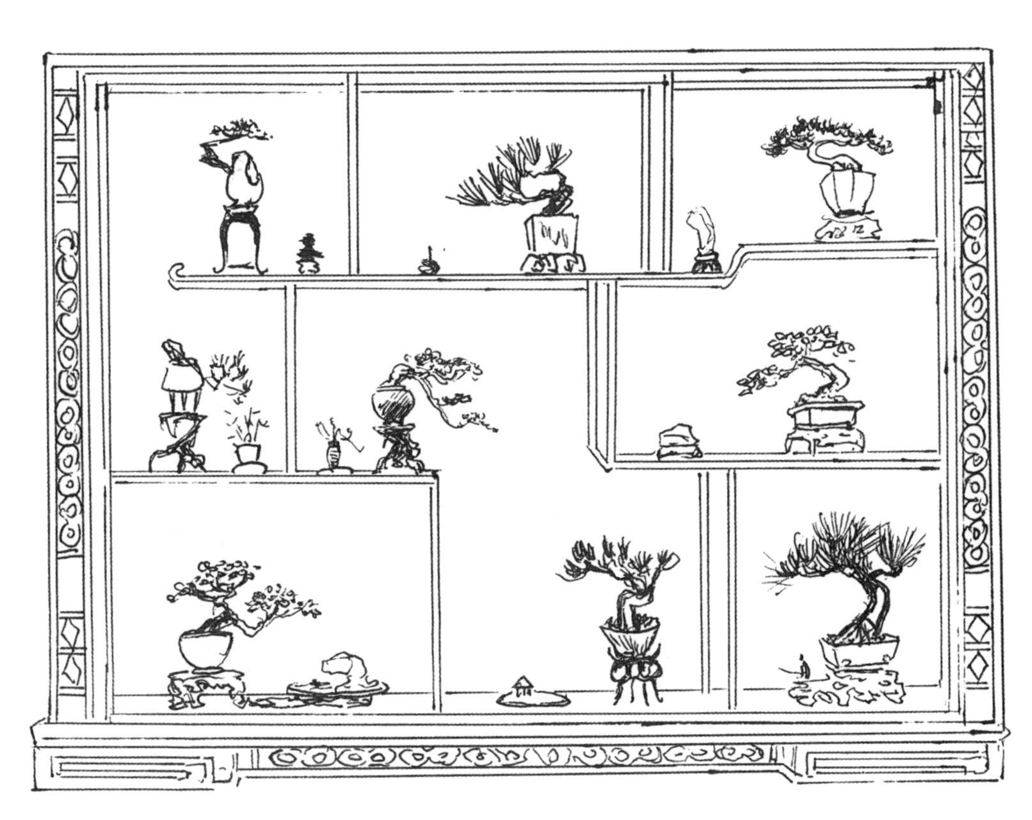

松翠花季（方形架组合）

月宫览胜（半月形架组合）

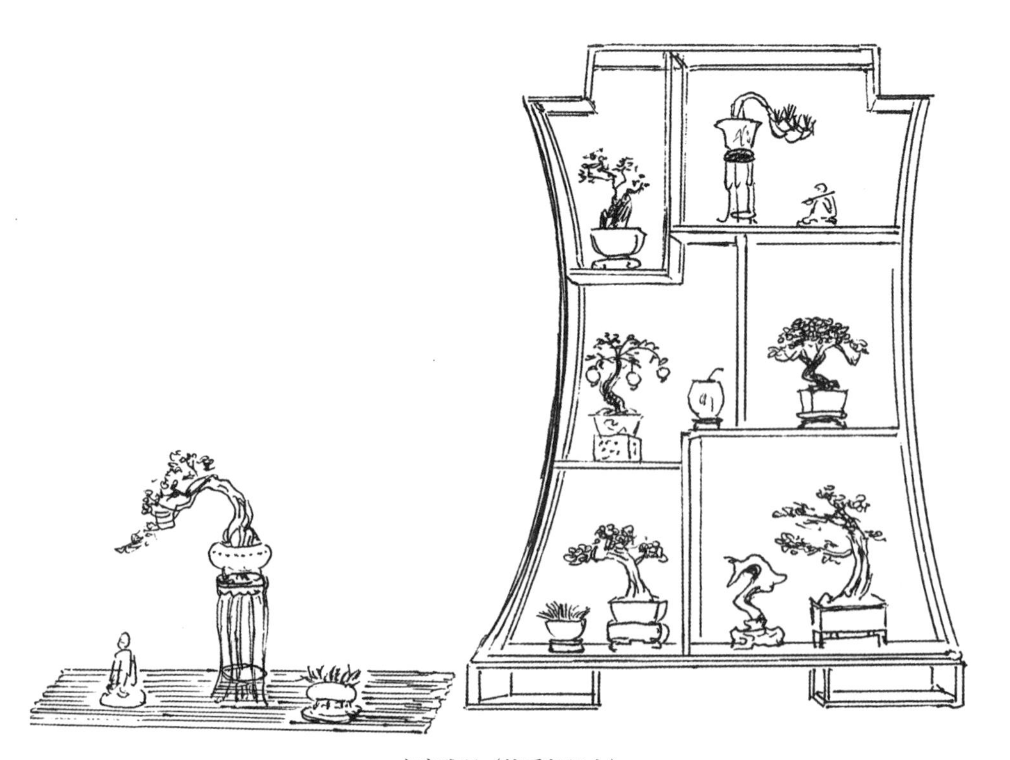

文房雅玩（钱币架组合）

月宫春辉（月形架组合）

天地之间（圆形架组合）

水榭翠影（拼装形组架）

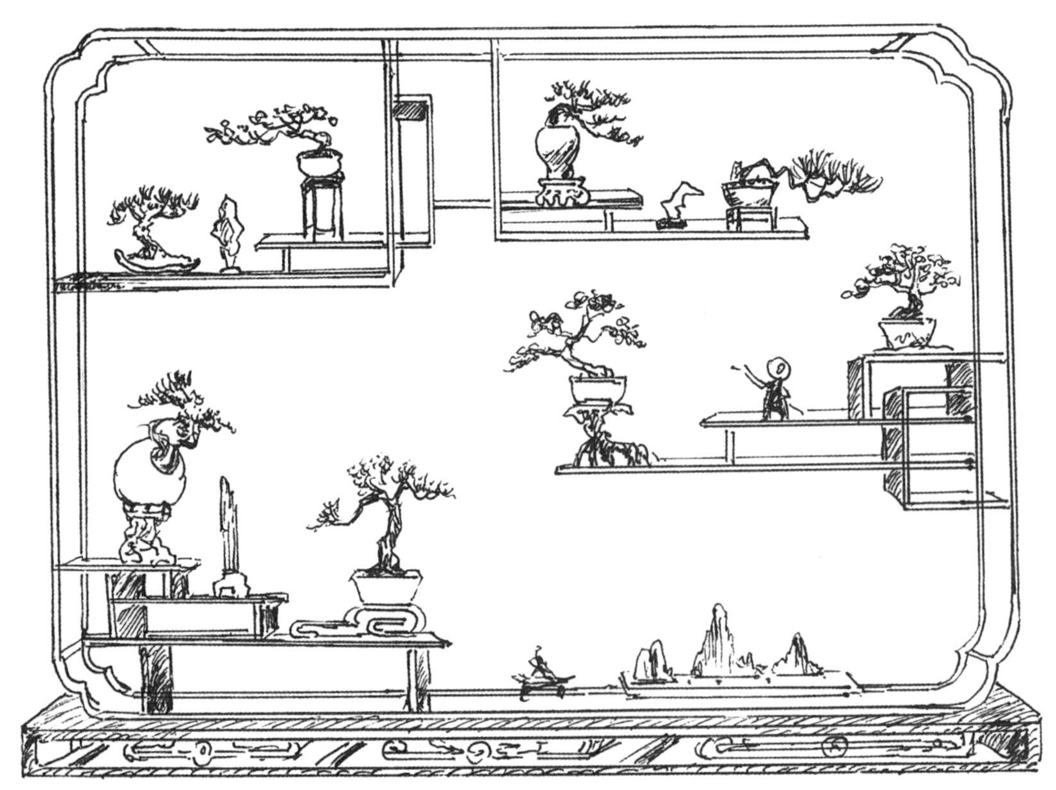

古韵增辉（方形架组合）

柳塘清趣（高低架组合）

幽静图（高低架组合）

吉祥如意（象形架组合）

小景遐思（扇形架组合）

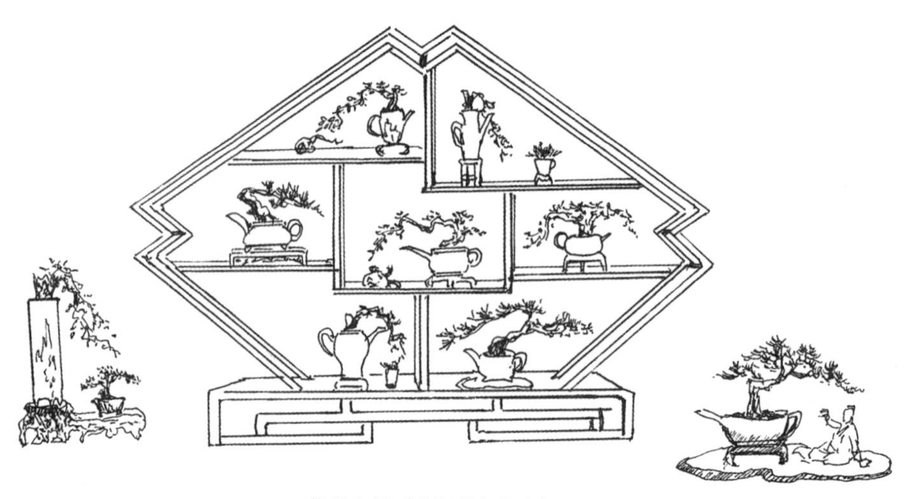

茶具生辉（几何形架组合）

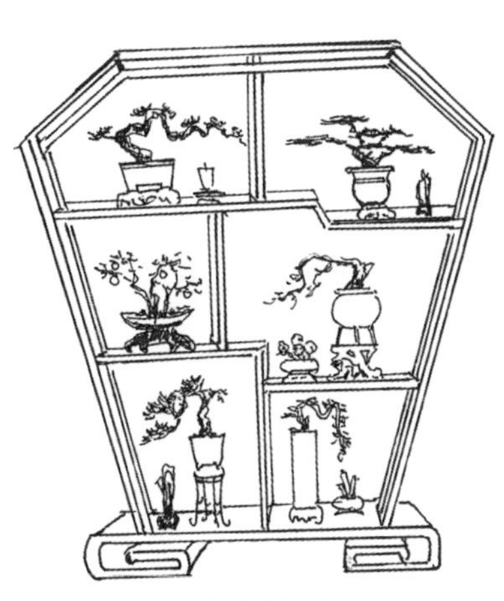

立屏式组合

葫芦形架组合

满屋生辉（屋型架组合）

独占春光（梅花架组合）

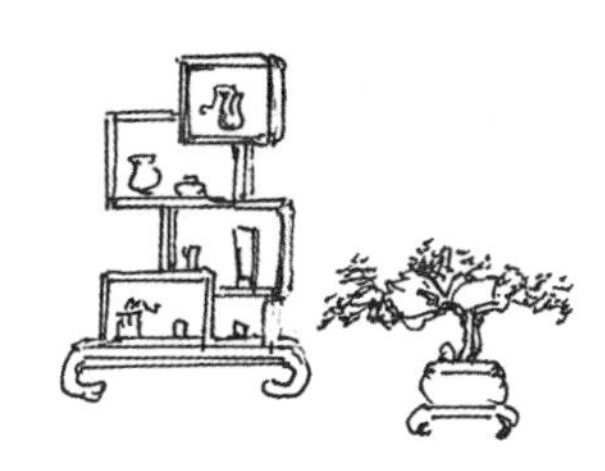

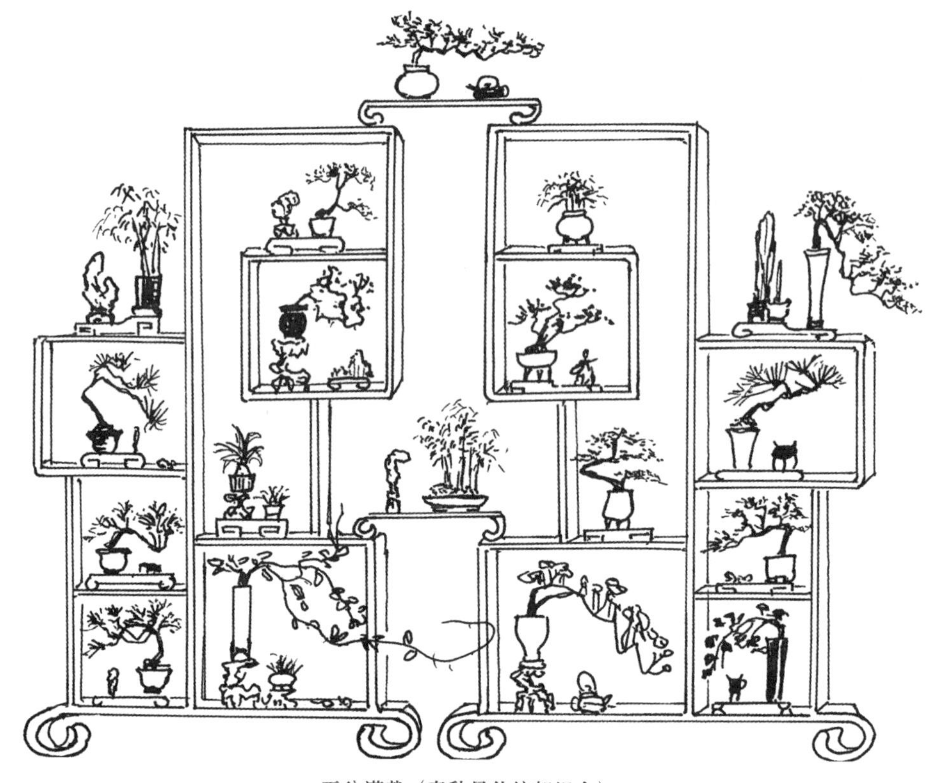

玉盆满栽（春秋景传统架组合）

春常在（瓶形架组合）

架内的点缀架

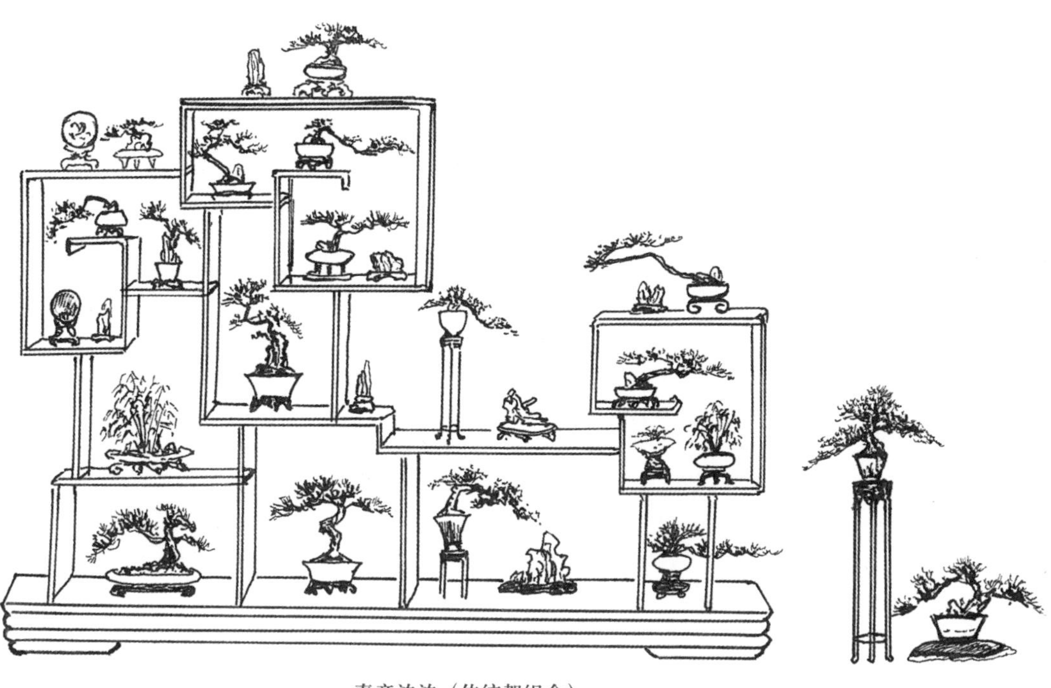

春意浓浓（传统架组合）

风雅清幽（立架式）

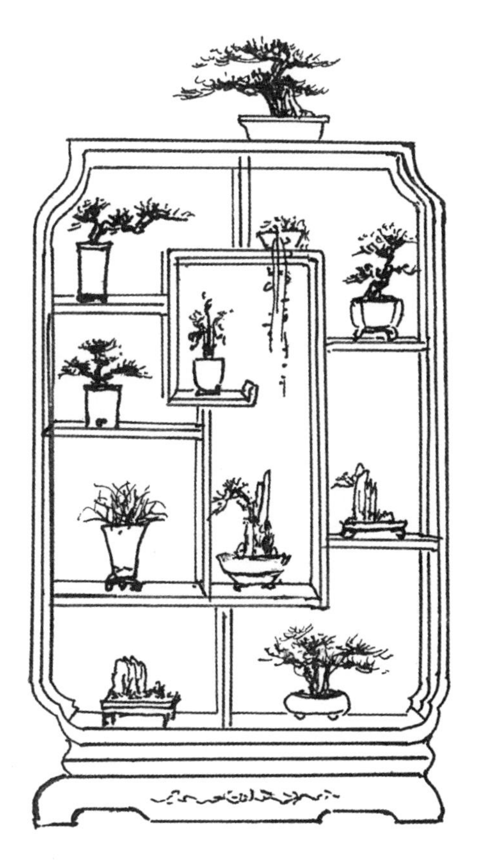

春光好（立架式组合）

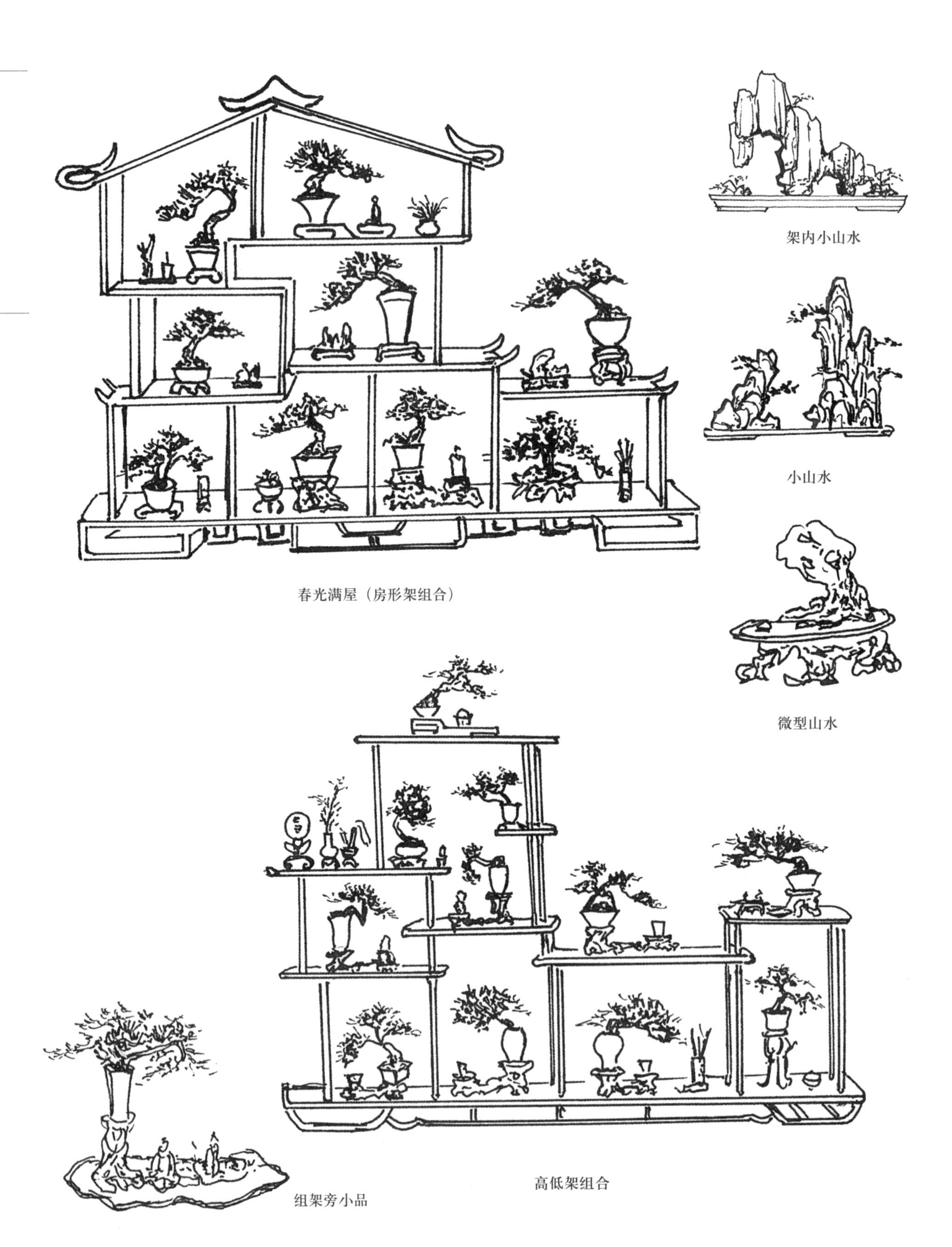

春光满屋（房形架组合）

架内小山水

小山水

微型山水

高低架组合

组架旁小品

古瓶春秋（钱币架组合）

架旁边点缀

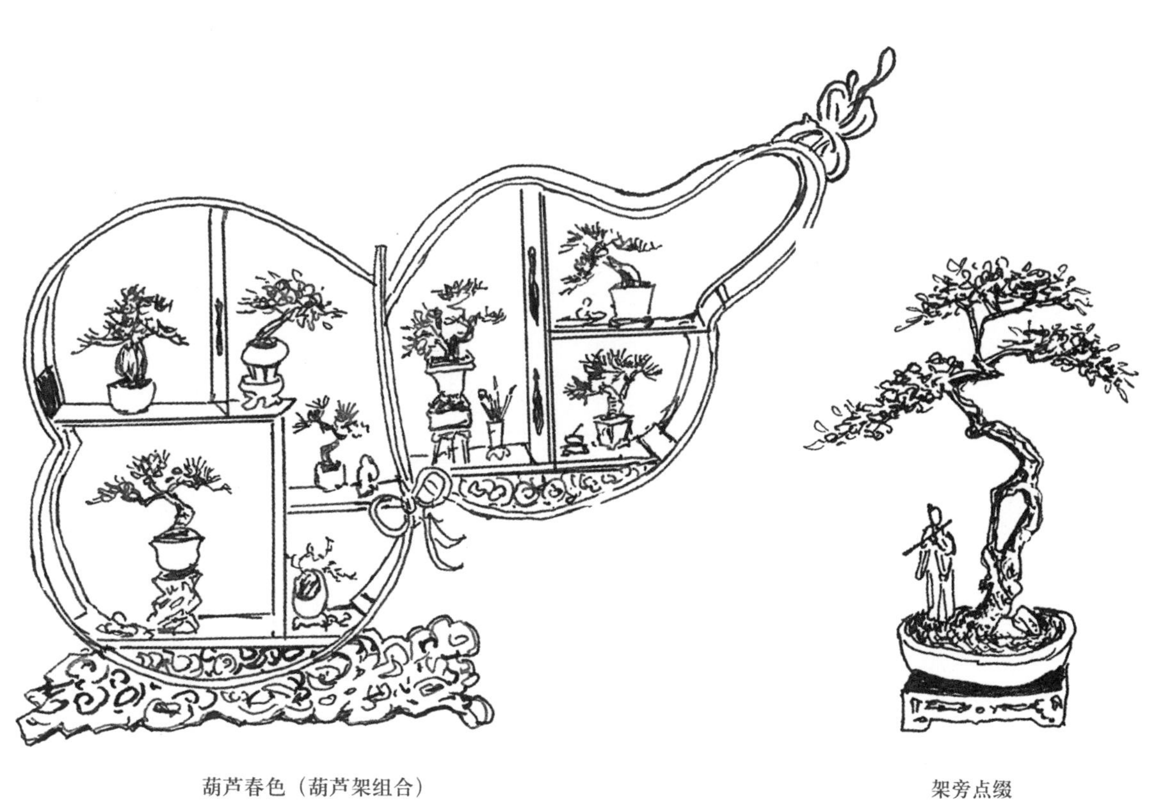

葫芦春色（葫芦架组合）

架旁点缀

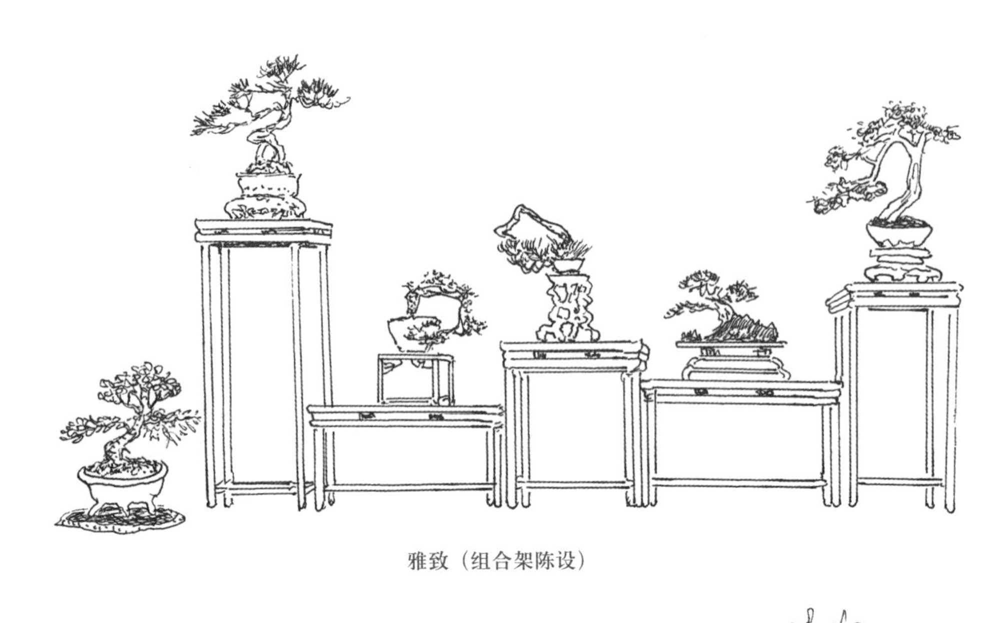

雅致（组合架陈设）

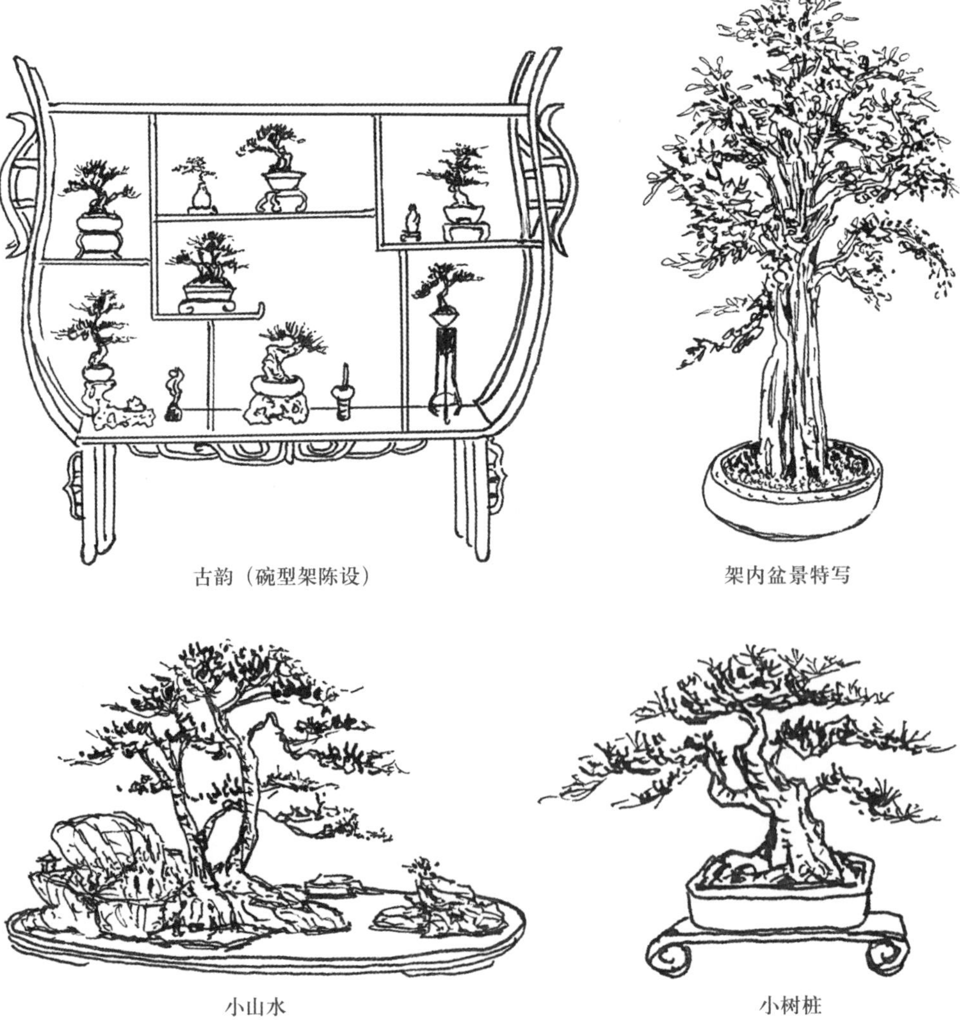

古韵（碗型架陈设）

架内盆景特写

小山水

小树桩

博古架的布置

博古架陈设布置，也是微型盆景展示的重要一关。“少之为贵，多之为美”这是“美”的含义，美就是和谐，美也就是一定数量关系的体现，所以博古架的布置都要以美为着手点，布置微型盆景要有一定的空间，刚与柔的组合，架上不能只有单一品种或类似的造型，并要有主题内容。不单为陈列而布置，要有实质内涵可以借助配件摆设，从而能引起观赏者的爱慕和喜悦的感情，才能凸显艺术效果。

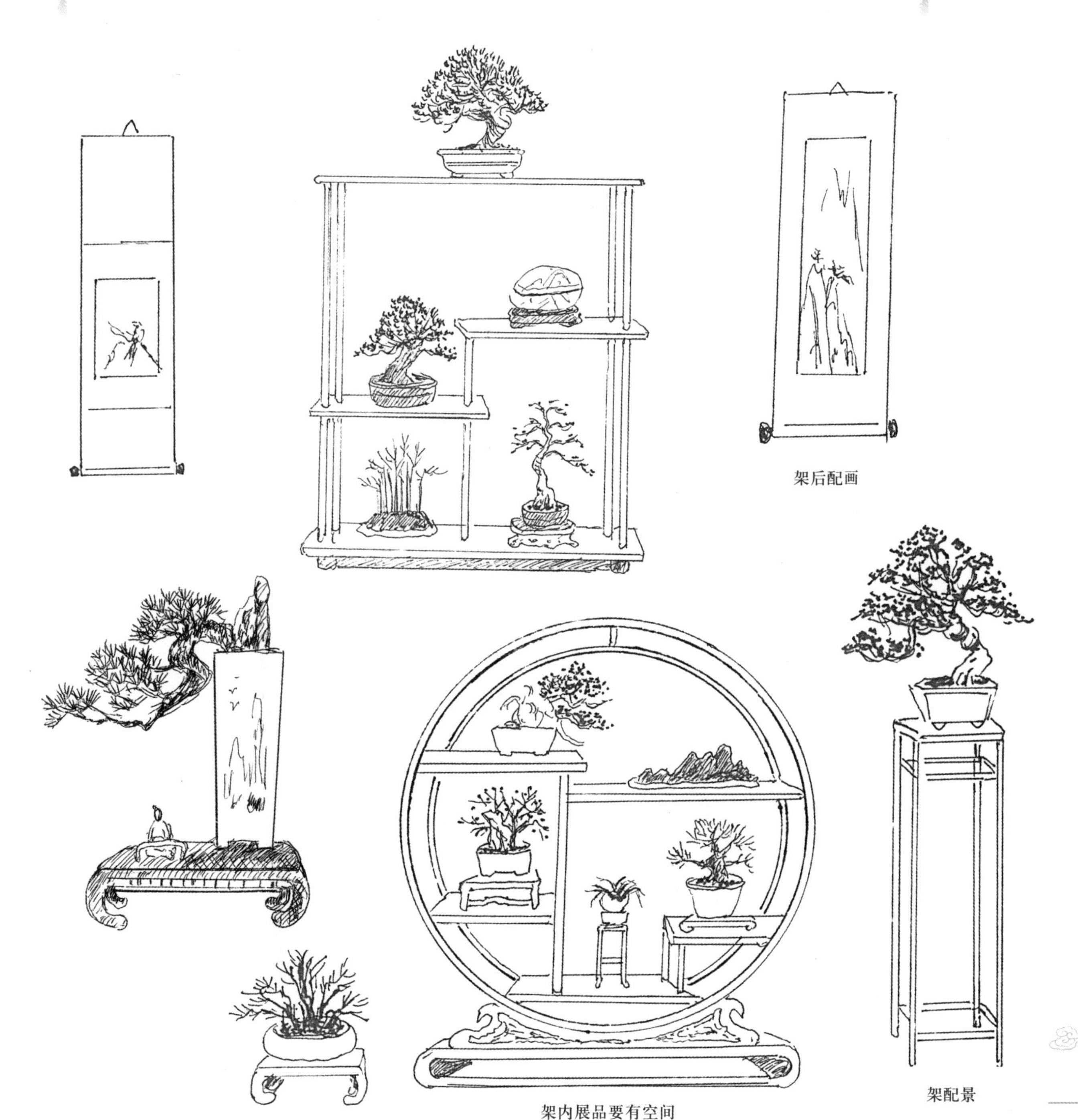

架后配画

架内展品要有空间

架配景

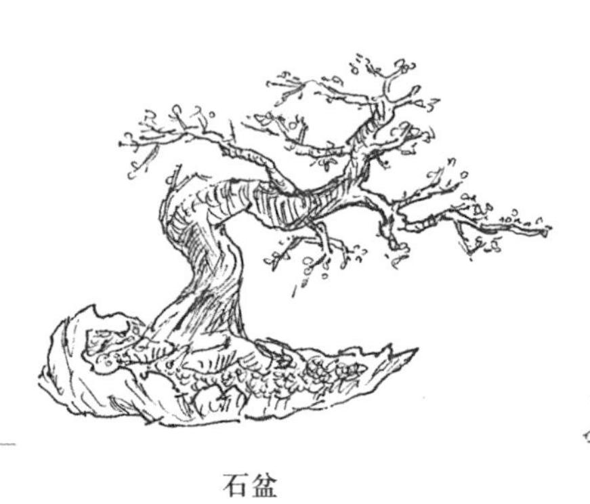
石盆

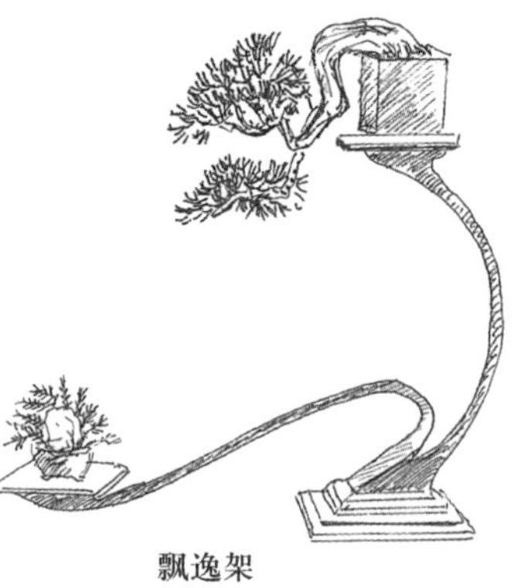
飘逸架

有空间（各种陈设布置）

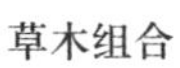
草木组合

高脚架

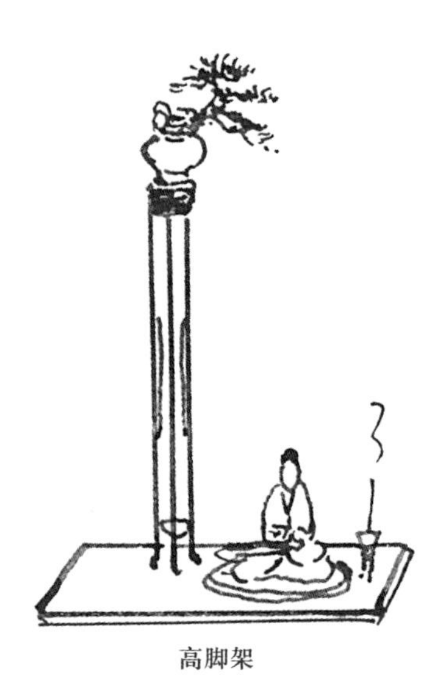
高脚架

布置要丰满要有空间

博古架陈设和欣赏

博古架的陈设，每一格放一件，格内不要顶天立地，也不太空，如有露白处，可用小人物、动物、花瓶、船只等装饰，打破色彩单调，添增情趣。

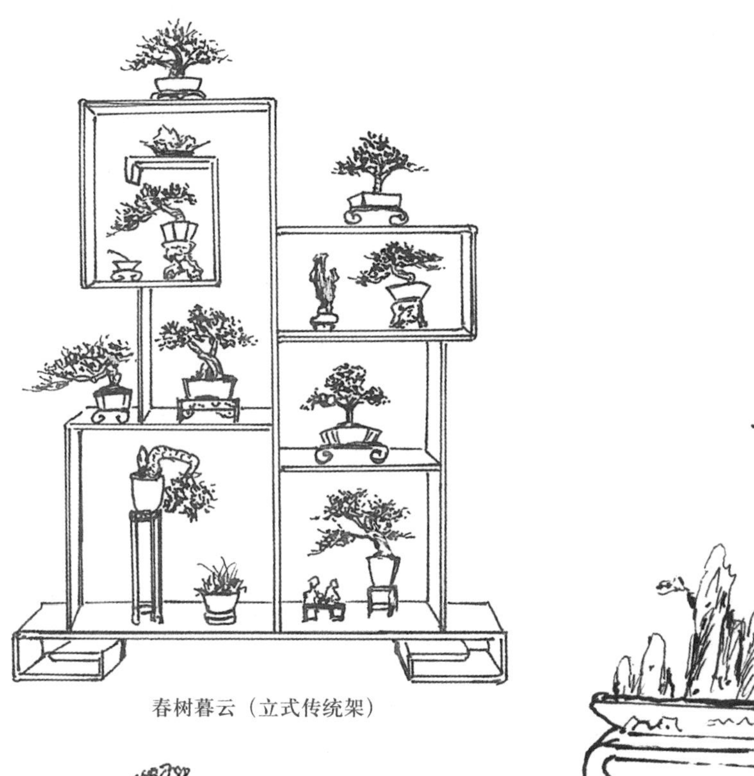

春树暮云（立式传统架）

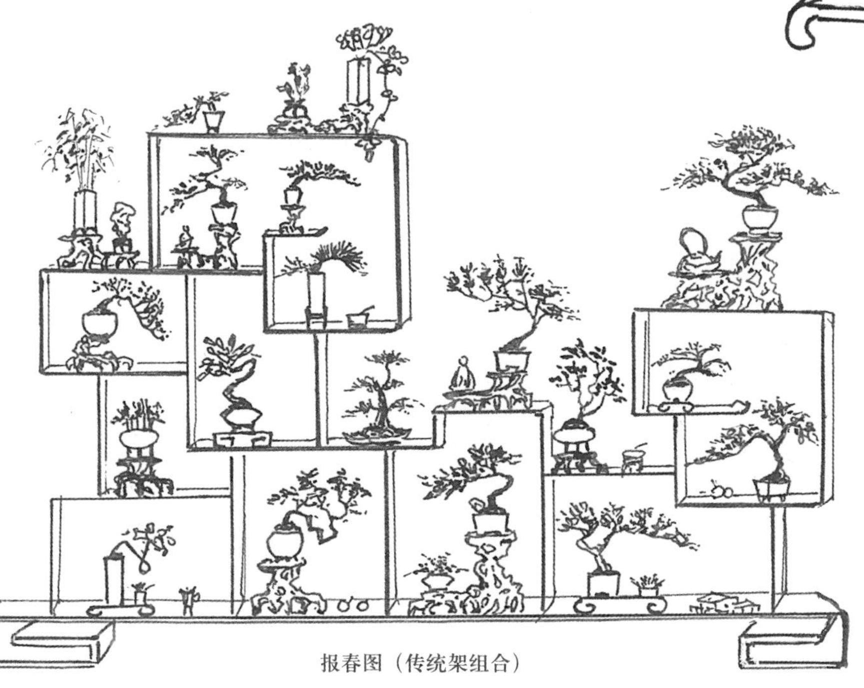

报春图（传统架组合）

独钓（小山水）

闲静逸致（扇形博古架）

春华夏实（梅形博古架）

小山水

错落式陈列

国外博古架布置

在中国传统博古架的陈设基础上，各国微型盆景创作者都在架式上进行创新。其中以日本人最为突出，他们选用结构简洁、空间宽阔、相互变化、合理对称并添加上简朴的画幅，开创文人画式的陈列模式。突出盆景的重点，做到“长短相较、高下相倾、图景相和、前后相随”的朴素优雅感，独树一帜。

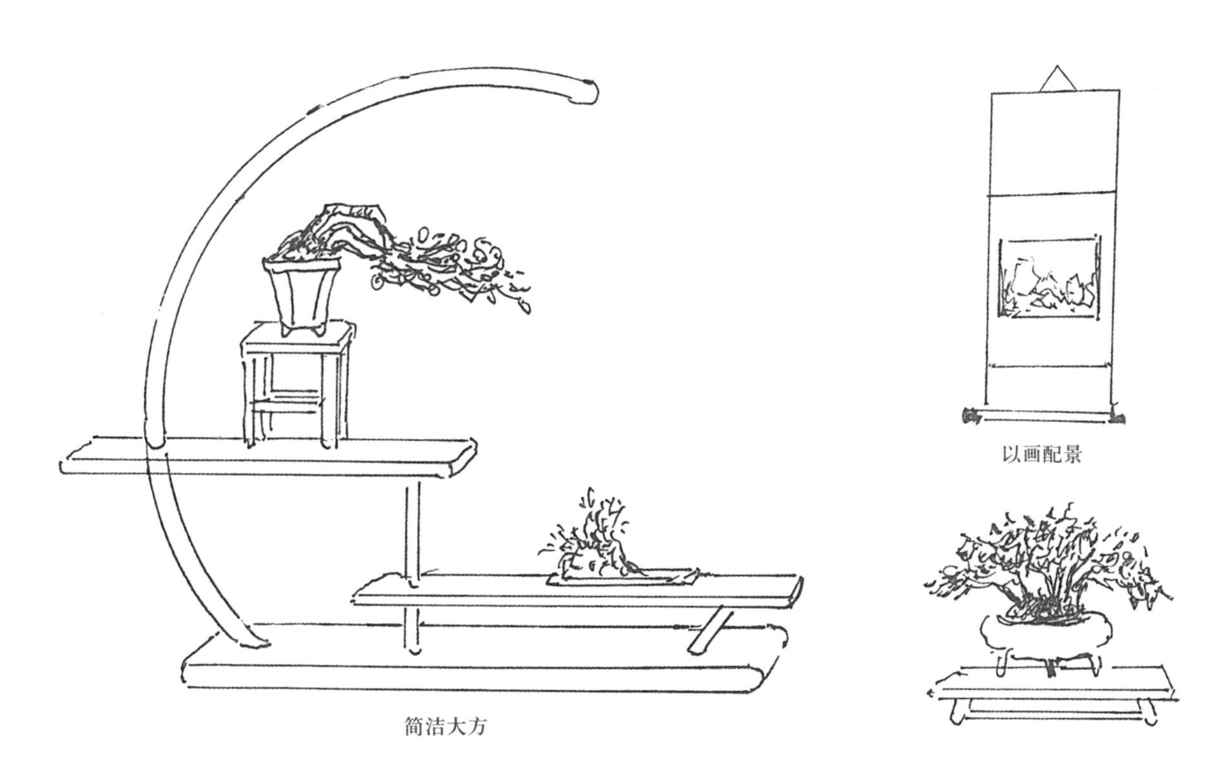

以画配景

简洁大方

雅风（日式）

对衬架组合

留有空间的布置

日式博古架布置

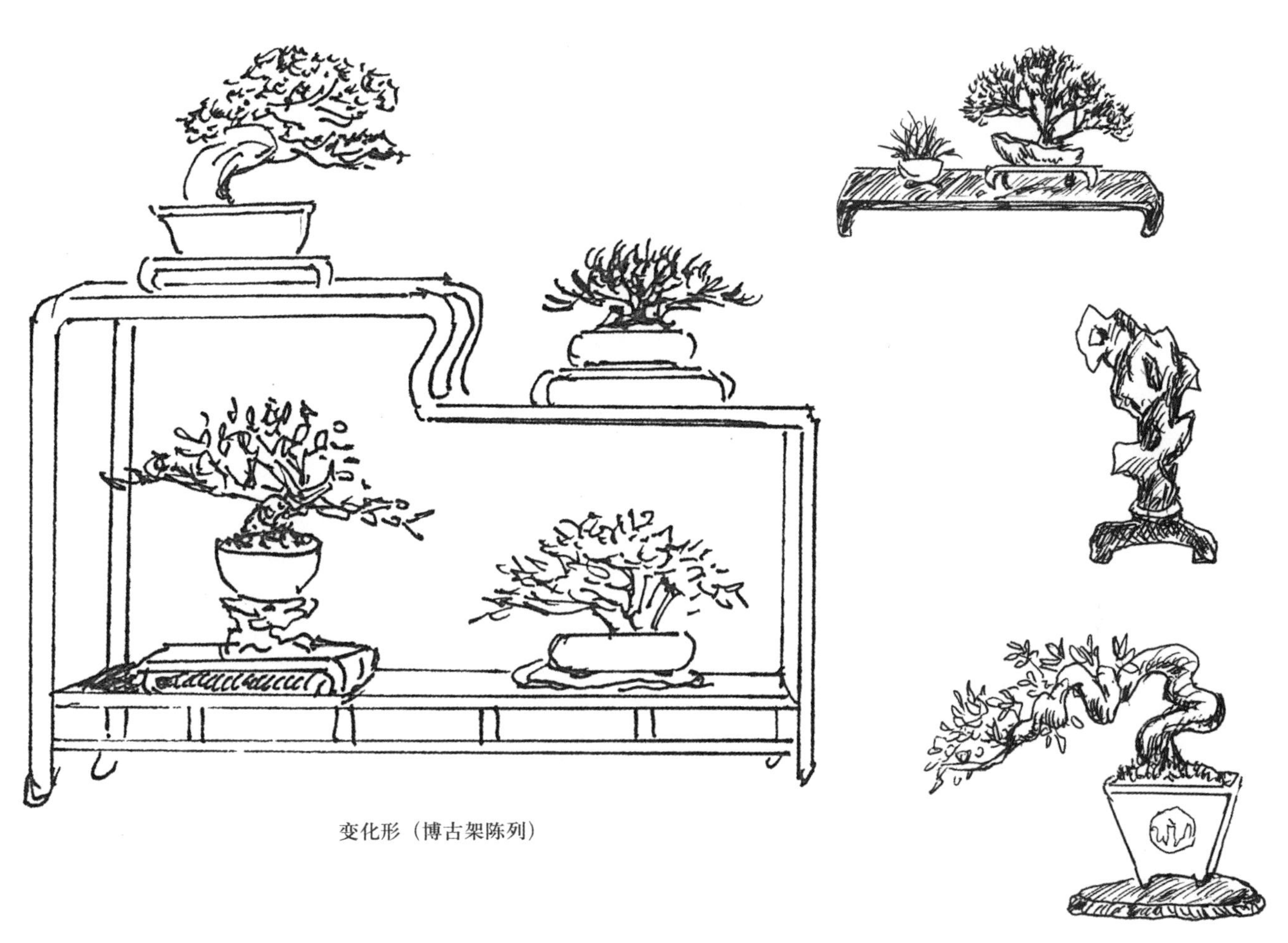

变化形（博古架陈列）

架旁陈设用小景衬托

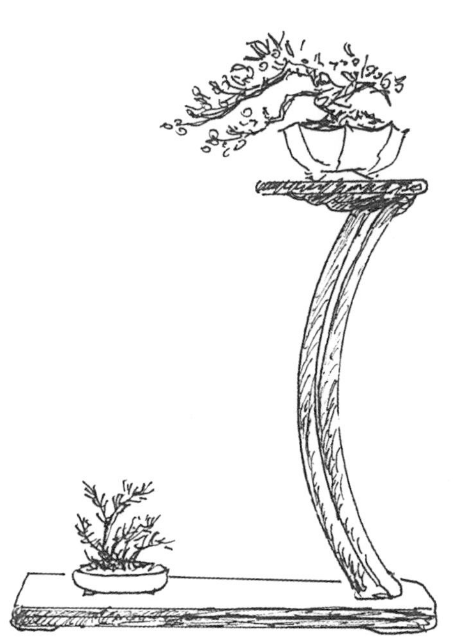

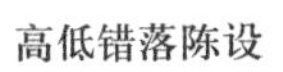

高低错落陈设

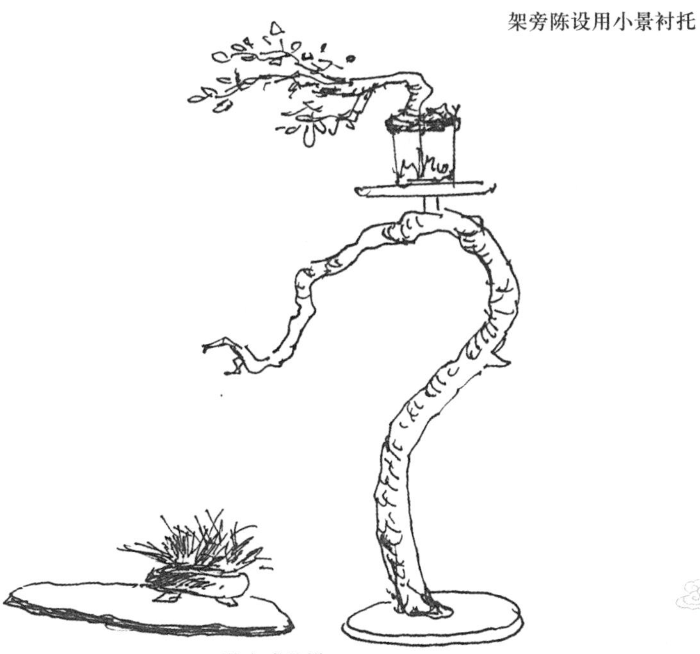

独立式陈设

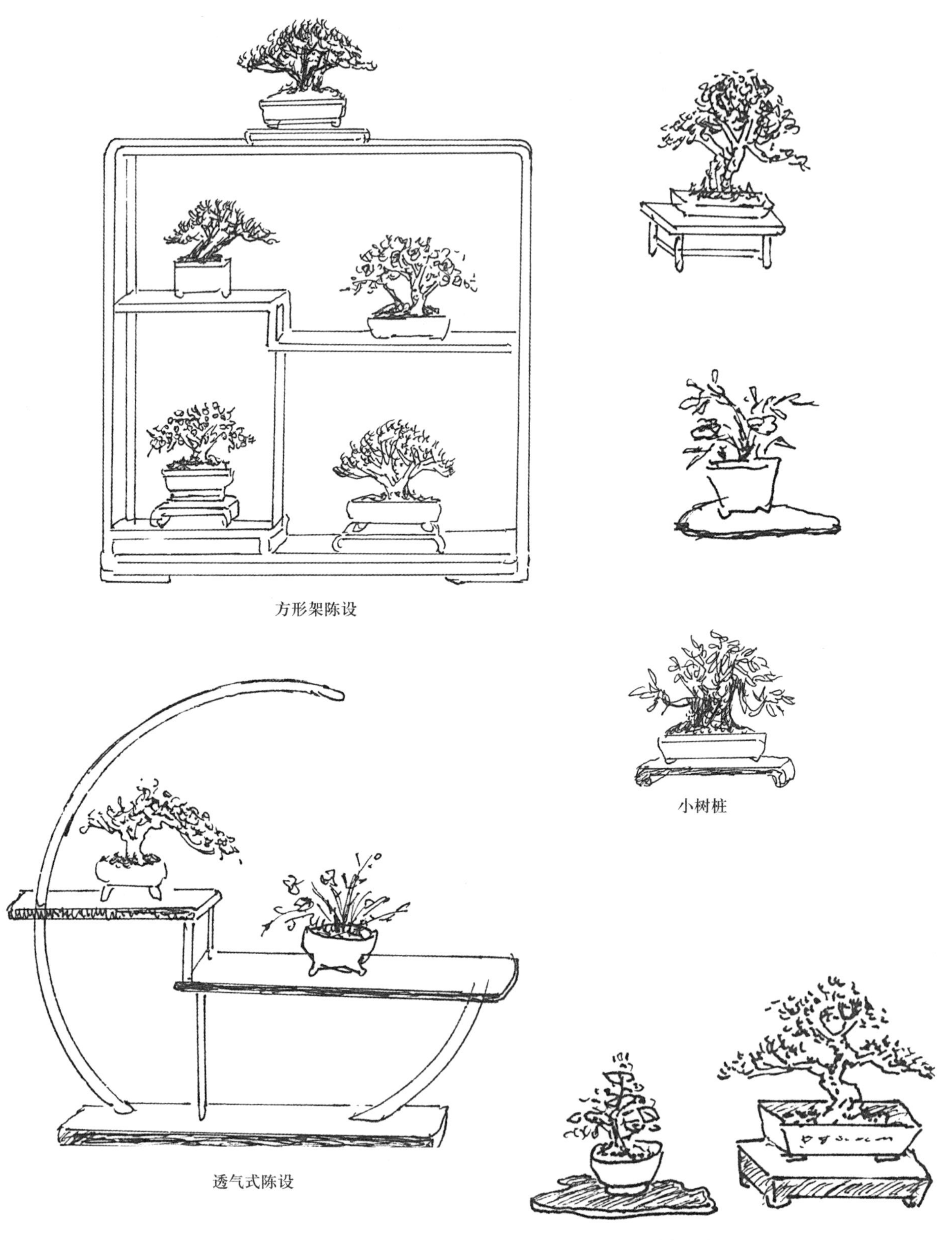

方形架陈设

小树桩

透气式陈设

按在架外的小品

跳出中国传统框架式的布置

陈设简洁明了

简洁的画

依据中国传统再变化

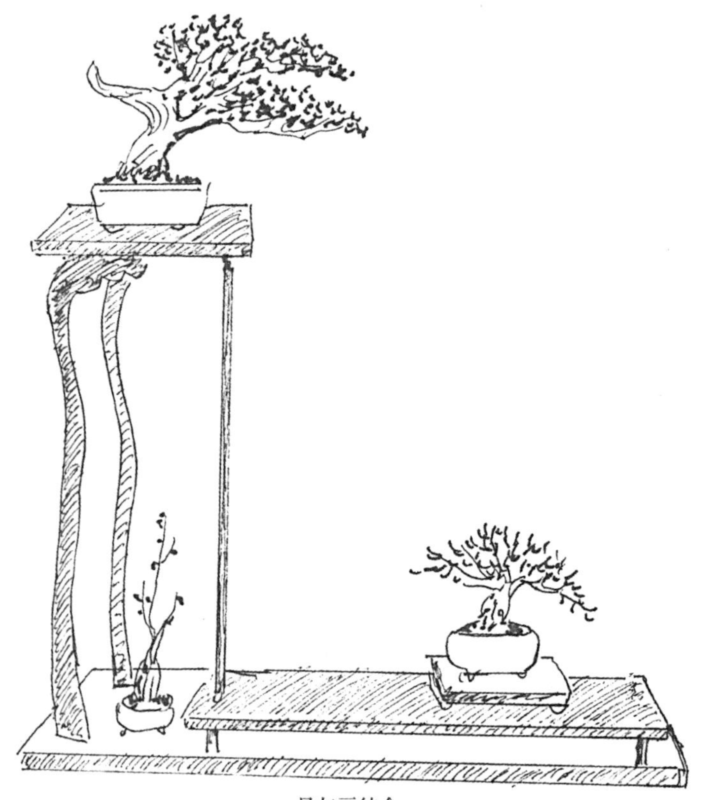

景与画结合

陈设中包含画意

微型盆景小品组合

微型盆景的小品含意是从生活中来。主要对生活有感而发，小品的发掘是作者对自然观察有所感受的抒发，微型盆景虽然表现自然实景，却灌注着作者的感情，使作品富有诗意，从而产生联想。古人曰：迁想妙得。小品就是从境界中迁想而得的。如在盆景中置一茅舍，并有人物在山中行走，从中可以迁想是回家或访友。故小品组合命题要精确到位，启迪观者深入其境，促使人与自然的互动，更深层次地映射出人文精神。上海微型盆景大师李金林先生为我们做出了小品组合的开创和示范，他的作品从命题和组合描绘得惟妙惟肖。作品的内容，透露出一股古气，能散发出思古之幽情。如见下页中的“愚公移山”虽然他展示只有一块山石，在旁拿着锄头开山老人在擦汗休息，最精彩是在小品旁放着几块从山上开掘出来的小石及一茶壶，含意深刻，构思简洁，起着画龙点睛的作用。又如小品“妙手回春”作品展示一盆奇松，李时珍坐在树下，亲尝百草医治名疾，在周边置有灵芝、百草衬托，含意极深。再如“金猴捞月”题材，都是富有情趣的并有实质内涵，借用配件陈设，陪衬烘托意情深远，使人浮想联翩，回味无穷。这种展示可以提升盆景艺术高雅文化，风格独特是真正值得倡导的一种艺术形式。

皆大欢喜

愚公移山

奏春光

遥望

高风亮节

报平安

憩

思

春眠

待月西厢下

佛道生净

心神雅趣

梦

明静

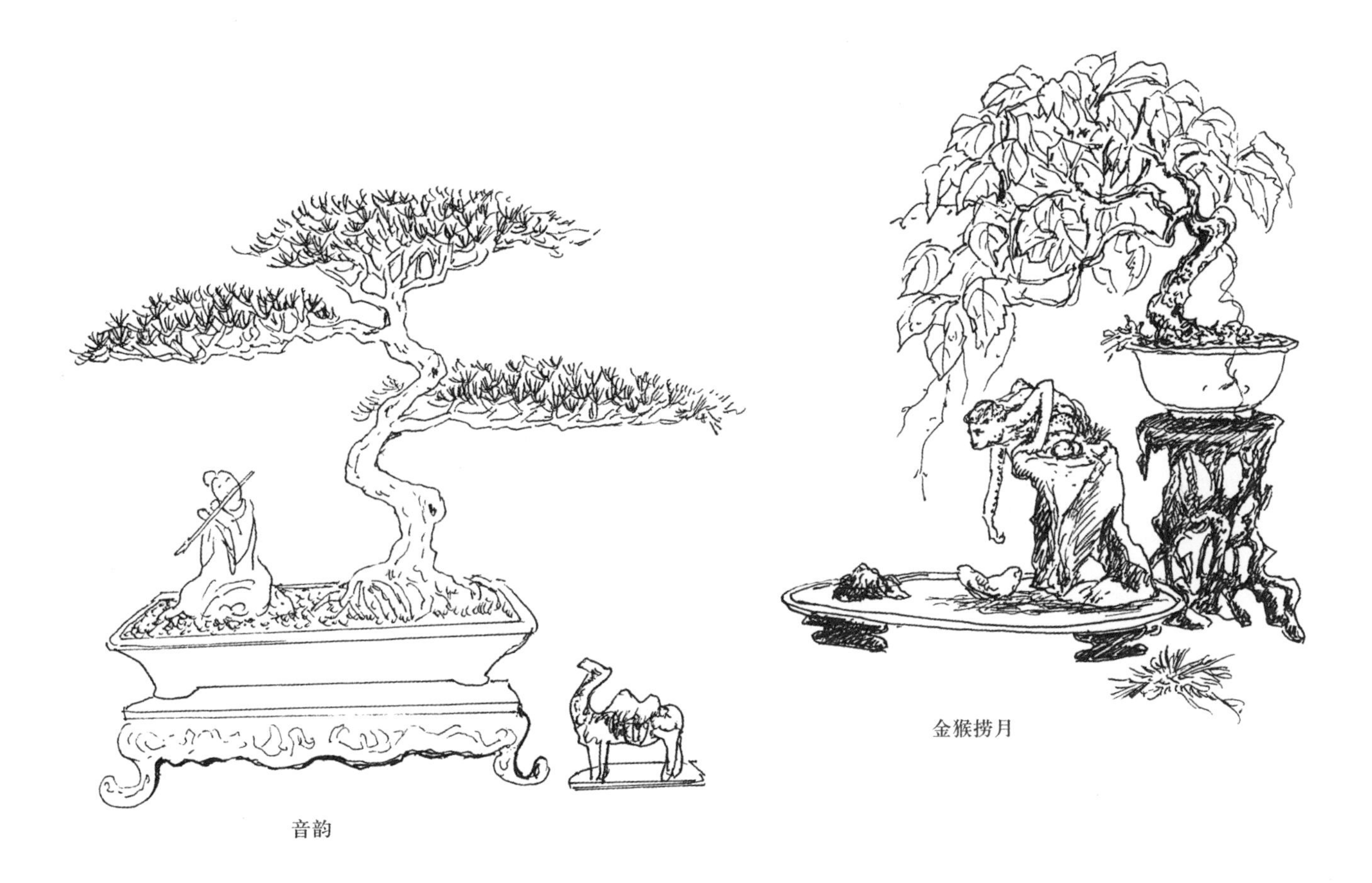

音韵

金猴捞月

阅尽人间春色

幽趣

罗汉斗虎（雀梅）

壮志凌云

苍松仙乐净我心（黑松）

小品能陶冶情操，高雅艺思

醉仙（黑松）

拜月图（冬青、雀梅）

修炼（松）

品赏（黑松）

攻读

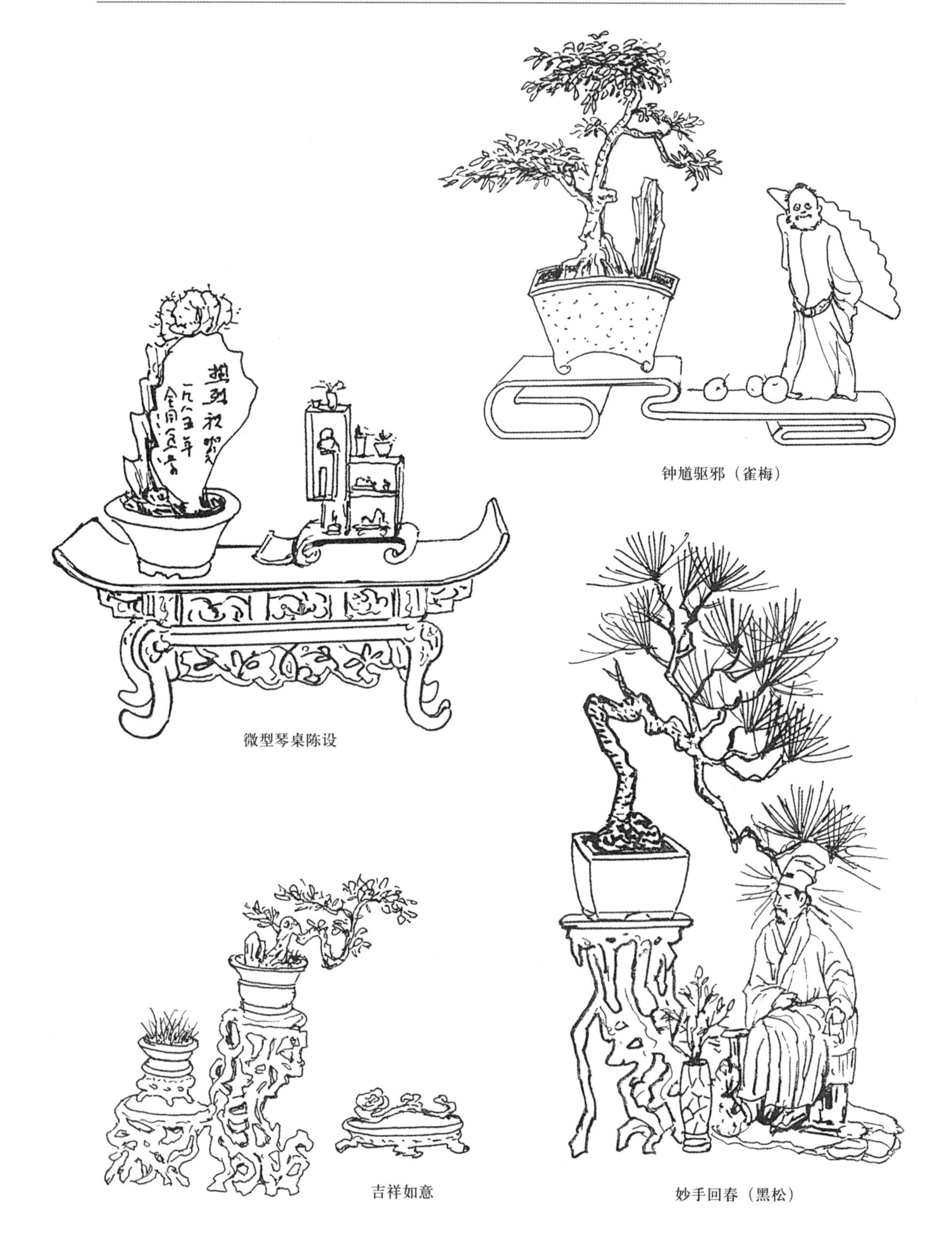

钟馗驱邪（雀梅）

微型琴桌陈设

吉祥如意

妙手回春（黑松）

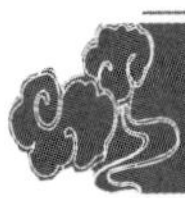

微型盆景小品是美的创造，在自然物中寄寓着哲学思想和人生哲理

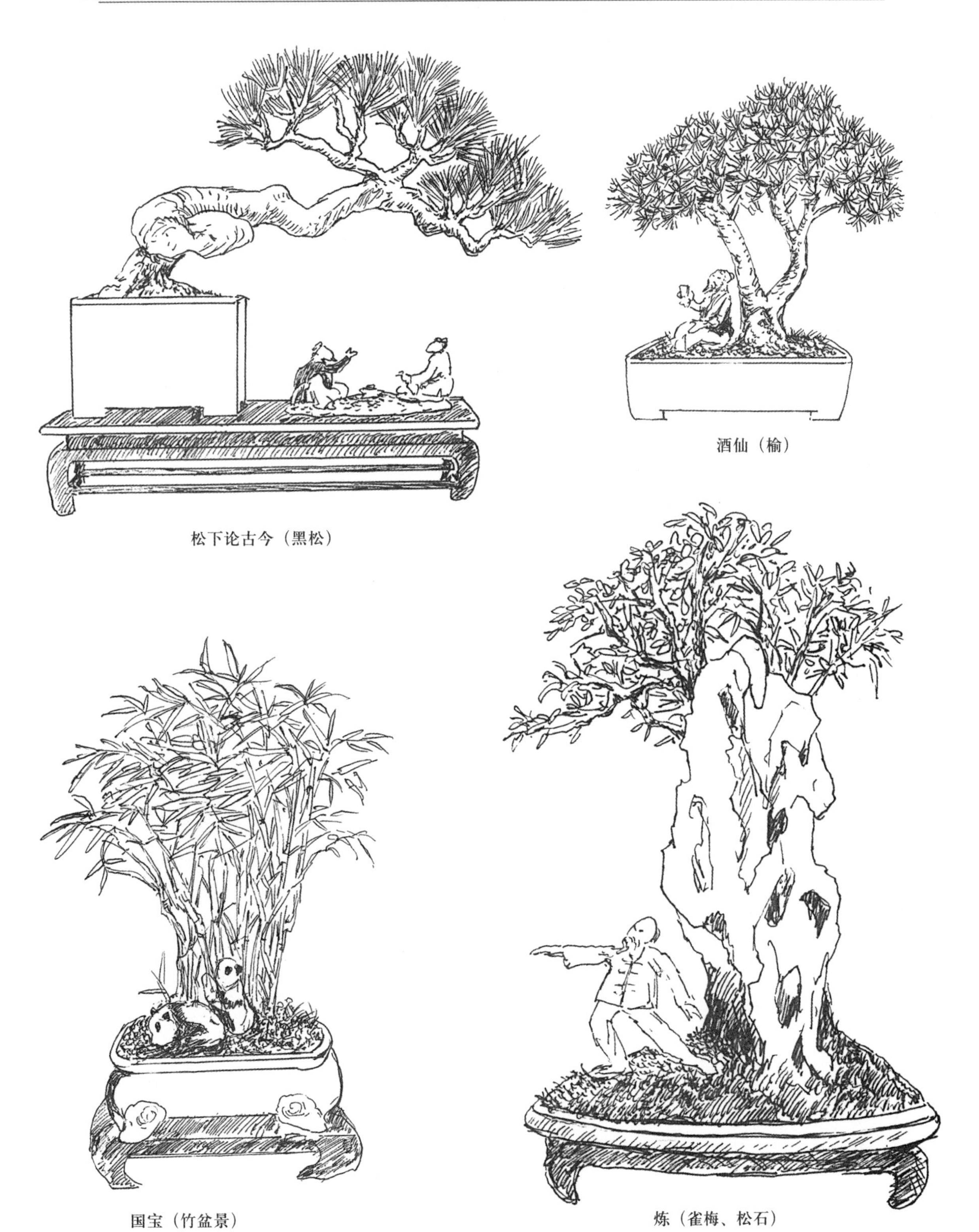

松下论古今（黑松）

酒仙（榆）

国宝（竹盆景）

炼（雀梅、松石）

微型盆景种植道具变化

单独一棵树、一块石、一丛小草，也可能是美的。那只是一种孤立的、简单的存在物本身所呈现的美。当作者有意识的、有目的地按照艺术规律和审美理想对各种盆钵和道具，进行创造性的摆设，使其入画，将树木更人格化、时尚化、实用化。用无限的时空意识，在小小盆中领略无限的艺术意境，巧妙的构思、完美的构图，想尽办法利用各种实用器皿来烘托作品意境，使盆景中景物显示出新的境界和新的意趣。以下图例对微型盆景的布置陈列，道具衬托，盆与树比例都值得读者借鉴和发挥。

大树型

独干型

花卉型

粗壮形

多干形

文人树形

酒瓶打洞栽

古瓶栽

用茶具种植微型盆景艺术上的创新

茶具栽

利用日用的器皿，目的不在用，而是供人欣赏，以艺术造型转化为艺术美

瓷碗栽

杯具

利用各种盛器，都可以丰富作品景象，它是一种再创造性的审美活动，目的达到盆景欣赏之“品”

烟缸

海螺栽

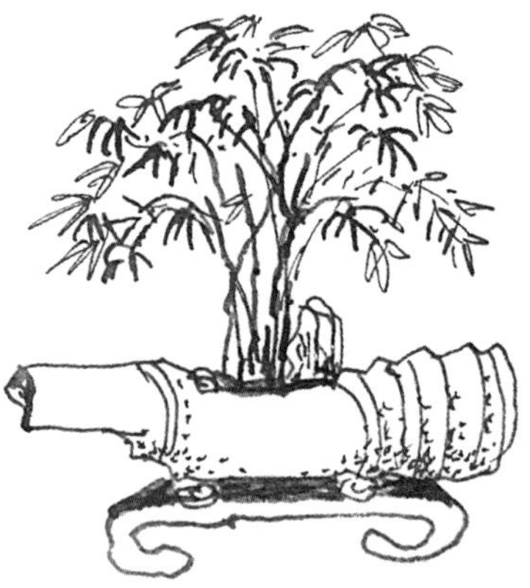

石洞

竹筒

树桩与山水盆景要品味盆中景象，体现观赏者的生活经验、文化修养、思想情感，要能心入其中，才能产生美感

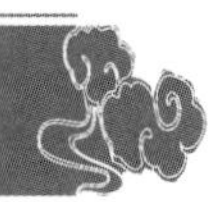

松

松

小山水

松

柽柳

盆景是特殊园林艺术，其角度和高度经四周移动观看都能达到连贯统一，观其各种视线，变化丰富，盆景美感尤为重要

圆盆山石构图

草与石的配植

树石排列高低错落

山石高低与盆的比例

小山水

树石穿插有变化

单独的一枝树木、一块顽石、一丛小草也可能是美，制作者运用巧妙的构思，组合起来用完美的构图形式，创造意境，使其更完美

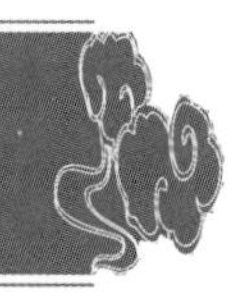

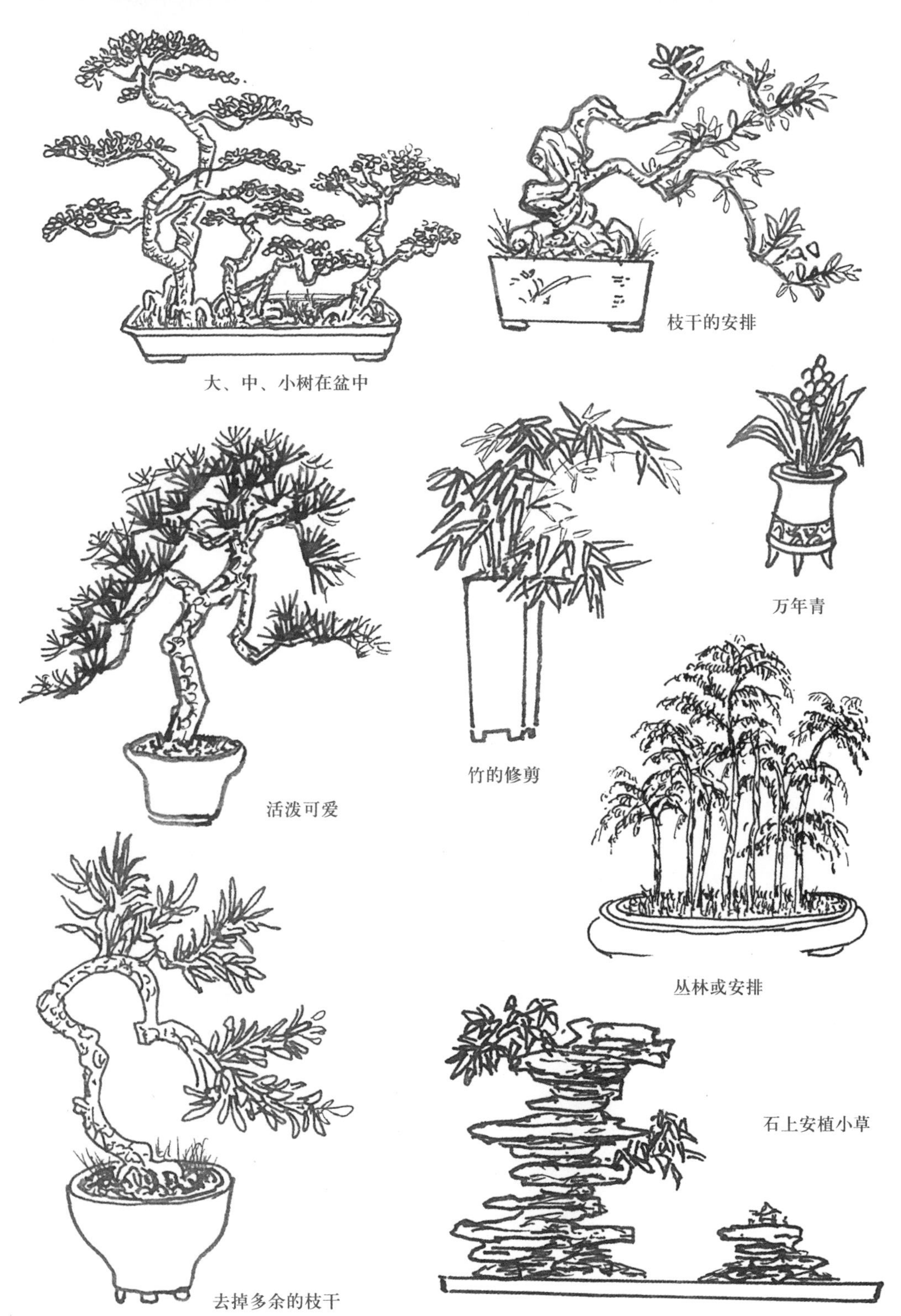

大、中、小树在盆中

枝干的安排

万年青

竹的修剪

活泼可爱

丛林或安排

石上安植小草

去掉多余的枝干

微型小盆景，用小配件来引伸，渲染作品的意境，深化其内容，如人文精神、时代风格、民族特色来创新艺术水平及观赏价值

梅花

杜鹃

雀梅

黑松

榆树

石态美

提根松

人物、树石组合

高山流水

指上盆景

指上盆景是指超小型盆景，它分为树桩与山水两类，在你的手掌中可以放置数盆。盆虽小，但景很深远，艺术品位极高。诗人苏东坡曰："上党搀天碧玉环，绝河千里抱商颜；试观烟雨三峰外，都在灵仙一掌间……"。诗人将中国大地如画的风光景色入胜在掌上观赏奇珍的景色，近代人再创作出比他所说的更小景观，定为指上盆景，它的出现是因为目前国内出现了不少微刻高手，他们能雕制成比米粒更小的船、桥、塔、屋、人物等配件，供指上盆景进行艺术点缀。树桩盆景也同样，只要一两匙泥土能生长出苍古拙朴、老而弥坚、生机勃勃、葱绿可爱的小树景，这是盆景艺术爱好者独具匠心的创造。不及一片绿叶大的指上盆景，是近时代的创作，在这么小的盆钵中表现景观，是中国盆景史上新的成就。

灵线幽情

指间翠绿

玲珑博玩

小小盆岛

“手掌盆里寻真乐，眼放长空得大观”，盆越小，艺术想象力更高，小盆景能欣赏它的大韵味

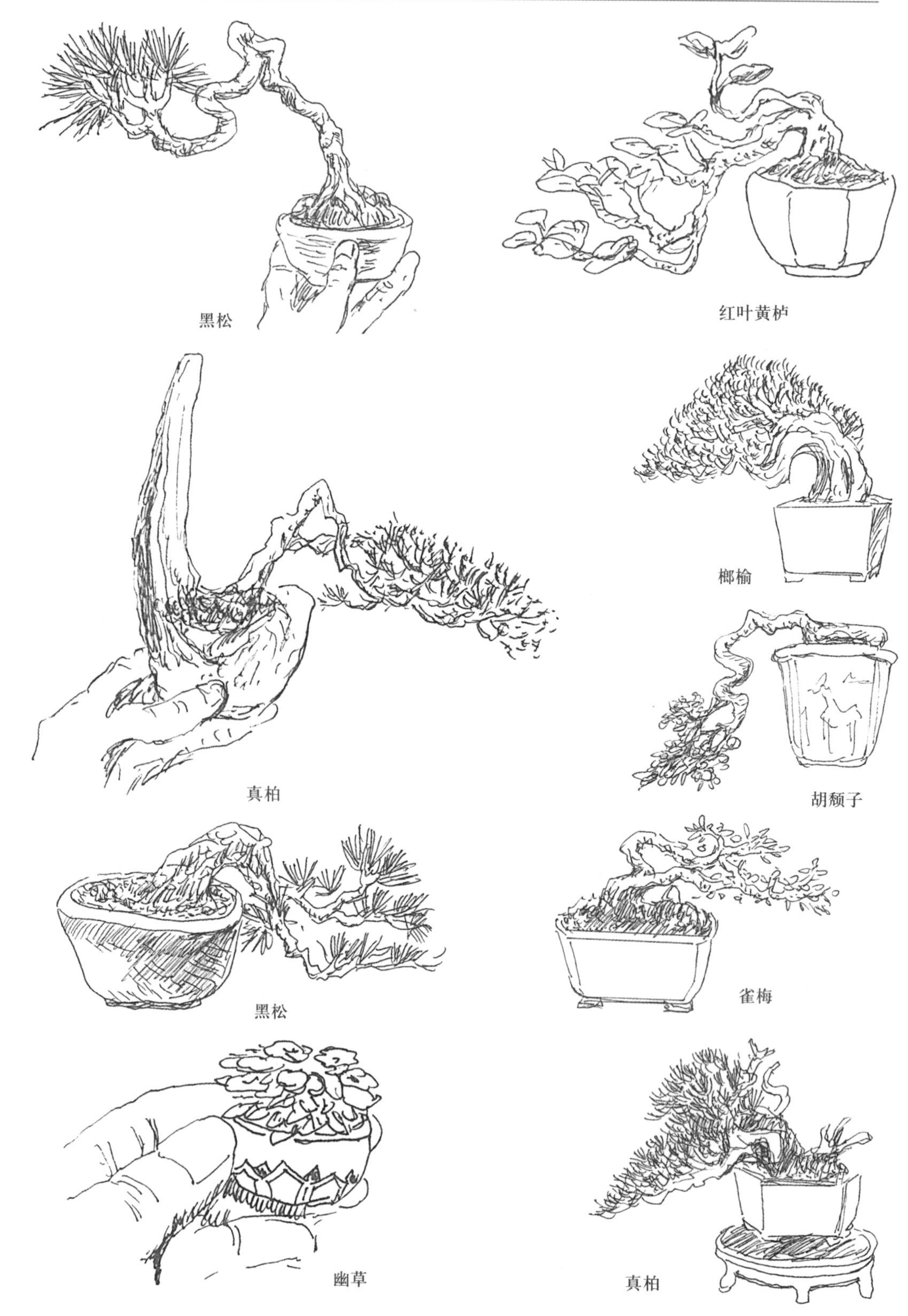

小中见大的指上盆景，富有大自然的幽趣，是中国盆景艺术创作又一次较大的飞跃

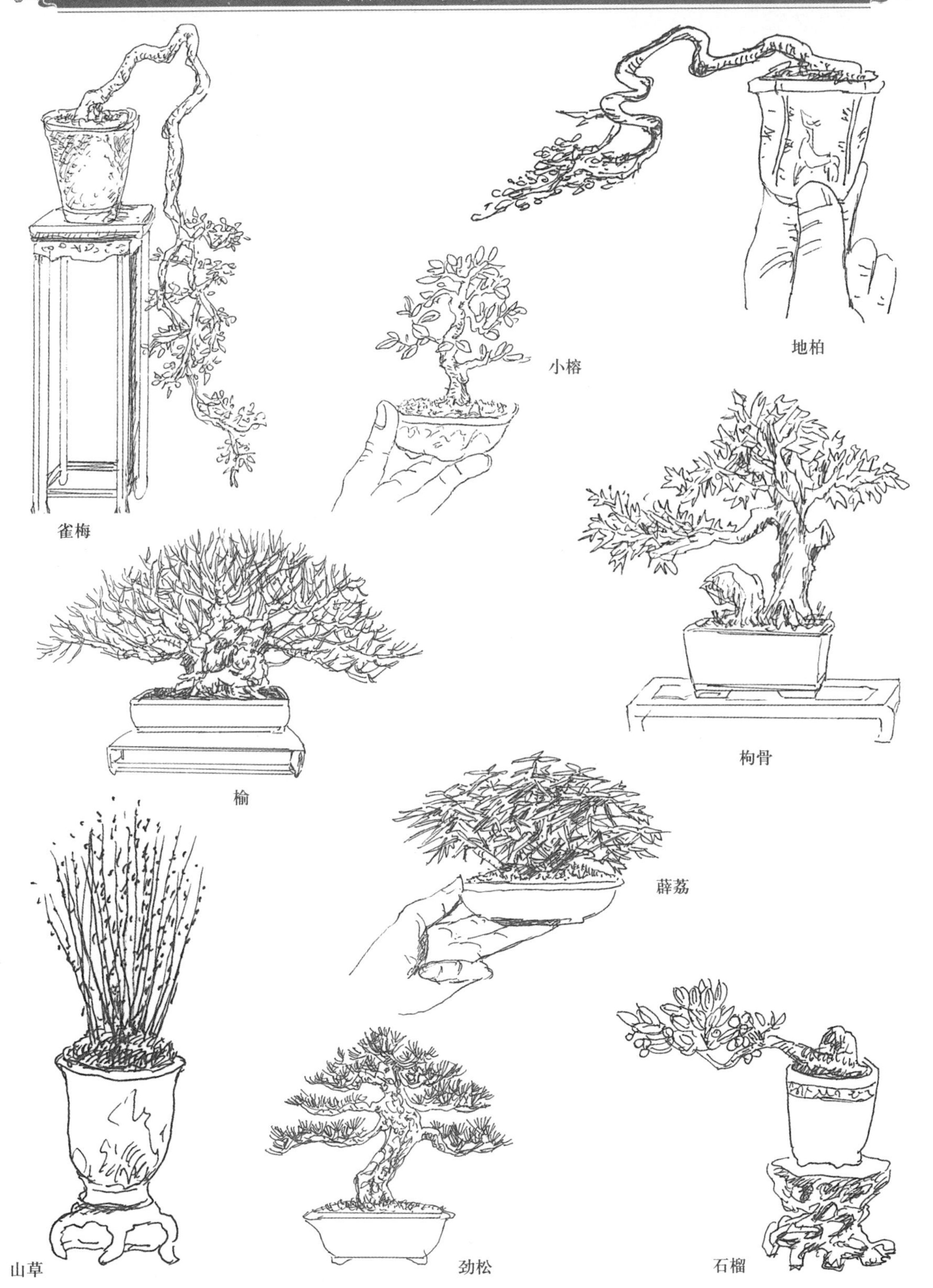

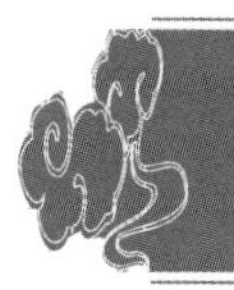

指上盆景在掌中珍玩，适宜近看细观，达到耐人寻味、惹人喜爱、百看不厌、引人入胜、具有较强的艺术感染力的效果，给人带来无穷的乐趣

黑松　　榆

红果　　雀梅

柏　　榕

挂壁盆景特点

挂壁盆景的特点是将大自然山水视线推得更远，而且更能反映出自然变化的气象，如夕阳、晨曲、月色、季节变化，是景、石、画的三者结合。但要有绘画基础才能制作，也是一幅立体的画，但不在纸与布中而在盆盘之中。

湖山百里，尽在盆中，独视盆中景，想起故乡情。这是用树、石、画三者结合的一种新尝试。如在路旁山脚边能拾到一块小块的奇石黏在盆上，画上几笔，就可能体现出大幅作品的气势，意趣无穷。挂壁盆景是可借鉴诗画艺术，从中融合盆景的核心，促使中国盆景具有类同诗画一般的特殊品质，可让人置身于大自然的怀抱，比欣赏中国山水画更具有质感、美感、立体感。犹如在自然环境中畅游，是自然的艺术再现，是回归自然的享受。

三峡情（浮石）

厅堂立体山水（斧劈石、浮石）

挂壁盆景的制作

挂壁盆景也分树木和山水、大型和微型两大区别，大的可陈置于厅堂，如同大型壁画，不同的是呈立体形的。以真山石配置真树木而成。景前粘贴山石，凿洞植树，布苔藓，虚实结合，观赏效果佳。

微型挂壁盆景作为室内装饰，它不需泥土，因体积小只能制作假树来代用，来源是选用造型优美的枯枝干，自己制作。背景根据题材需要用颜料画出天空及远景，前景贴上山石，动手刻制桥、船、亭、人物点缀，观后如身临其境，不需养护，装饰效果好，悬挂、托架灵活，无污染，是既美观又有意境的立体山水画。

树木挂壁盆景体积不宜大，着重欣赏树的优美，制作有几种方法，一种是板，另一种为盆，将板制作成画局状，用强力胶将盆与几座贴粘在板上。另一种将瓷盆挖个洞，盆土隐藏背后，将枝干显露在盆面，以书画形式进行题意呈现一幅立体的花鸟画。

立体大墙山水（斧劈石、浮石）

立屏山水（浮石）

家庭居室中利用墙面空间自制一些山水挂壁盆景，可给人耳目一新的视觉效果，既是生活的调剂，高雅而得体，自然和谐又不失雅致

异形挂壁盆景

武陵神韵（圆形挂壁山水）

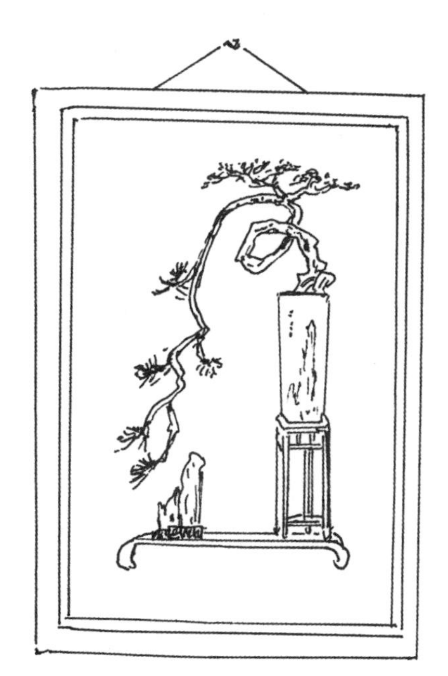

挂壁盆景（植物配石）

家居陈设（插屏山水）

树桩挂壁坚持画框上安置盆的固定，但可以取下养护、更换，达到观赏效果。退休在家可以制作，在繁忙工作的人员不宜管理，构图可依据植物来变化

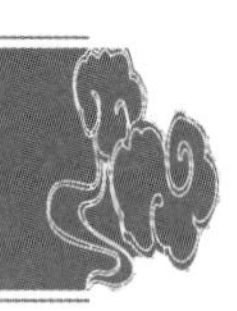

大江东去（插屏式）

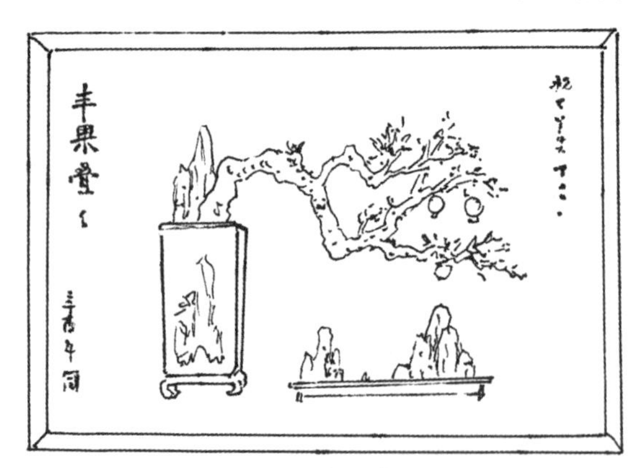

山水（石梅）

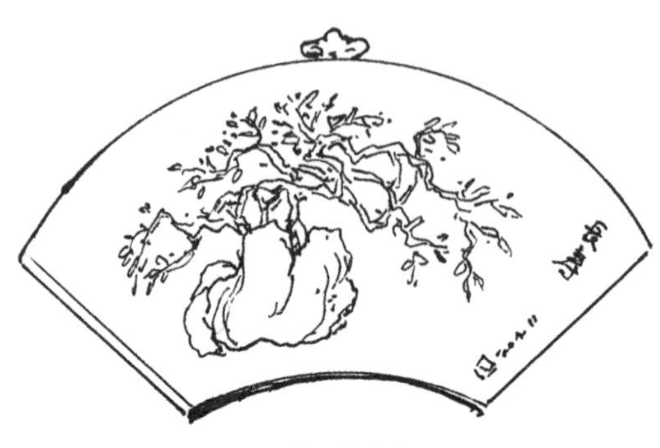

长寿（薜荔）

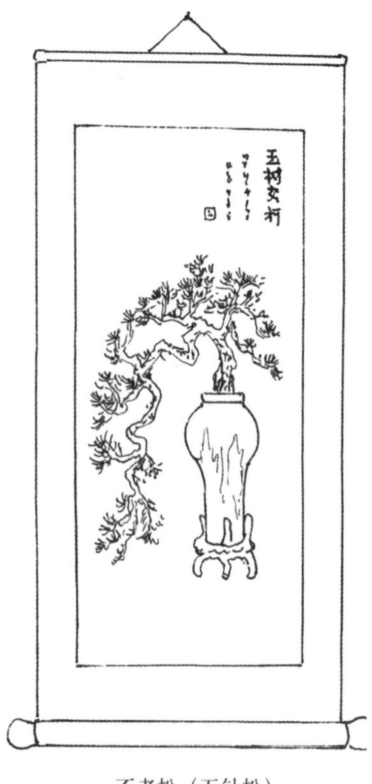

不老松（五针松）

将幽雅的山石，与小植物胶黏在石盘上成景，利用多余的碗盆都可以，但要有一定的比例，每一盆能达到浮想联翩的艺术效果为最佳

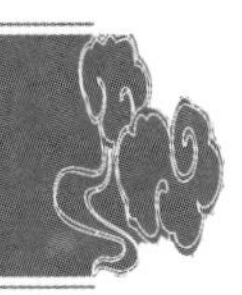

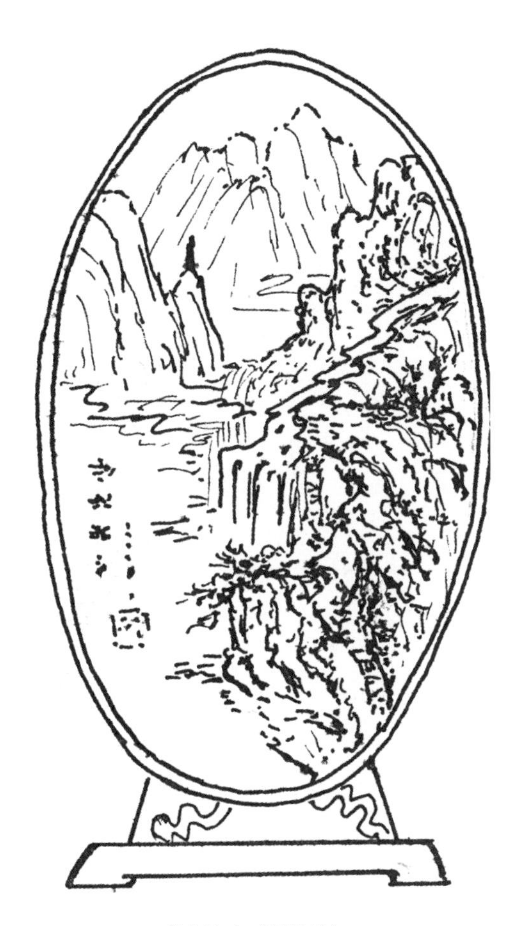

高山流水（摆饰盆）

雅玩（罗汉松）

松、竹、梅
采用石与插花进行制作

祝寿盘
松盆安置在背面，将枝条显露出来

微型挂壁盆景是将画框里的自然景观由平面成为立体，通过相石、锯截描绘等手法产生意境

人间仙镜

秋色

一帆风顺

月是故乡明

结束语

CONCLUSION

当你取得一棵树桩苗本时，不知如何来制作上盆时，你就可翻看这本造型图例书，看哪些形态适合这苗木；当你在自己的家园里，想让种植的树木变得形态美丽，也可参照本书中树的造型去掉多余的枝条，留下美丽的姿态；当你是个园林工作者，此书对你更有用处；当你在学习绘画时，书中树的造型更能派上用场。

总之喜爱盆景的同行，本书会给你清心悦目、陶情冶性之感，达到艺术美的享受，激发你去创造美。大盆景置于园林，可增色庭园。小盆景放入居室，如入松林深处，登高山绝顶。小型、微型盆景，虽只是掌上之物，仍有旷野林木之态，显自然山水之貌，生机勃勃，具有诗情画意。

我从事盆景造型线描绘制已有十余年，出版过三部作品。今将前三册的造型图再增添了新的造型内容，将使盆景艺术爱好者能得到更多的造型构图的实样。书中绘制的盆景造型，在摄影上是难以表达的。因为采用线描进行构图将各种造型细节淋漓尽致地表现出来，实为难得。本书力求给后辈盆景艺术爱好者起微薄的参考作用。

最后感谢中国林业出版社对本人拙作的厚爱，能与读者再次见面，特别感谢何增明、张华二位编辑付出了宝贵时间和精力，才能顺利完成。

马伯钦

2012年8月于上海